全国中等医药卫生职业教育"十二五"规划教材

药物制剂技术

（供药剂及相关专业用）

主　编　杜月莲（山西药科职业学院）

副主编　吴　杰（南阳医学高等专科学校）

　　　　杨春荣（佳木斯大学）

编　委　（以姓氏笔画为序）

　　　　邓亚宁（山西药科职业学院）

　　　　杨香丽（阳泉市卫生学校）

　　　　夏　清（四川中医药高等专科学校）

　　　　曾　彬（四川中医药高等专科学校）

U0308111

中国中医药出版社
·北　京·

图书在版编目（CIP）数据

药物制剂技术/杜月莲主编．—北京：中国中医药出版社，2013.11
全国中等医药卫生职业教育"十二五"规划教材
ISBN 978 - 7 - 5132 - 1492 - 6

Ⅰ.①药…　Ⅱ.①杜…　Ⅲ.①药物 - 制剂 - 枝术 - 中等专业学校 - 教材
Ⅳ.①TQ460.6

中国版本图书馆 CIP 数据核字（2013）第 129279 号

中 国 中 医 药 出 版 社 出 版
北京市朝阳区北三环东路 28 号易亨大厦 16 层
邮政编码　100013
传真　010 64405750
天津蓟县宏图印刷有限公司印刷
各地新华书店经销
＊
开本 787×1092　1/16　印张 14.5　字数 322 千字
2013 年 11 月第 1 版　　2013 年 11 月第 1 次印刷
书　号　ISBN 978 - 7 - 5132 - 1492 - 6
＊
定价　29.00 元
网址　www.cptcm.com

全国中等医药卫生职业教育"十二五"规划教材
专家指导委员会

前　言

　　"全国中等医药卫生职业教育'十二五'规划教材"由中国职业技术教育学会教材工作委员会中等医药卫生职业教育教材建设研究会组织，全国120余所高等和中等医药卫生院校及相关医院、医药企业联合编写，中国中医药出版社出版。主要供全国中等医药卫生职业学校护理、助产、药剂、医学检验技术、口腔修复工艺专业使用。

　　《国家中长期教育改革和发展规划纲要（2010－2020年)》中明确提出，要大力发展职业教育，并将职业教育纳入经济社会发展和产业发展规划，使之成为推动经济发展、促进就业、改善民生、解决"三农"问题的重要途径。中等职业教育旨在满足社会对高素质劳动者和技能型人才的需求，其教材是教学的依据，在人才培养上具有举足轻重的作用。为了更好地适应我国医药卫生体制改革，适应中等医药卫生职业教育的教学发展和需求，体现国家对中等职业教育的最新教学要求，突出中等医药卫生职业教育的特色，中国职业技术教育学会教材工作委员会中等医药卫生职业教育教材建设研究会精心组织并完成了系列教材的建设工作。

　　本系列教材采用了"政府指导、学会主办、院校联办、出版社协办"的建设机制。2011年，在教育部宏观指导下，成立了中国职业技术教育学会教材工作委员会中等医药卫生职业教育教材建设研究会，将办公室设在中国中医药出版社，于同年即开展了系列规划教材的规划、组织工作。通过广泛调研、全国范围内主编遴选，历时近2年的时间，经过主编会议、全体编委会议、定稿会议，在700多位编者的共同努力下，完成了5个专业61本规划教材的编写工作。

　　本系列教材具有以下特点：

　　1. 以学生为中心，强调以就业为导向、以能力为本位、以岗位需求为标准的原则，按照技能型、服务型高素质劳动者的培养目标进行编写，体现"工学结合"的人才培养模式。

　　2. 教材内容充分体现中等医药卫生职业教育的特色，以教育部新的教学指导意见为纲领，注重针对性、适用性以及实用性，贴近学生、贴近岗位、贴近社会，符合中职教学实际。

　　3. 强化质量意识、精品意识，从教材内容结构、知识点、规范化、标准化、编写技巧、语言文字等方面加以改革，具备"精品教材"特质。

　　4. 教材内容与教学大纲一致，教材内容涵盖资格考试全部内容及所有考试要求的知识点，注重满足学生获得"双证书"及相关工作岗位需求，以利于学生就业，突出中等医药卫生职业教育的要求。

　　5. 创新教材呈现形式，图文并茂，版式设计新颖、活泼，符合中职学生认知规律及特点，以利于增强学习兴趣。

　　6. 配有相应的教学大纲，指导教与学，相关内容可在中国中医药出版社网站

（www. cptcm. com）上进行下载。本系列教材在编写过程中得到了教育部、中国职业技术教育学会教材工作委员会有关领导以及各院校的大力支持和高度关注，我们衷心希望本系列规划教材能在相关课程的教学中发挥积极的作用，通过教学实践的检验不断改进和完善。敬请各教学单位、教学人员以及广大学生多提宝贵意见，以便再版时予以修正，使教材质量不断提升。

中等医药卫生职业教育教材建设研究会

中国中医药出版社

2013 年 7 月

编写说明

本教材是在中国职业技术教育学会教材工作委员会中等医药卫生职业教育教材建设研究会的指导下，根据国家职业教育发展精神，按照中等职业教育培养目标而编写的。

本教材编写力求体现"以服务为宗旨，以就业为导向，以能力为本位"的职业教育理念，以推进教育教学改革。教材编写主要面向医药卫生行业，重在提高学生的职业素质、职业技能和就业创业能力，从而培养具有职业生涯发展基础的技能型、实用型人才，以适应我国中等医药卫生职业教育发展的需要。

《药物制剂技术》是药剂专业的一门专业核心课程，重在培养学生的药物制剂与调剂能力。本教材知识及技能体系的构建与药剂专业所对应职业岗位群的知识及技能要求对接。全书以药物剂型为单元、制剂过程为主线，由药物剂型基本知识、制剂基本操作技术及产品质量评价等内容形成教材的基本框架。本教材的特点主要有：①教材知识与技能的选取以职业资格标准为导向，以实用、够用为原则，突出专业性、针对性与技能性，也力求为学生未来职业生涯继续学习打下基础；②教材内容的组织形式以药物制剂工作过程为主线，尽可能做到将专业理论知识和技术实践技能融合起来，以反映现代药物制剂生产现状，努力实现教学过程与生产过程的对接；③教材表现形式尽量做到新颖、活泼，语言表达力求精炼、通俗、易于理解，以增强教材的趣味性与可读性，有利于提高学生自主学习的能力，培养其终身学习的习惯；④教材内容根据《中华人民共和国药典》2010 年版与 GMP（2010 年修订）要求作了相应的调整，适当补充了药物制剂生产中出现的新技术、新方法、新设备等，以适应医药行业与产业的发展。

本教材由山西药科职业学院、阳泉市卫生学校、南阳医学高等专科学校、四川中医药高等专科学校、佳木斯大学等院校参加编写。全书共分上下两篇，上篇为药物制剂理论，分十一章，其中第一章和第五章由杜月莲编写；第二章由夏清编写；第三章第一、二、三节由吴杰编写；第三章第四、五节和第六章由邓亚宁编写；第四章由杨香丽编写，第七、八章由曾彬编写；第九、十、十一章由杨春荣编写。下篇为实际操作练习，包括十个实训项目，实训一由吴杰编写，实训二、三、九由邓亚宁编写，实训四、五、六、七由杨香丽编写，实训八由杜月莲编写，实训十由曾彬编写。

本教材内容丰富，职业教育特色鲜明，主要供药剂及相关专业理论与实践教学使用，也可作为药品生产企业人员、医院药剂工作人员等的培训教材或参考用书。

在教材编写过程中，中国中医药出版社给予了大力支持与精心指导；同时也参阅了许多相关的文献与教材，借鉴了有关专家对职业教育教学改革的指导意见，在此表示衷心的感谢。

由于编者水平有限，时间仓促，书中疏漏和错误之处在所难免，恳请广大读者及同行专家提出宝贵意见，以便再版时修修订本提高。

《药物制剂技术》编委会
2013 年 5 月

目 录

上 篇

上 篇

第一章 绪 论

知识要点

药物制剂技术是研究药物制剂生产和制备技术的综合应用性技术课程，是药学类专业重要的专业课程之一。本章主要介绍药物制剂技术的研究内容与任务、药物制剂中常用的概念和术语，阐述药物剂型及其重要性，说明药典、GMP 在药物制剂生产中的意义。

第一节 概 述

一、药物制剂技术的研究内容与任务

药物可通过化学合成、植物提取或生物技术等制得，一般为粉末、结晶或浸膏等状态，不便于患者直接应用，因此有必要对其加工，制成适合病人应用的形式，如颗粒剂、胶囊剂、片剂、注射剂、软膏剂等，药物应用的这些形式称为药物剂型。剂型指药物制成的不同形态，即一类药物制剂的总称。同一种药物可以制成不同的剂型，如左旋氧氟沙星可制成片剂、注射剂、滴眼剂等多种剂型。同一种剂型也可以有多种不同的药物，如片剂有罗红霉素片、格列齐特片、头孢拉定片等，在各种剂型中都包含许多不同的品种，剂型中的这些具体品种称为药物制剂。药物制剂可以理解为带有药物名称的剂型。

药物制剂技术是指在药剂学理论指导下，研究药物制剂生产和制备技术的综合应用性技术课程。其主要研究内容是药物剂型与制剂的制备及质量控制，即根据制剂理论与

制剂技术，制备安全、有效、可控、稳定的药物制剂，使药物充分发挥其具有的作用，满足临床医疗诊断、预防和治疗疾病的需要。

药剂学及其分支学科

药剂学是指研究药物制剂的基本理论、处方设计、制备工艺、质量控制和合理应用等的综合应用性技术科学。药剂学在数理、电子、生命、材料、化工、信息等科学领域推动下，形成了具有代表研究领域和方向的许多分支学科，主要分支学科有物理药剂学、工业药剂学、生物药剂学、药物动力学、临床药剂学、药用高分子材料学等。

药物制剂技术的主要任务有：①以药剂学基本理论为基础，严格按照药物生产与质量控制标准，规范各类剂型的生产和制备，提高制剂产品的质量，获得良好的经济效益与社会效益；②积极研究开发并吸收应用药物制剂的新剂型、新理论、新工艺、新辅料与新设备等，努力实现药物制剂技术的国际化、现代化。

二、药物制剂在药学领域中的地位

药物制剂处在药学领域一个转换枢纽的位置。药物，无论是传统药还是现代药都必须经过加工，制成一定产品，才能进入医疗临床实践，通过制剂过程完成药学研究与临床应用之间的衔接。药物制剂是一个加工制造过程，其产品的设计与制备既要考虑到医疗需要，保证药物疗效、减少毒副作用、使用方便、顺应性好等，又要结合药物的性质与特点，使其质量稳定、方便贮存、运输与携带等。

药物原料经过制剂过程更有利于发挥其临床价值。①可通过多种途径满足多重临床要求，如除了胃肠道给药，还有注射、皮肤与黏膜给药等；②结合新剂型和新技术达到增效的目的，如固体分散技术具有高效、速效作用；③通过建立新型给药系统降低或消除毒副作用，如靶向制剂等提高了临床安全性。

三、药物制剂常用的术语

表1-1　药物制剂常用的术语

名称	含义
药物	供预防、治疗和诊断人的疾病所用的物质
药品	用于预防、治疗、诊断人的疾病，有目的地调节人的生理机能并规定有适应证或功能主治、用法、用量的物质
剂型	将药物制成适用于临床应用的形式，称为药物剂型，简称剂型
制剂	根据药典或药政部门批准的质量标准，将原料药物按某种剂型制成具有一定规格的制品，称为药物制剂，简称制剂
中间品	指生产过程中需进一步加工制造的物品或未经合格检验的产品

名称	含义
成品	指生产过程全部结束，并经检验合格的最终产品
批	指在规定限度内具有同一性质和质量，并在同一连续生产周期中生产出来的一定数量的药品为一批
批号	用于识别"批"的一组数字或字母加数字，用于追溯和审查该批药品的生产历史
物料	制剂生产过程中所用的物料，包括原料、辅料和包装材料等
处方药	凭执业医师或执业助理医师处方方可购买、调配和使用的药品
非处方药	由国务院药品监督管理部门公布的，不需凭执业医师或执业助理医师处方，消费者可自行判断、购买和使用的药品

第二节　药物剂型

一、药物剂型的重要性

（一）剂型与给药途径

药物剂型应与给药途径相适应，例如眼黏膜给药以液体、半固体剂型最方便，注射给药必须以液体剂型才能实现，口服给药可以选择多种剂型，如固体、液体等，皮肤给药多用软膏剂和贴剂。人体的给药途径有 20 多条，药物剂型必须根据不同给药途径的特点来设计与制备。

（二）剂型与药效

剂型可以影响疗效，对药效的发挥起着极为重要的作用，主要有以下几个方面。

1. 不同剂型可能产生不同的治疗作用　多数药物的药理活性与剂型无关，但有些药物与剂型有关，如硫酸镁溶液口服具有泻下作用，而静脉注射可以起镇静、解痉作用；又如依沙吖啶（利凡诺）0.1% ~ 0.2% 溶液可用于局部涂敷起杀菌作用，但 1% 注射液可用于中期引产。

2. 不同剂型产生不同的作用速度　同一药物制成的剂型不同，其作用速度有差别，如注射剂、吸入气雾剂、舌下给药片剂（或滴丸剂）等起效快，可用于急救；丸剂、片剂、胶囊剂等则作用缓慢。

3. 不同剂型产生不同的毒副作用　如氨茶碱治疗哮喘很有效，但口服可引起心跳加快，若制成栓剂，则可消除这种副作用；缓、控释制剂能保持平稳的血药浓度，从而在一定程度上降低药物的毒副作用。

4. 有些剂型可产生靶向作用　微粒分散体系的静脉注射剂，如微乳、脂质体、微球等，进入血液循环系统后，被网状内皮系统的巨噬细胞吞噬，可使药物浓集于肝、脾等器官发挥靶向作用。

二、药物剂型的分类

常用的药物剂型较多，根据不同需要可以进行不同的分类，常用的分类方法如下。

（一）按形态分类

药物剂型按形态一般可分为：①液体剂型，如溶液剂、注射剂、洗剂等；②固体剂型，如散剂、片剂、胶囊剂等；③半固体型，如软膏剂、凝胶剂等；④气体剂型，如气雾剂等。

（二）按给药途径分类

1. 经胃肠道给药剂型　指药物制剂经口服进入胃肠道，吸收后发挥作用的制剂。常用的有溶液剂、散剂、片剂等。

2. 非胃肠道给药剂型　除胃肠道给药剂型以外的其他所有剂型，如注射给药、呼吸道给药、皮肤给药、黏膜给药、腔道给药等剂型。

（三）按分散系统分类

1. 溶液型　药物以分子或离子状态（质子的直径 <1nm）分散于分散介质中形成的均匀分散体系，也称低分子溶液，如溶液剂。

2. 胶体型　分散相质子在 1~100nm 的分散体系中有两种，一种是高分子溶液，另一种是固体药物以微细粒子分散在水中形成的非均匀分散体系。

3. 乳剂型　互不相溶的两相液体，其中一相以微小液滴分散于另一相中形成的非均匀分散体系。

4. 混悬液型　固体药物以微粒状态分散在分散介质中所形成的非均匀分散体系。

5. 气体分散型　液体或固体药物以微粒状态分散在气体分散介质中所形成的分散体系，如气雾剂。

6. 微粒分散型　药物以液体或固体微粒状态存在的分散体系，如微球制剂、微囊制剂、纳米囊制剂等。

7. 固体分散型　固体药物以聚集体状态存在的分散体系，如片剂、散剂、颗粒剂、丸剂等。

（四）按制法分类

药物剂型还可根据特殊的原料来源和制备过程进行分类。如浸出制剂，指采用浸出方法制备的剂型，包括酒剂、酊剂、浸膏剂等；又如无菌制剂，指用灭菌方法或无菌技术制备的剂型，包括注射剂、滴眼剂等。该分类方法不能包括全部剂型，但习惯上也常用。

三、药物剂型的发展

由于疾病的复杂性和药物性质的多样性，为了保持药物的疗效与稳定，满足医疗需要，必须开发应用多种剂型，随着科学技术的发展，新辅料、新工艺和新设备不断出现，也促进了药物剂型的发展。药物剂型的研究与发展大致可分为三个阶段。

1. 传统药物剂型 传统剂型是药物剂型应用的初级阶段，将药物经简单加工而成，供内服或外用。如汤剂、酒剂等浸出制剂。

2. 普通药物剂型 普通剂型是随着制药机械的产生与应用而发展起来的，以多种形态，通过多种途径应用于临床，目前在临床治疗中占有极其重要的地位，如注射剂、片剂、软膏剂等。

3. 现代药物剂型 现代剂型的主要研究内容是对药物的体内释放进行科学设计，使药物在必要的时间、以必要的量、输送到必要的部位，以达到最大疗效和最小毒副作用，也称之为药物传递系统（drug delivery system，DDS）。如缓控释给药系统、靶向给药系统等。

第三节　药典与药品标准

一、药典

药典是一个国家记载药品质量规格、标准的法典。由国家组织药典委员会编纂、出版，并由政府颁布、执行，具有法律约束力。药典中收载医疗必需、疗效确切、毒副作用小、质量稳定的常用药物及其制剂，规定其质量标准、制备要求、鉴别、杂质检查、含量测定、功能主治及用法用量等，作为药物生产、检验、供应与使用的依据。药典在保障人民用药安全有效，促进药物研究和生产上发挥了重大作用。

药典在一定程度上反映了一个国家药品生产、医疗和科技水平。随着科技与生产水平的不断发展，新的药物和药物制剂不断被开发出来，药品的品种不断更新，质量标准不断提高，检验方法和技术不断进步，药典必须定期进行修订和补充，以满足医药事业的发展。

（一）中华人民共和国药典

1949 年中华人民共和国成立后，开始筹划编制新中国药典，即《中华人民共和国药典》，简称《中国药典》。1953 年颁布我国第一部《中国药典》（1953 年版），收载各类药品 531 种，1957 年出版了《中国药典》1953 年版增补本，此后陆续出版发行了 1963、1977、1985、1990、1995、2000、2005、2010 年版共 9 个版次。

《中国药典》的特色是药品中包括中国传统药。为了更好的继承和发扬中国特色医药，从 1963 年版开始，《中国药典》分为两部，一部收载中药及成方制剂，二部收载化学药品、抗生素、生物制品及其制剂。随着生物制品的发展，从 2005 年版开始，《中国药典》分为三部，一部收载药材及饮片、植物油脂和提取物、成方制剂和单味制剂等；二部收载化学药品、抗生素、生化药品、放射性药品以及药用辅料等；三部收载生物制品，首次将《中国生物制品规程》并入药典，以生物制品标准单独成卷列入药典。现行药典是《中国药典》2010 年版，共收载药品 4567 种，其中一部收载 2165 种，二部收载 2271 种，三部收载 131 种。

《中国药典》分别由凡例、正文、附录和索引组成。凡例是使用本药典的总说明，包括药典中各种计量单位、符号、术语等的含义及其在使用时的有关规定。正文是药典的主要内容，叙述本部药典收载的所有药物和制剂。附录则是对本部药典所采用的检验方法、制剂通则、药材炮制通则、对照品与对照药材及试药、试液等的解释。索引设有中文、汉语拼音、英文、拉丁名等索引，以便查阅。

（二）外国药典

据不完全统计，世界上已有近 40 个国家编制了国家药典，另外还有 3 个区域性药典。如美国药典《The United States Pharmacopoeia》，简称 USP，英国药典《British Pharmacopoeia》，简称 BP，日本药局方《Pharmacopoeia of Japan》，简称 JP。有些国家为了医药卫生事业的共同利益，共同编纂药典，如《欧洲药典》，简称 EP，由欧洲共同体各国共同商定编制，所有药品、药用物质生产厂在欧洲销售或使用其产品时，都必须遵循欧洲药典标准。联合国世界卫生组织（WHO）为统一世界各国药品标准和质量控制方法而编纂了《国际药典》，简称 PH. Int，对各国无法律约束力，仅作为各国编纂药典的参考。

二、国家药品标准

国家药品标准指国家食品药品监督管理局（State Food and Drug Administration，SFDA）颁布的《中华人民共和国药典》、药品注册标准和其他药品标准，其内容包括质量指标、检验方法以及生产工艺等技术要求。

国家注册标准指国家食品药品监督管理局批准给申请人特定药品的标准、生产该药品的药品生产企业必须执行该注册标准，也属于国家药品标准范畴。

第四节 药品生产质量管理规范

一、实施《药品生产质量管理规范》的意义

药品生产是一个十分复杂的过程，从原料进厂到成品制造出来并出厂，涉及许多环节，任何一个环节疏忽，都有可能导致药品质量的不合格。保证药品质量，必须在药品生产全过程进行控制和管理。《药品生产质量管理规范》（good manufacturing practice，GMP）是对药品生产全过程进行监督管理的法定技术规范，是保证药品质量和用药安全有效的可靠措施，是国际社会通行的药品生产和质量管理必须遵循的基本准则。

实践证明，实施 GMP 是防止药品在生产过程中发生差错、混杂、污染，确保药品质量十分必要和有效的手段，是否符合 GMP 要求也是药品进入国际市场的先决条件。企业实施 GMP，有利于提高其质量管理水平、实行标准化管理、提高产品的竞争力。

对药品生产企业强制实施 GMP 认证，是目前国际上对药品生产企业较为通用的管理方法，也是人民用药安全的重要保证。

GMP 的总体内容包括机构与人员、厂房和设施、设备、卫生管理、文件管理、物料控制、生产控制、质量控制、发运和召回管理等方面的内容，涉及药品生产的方方面面，强调通过对生产全过程的管理来保证生产出优质产品。GMP 特别注重在生产过程中实施对产品质量与卫生安全的自主性管理，是对企业生产过程的合理性、生产设备的适用性和生产操作的精确性、规范性提出的强制性要求，是在药品生产过程中建立质量保障体系，实行全面质量管理以确保药品质量。

二、我国《药品生产质量管理规范》概要

我国于 20 世纪 80 年代初开始在制药企业中推行 GMP。1982 年，中国医药工业公司参照一些先进国家的 GMP 制订了《药品生产管理规范》（试行稿），并开始在一些制药企业试行，1984 年该《药品生产管理规范（试行本）》经修订后，于 1985 年正式颁布在全国推行。

1988 年，根据《药品管理法》，卫生部颁布了我国第一部《药品生产质量管理规范》（1988 年版），作为正式法规执行，1992 年，卫生部又对《药品生产质量管理规范》（1988 年版）进行修订，颁布了《药品生产质量管理规范》（1992 年修订）。之后，开始在药品生产企业大力推行 GMP 认证工作。

1998 年，国家药品监督管理局总结几年来实施 GMP 的情况，对 1992 年修订的 GMP 再次进行修订，于 1999 年 6 月 18 日颁布了《药品生产质量管理规范》（1998 年修订），1999 年 8 月 1 日起施行。同时，开始在国内强制执行 GMP 认证制度，并于 2004 年 6 月 30 日全面完成 GMP 实施工作。

最新修订的《药品生产质量管理规范》（2010 年修订）于 2011 年 2 月颁布，共 14 章 313 条，自 2011 年 3 月 1 日起实施。新版 GMP 较 1998 年版 GMP 篇幅大量增加，更加完善、系统、科学，吸收了国际先进经验，对于提升我国药品监督管理水平，使我国制药水平与国际接轨有重要意义。

知识链接

其他药品规范

1. GLP 《药物非临床研究质量管理规范》，即 Good Laboratory Practice，指临床前（非人体）研究工作的管理规范，主要用于评价药物的安全性。

2. GCP 《药物临床试验管理规范》，即 Good Clinical Practice，指任何在人体（病人或健康志愿者）进行的系统性研究，以证实或揭示试验用品的作用及不良反应。

3. GSP 《药品经营质量管理规范》即 Good Supply Practice，主要用于控制流通环节中医药商品的质量。

同步训练

一、选择题

1. 药物制成适用于临床应用的形式是（　　　）

   A. 剂型　　　　　　B. 制剂　　　　　　C. 药品　　　　　　D. 药物

2. 《中国药典》最新版本为（　　　）

   A. 1995 年版　　　B. 2000 年版　　　C. 2005 年版　　　D. 2010 年版

3. 《药品生产质量管理规范》是指（　　　）

   A. GMP　　　　　　B. GSP　　　　　　C. GLP　　　　　　D. GAP

4. 以下属于固体剂型的是（　　　）

   A. 口服液　　　　　B. 颗粒剂　　　　　C. 软膏剂　　　　　D. 气雾剂

5. 一般把药物剂型中的具体品种称为（　　　）

   A. 处方药　　　　　B. 非处方药　　　　C. 制剂　　　　　　D. 剂型

二、简答题

1. 药物剂型对药效有哪些影响？

2. 简述中国药典的基本结构及主要内容。

第二章　药物制剂单元操作技术

知识要点

　　药物制剂生产是一个较为复杂的过程，每一种剂型的制备都包含很多个单元操作，其中常用的单元操作主要有制水、过滤、灭菌、无菌操作、空气净化、粉碎、筛分、混合、干燥、浸出、浓缩等。本章重点介绍各单元操作技术的概念、特点及应用情况，阐述其常用的方法、设备及操作要点。

第一节　制　　水

　　水是药物生产中用量大、使用广的一种辅料，用于生产过程及药物制剂的制备。制药用水因其使用范围不同而分为饮用水、纯化水、注射用水及灭菌注射用水，一般应根据各生产工序或使用目的与要求选用适宜的制药用水。天然水不得用作制药用水。

　　制药用水的制备从系统设计、材质选择、制备过程、贮存、分配和使用均应符合GMP的要求。制水系统应经过验证，并建立日常监控、检测和报告制度，有完善的原始记录备查。

一、纯化水

　　纯化水为饮用水经蒸馏法、离子交换法、反渗透法或其他适宜方法制备的制药用水。纯化水不含任何附加剂，在制药生产中的用途主要有：①非无菌原料药精制工艺用水；②非无菌药品的配料用水；③非无菌药品直接接触药品的设备、器具和包装材料最后一次洗涤用水；④制备注射用水的水源等。

　　纯化水制备过程中应严格监测各生产环节，防止微生物污染，确保使用点的水质。纯化水有多种制备方法，其制备方法的选择既受原水的性质、用水标准与用水量的制约，又要考虑制水效率的高低、耗能的大小、设备的繁简、管理维护的难易和产品的成本等。

（一）离子交换法

　　离子交换法是利用离子交换树脂具有离子交换作用，可以除去原水中的阴、阳离子，对热原、细菌也有一定的消除作用来制备纯化水，在药剂生产中广泛应用。

1. 离子交换树脂 常用的离子交换树脂有阴、阳离子交换树脂两种，如 717 型苯乙烯强碱性阴离子交换树脂，其极性基团为季铵基团，可用简式 $RN^+(CH_3)_3OH^-$（OH 型）或 $RN^+(CH_3)_3Cl^-$（氯型）表示。732 型苯乙烯强酸性阳离子交换树脂，其极性基团为磺酸基，可用简式 $RSO_3^-H^+$（氢型）或 $RSO_3^-Na^+$（钠型）表示。由于钠型与氯型树脂比较稳定，便于保存，树脂的出厂形式一般为钠型与氯型。

2. 离子交换的原理 当饮用水通过阳离子交换树脂时，水中的各种阳离子（Na^+、K^+、Ca^{2+}、Mg^{2+} 等）被树脂吸附，树脂上的阳离子（H^+）被置换到水中。经阳离子交换树脂处理的水再通过阴离子交换树脂时，水中的各种阴离子（Cl^-、SO_4^{2-}、CO_3^{2-} 等）被树脂吸附，树脂上的阴离子（OH^-）被置换到水中，并和水中的 H^+ 结合成水。

3. 离子交换设备 离子交换的设备一般为树脂床，常用的形式有：①单床，柱内只有阳离子树脂或阴离子树脂，即阳床和阴床；②复合床，为一阳离子树脂柱与一阴离子树脂柱串联而成；③混合床，阴阳离子树脂按一定比例混合均匀后装入同一树脂柱，此床的出水纯度高；④联合床，为复合床与混合床串联组成，出水质量高，生产中多采用此组合。

4. 离子交换法的特点 离子交换法制备纯化水的特点主要有：①水质化学纯度高，所需设备简单，耗能小，成本低；②所使用的离子交换树脂常需要再生，消耗大量的酸碱液且废弃的酸碱需要处理。

5. 离子交换法操作中应注意的问题 生产中应用离子交换法制备纯化水应注意：①原水在进入树脂床前须以过滤和吸附等方法进行预处理，以除去水中的微生物、胶体、悬浮物等；②生产中，在阳床后设脱气塔以减轻阴床的负荷，提高化学除盐工艺的经济性和出水水质；③新树脂在使用前需进行处理，除去低聚可溶性杂质等；④新购的树脂一般为钠型和氯型，使用前须转型为氢型和氢氧型；⑤树脂使用一定周期后，会因吸附饱和而失去交换能力，需再生活化才能反复使用。

（二）反渗透法

反渗透法是在 20 世纪 60 年代发展起来的新技术，国内目前主要用于原水处理，但若装置合理，也能达到注射用水的质量要求，《美国药典》已收载该法为制备注射用水的法定方法之一。

1. 反渗透原理 当两种不同浓度的溶液用半透膜隔开时，稀溶液中的水分子通过半透膜向浓溶液一侧自发流动，这种现象叫渗透，如图 2 - 1A 所示。由于稀溶液一侧水分子不断流向浓溶液一侧，因而渗透作用的结果，使浓溶液一侧的液面逐渐升高，水柱静压不断增大，达到一定程度时，渗透达到平衡，液面不再上升，

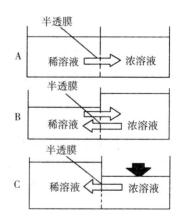

图 2 - 1 渗透与反渗透原理示意图

这时浓溶液与稀溶液之间的水柱静压差为渗透压，如图 2 - 1B 所示。若在浓溶液一侧加

压，且压力大于渗透压时，浓溶液中的水分子通过半透膜流向稀溶液一侧，水的流向与渗透过程中水的流向相反，这种现象叫反渗透，如图 2-1C 所示。反渗透的结果能使水分子从浓溶液中通过半透膜性滤材与溶质分离，从而制得纯化水。

2. 反渗透设备 反渗透器的核心元件是反渗透膜，反渗透膜材料多为醋酸纤维（CA）或三醋酸纤维素和芳香聚酰胺，孔径一般为 0.1～1.0nm。由于一级反渗透器除去离子的能力达不到药典要求，所以目前药品生产企业普遍采用二级反渗透器制备纯化水。

生产中为提高纯水质量，常以反渗透法与离子交换法联用，其生产工艺流程如图 2-2。

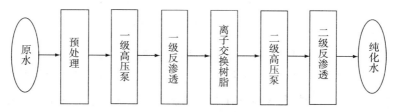

图 2-2 反渗透法与离子交换法联用制水生产工艺流程图

3. 反渗透法的特点 反渗透法制备纯化水主要有以下特点：①除盐、除热原效率高，通过二级反渗透系统可彻底除去无机离子、有机物、细菌、热原、病毒等；②制水过程为常温操作，对设备不腐蚀，也不会结垢；③设备体积小，操作简单、单位体积产水量大；④操作工艺简单，能源消耗低；⑤对原水质量要求较高。

（三）电渗析法

电渗析法是在外加电场作用下，利用离子定向迁移及交换膜的选择透过性而设计的，利用电场的作用，强行将离子向电极处吸引，致使电极中间部位的离子浓度大为下降，从而制得纯水。其原理如图 2-3。

电渗析法除离子的特点是节约酸碱，介质不需要再生，设备简单；但消耗电能，制得的水纯度不高，当原水含盐量高达 3000mg/L 时，用离子交换法制备纯化水树脂会很快老化，此时电渗析法就比较适用。

（四）电去离子法

电去离子法是电渗析与离子交换有机结合形成的新型膜分离技术，借助离子交换树脂的离子交换作用和离子交换膜对离子的选择性透过作用，在直

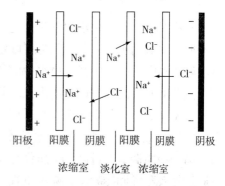

图 2-3 电渗析基本原理示意图

流电场的作用下使离子定向迁移，从而完成持续、深度的除盐。其原理见图 2-4。

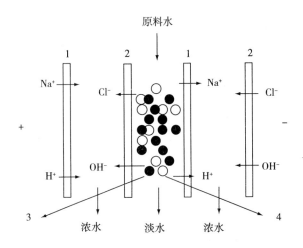

图 2 - 4 电去离子设备工作原理示意图

1. 阳离子交换膜；2. 阴离子交换膜；3. 阳离子交换树脂；4. 阴离子交换树脂

电去离子法具有电渗析和离子交换两者的优点，既保留了电渗析可连续脱盐及离子交换树脂可深度脱盐的优点，又克服了电渗析浓差极化所造成的不良影响及离子交换树脂需用酸、碱再生的麻烦和造成的环境污染。与传统的离子交换法相比，树脂用量少、产水水质好，但对进水水质要求高，只适宜于低盐度水的精处理。故目前经常将反渗透法和电去离子法联用。

二、注射用水

注射用水为纯化水经蒸馏所得的水，应符合细菌内毒素试验要求。注射用水主要用于无菌原料药的精制、无菌药品的配料以及直接接触无菌药品的包装材料和器具等的最终清洗。注射用水必须在防止细菌内毒素产生的设计条件下生产、贮藏及分装。

（一）注射用水的制备

注射用水和纯化水的制备工艺要求不同，纯化水的制备工艺可有多种选择，但各国药典对注射用水的制备工艺都有限定条件，目前我国药典收载的方法是蒸馏法。为保证注射用水的质量，应减少原水中的细菌内毒素，监控各生产环节，防止污染。

蒸馏所用的设备即蒸馏水机，其形式很多，但基本结构一般都包括蒸发锅、隔沫器和冷凝器等。药品生产企业常采用气压式蒸馏水机和多效蒸馏水机。

1. 多效蒸馏水机　多效蒸馏水机是国内制备注射用水广泛应用的设备，具有热效率高、耗能低、产量高、水质优等特点。多效蒸馏水机的工作原理是让经充分预热的水通过多效蒸发和冷凝，排除不凝性气体和杂质，从而获得高纯度的蒸馏水。多效蒸馏水机有列管式和塔式（盘管式）等类型，目前广泛应用列管式，其结构见图 2 - 5，主要组成包括蒸馏塔、冷凝器和一些控制元件等。多效蒸馏水器的性能取决于加热蒸汽的压力和效数，压力越大，产水量越高；效数越大，热能的利用率越高。综合各方面的因素，选用四效以上的蒸馏水器较合理。

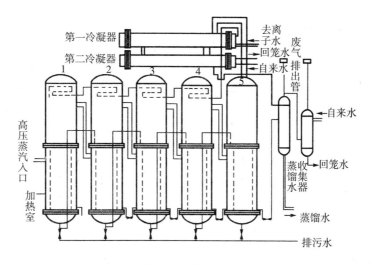

图 2 − 5　列管式多效蒸馏水器结构示意图

2. 气压式蒸馏水器　气压式蒸馏水器是国外 20 世纪 60 年代发展起来的产品。主要有自动进水器、加热室、蒸发室、热交换器、冷凝器和蒸汽压缩机等组成。工作原理是利用动力对二次蒸汽进行压缩、循环蒸发而制备注射用水，即将进料水加热汽化产生二次蒸汽，二次蒸汽经压缩成过热蒸汽，过热蒸汽通过管壁与进水进行热交换，使进水蒸发而过热蒸汽被冷凝，此冷凝水即是所制备的注射用水。本法无需冷却水，但电能消耗较大，适用于供应蒸气压力较低，工业用水比较短缺的厂家使用。

（二）注射用水的储存

注射用水储罐和输送管道所用材料应无毒、耐腐蚀，储罐的通气口应安装不脱落纤维的疏水性除菌滤器，管道的设计和安装应避免死角、盲管。注射用水系统应定期清洗与消毒，注射用水的制备、储存和分配应能防止微生物孳生，存储方式和静态储存期限应经过验证确保水质符合质量要求，一般应在 80℃ 以上保温、70℃ 以上保温循环或 4℃ 以下的状态下存放。药品生产用注射用水的储存时间一般不超过 12 小时。

知识链接

纯化水与注射用水的质量检查

《中国药典》规定注射用水与纯化水均为无色的澄清液体；无臭，无味。

纯化水的质量检查项目主要有酸碱度、氨（0.00003%）、硝酸盐、亚硝酸盐、电导率、总有机碳、易氧化物、不挥发物、重金属、微生物限度（细菌、霉菌、酵母菌总数每 1ml 不得过 100 个）等。

注射用水的质量检查项目主要有 pH 值（5.0 ~ 7.0）、氨（0.00002%）、硝酸盐、亚硝酸盐、电导率、总有机碳、不挥发物、重金属、微生物限度（细菌、霉菌、酵母菌总数每 100ml 不得过 10 个）、细菌内毒素（每 1ml 小于 0.25EU）等。

三、灭菌注射用水

灭菌注射用水指注射用水按照注射剂生产工艺制备所得的水。灭菌注射用水为无色、无臭、无味的澄明液体，不含任何添加剂，应无菌、无热原，其质量必须符合现行版《中国药典》二部灭菌注射用水项下的规定。灭菌注射用水可直接用于临床，如注射用灭菌粉末的溶剂、注射剂的稀释剂或伤口冲洗等。

第二节 过 滤

过滤是将固－液混合物通过一种多孔介质，固体粒子被截留在介质上，液体经介质孔道流出，从而使固－液进行分离的操作。通常，将多孔介质称滤过介质或滤材，截留于滤过介质上的固体称滤饼，通过滤过介质的液体称滤液。在制剂生产中，过滤操作广泛用来分离悬浮液以获得澄明液体，如滤除溶液中的不溶性杂质等；过滤也可用于除去液体而获得固体物料，如重结晶等。

一、过滤机理

1. 过滤机理 过滤的机理主要有两种。

（1）表面过滤 又称过筛作用，料液流经滤器时，其中粒径大于滤器孔隙的固体微粒全部被截留在过滤介质表面，过滤介质起筛网的作用，如薄膜过滤。

（2）深层过滤 固－液分离过程发生在介质"内部"，粒径小于滤器空隙的固体微粒在滤过过程中进入到介质深度，通过介质内部不规则孔道时沉积在或被吸附于介质空隙内部，微粒被截留在滤器的深层，如砂滤棒、垂熔玻璃滤器等。

2. 加快过滤速度的方法 为了提高过滤效率，生产中经常采用一些方法加快滤速，常用的方法如下。

（1）加压或减压滤过 过滤时，操作压力（滤床面上下压差）越大则滤速越快，因此通过加压或减压提高过滤介质上下方的压力差可增加滤速。

（2）趁热过滤 升高温度可降低液体的黏度而增加滤速。

（3）先进行预滤 过滤过程中，沉积的滤饼厚度增加会增大过滤阻力，减慢滤速，采用预滤可减少滤饼的厚度。

（4）使用助滤剂 助滤剂可以防止过滤介质孔隙被堵塞，减少阻力，常用的助滤剂有纸浆、硅藻土、滑石粉、活性炭等。

二、常用的过滤器

1. 砂滤棒 砂滤棒主要特点是深层滤过效果好，滤速快，适用于大量生产。常用的砂滤棒主要有两种，一种是硅藻土滤棒，质地疏松，适用于黏度高、浓度较大的滤液。但易于脱砂，对药液吸附性强，难清洗，且能改变药液的 pH 值。另一种是多孔素瓷滤棒，质地致密，滤速慢，适用于低黏度液体的过滤。

2. 垂熔玻璃滤器　指用优质玻璃粉碎成大小均匀的细微颗粒，在高温下烧结而成孔隙错综交叉的多孔性滤板，再固定在玻璃器皿上制成的漏斗状、球状、棒状的滤器。垂熔玻璃滤器多用于注射液、口服液、眼用溶液的过滤。其特点是：①化学性质稳定，能耐酸，但不耐碱和氢氟酸；②过滤时无介质脱落，对药物无吸附作用；③易于清洗，能热压灭菌；④价格较高，脆而易碎。

3. 钛滤器　是一种以工业高纯钛粉为原料，经高温烧结而成的新型高效多孔过滤材料，常用于注射液与滴眼液等的预滤。主要特性有：①化学稳定性好，能耐酸、耐碱，可在较大 pH 值范围内使用；②机械强度大，过滤精度高，且易再生、寿命长；③孔径分布窄，分离效率高；④抗微生物能力强，不与微生物发生作用；⑤耐高温，一般可在300℃以下正常使用；⑤无微粒脱落，不对药液形成二次污染。

4. 微孔滤膜滤器　微孔滤膜是一种高分子薄膜过滤材料，由醋酸纤维、硝酸纤维、醋酸纤维与硝酸纤维混合物、聚酰胺、聚四氟乙烯等原料制成，孔径从 0.025～14μm 不等。微孔滤膜滤器多用于注射剂等对澄明度要求较高的药液的滤过。其特点是：①适用范围较大，截留微粒的能力强，孔径在 0.65μm 以上的滤膜主要用于滤除微粒，孔径为 0.22μm 的滤膜可用于滤除细菌；②微孔滤膜上的微孔总面积大（可占薄膜总面积的80%），滤过速度快，吸附少；③过滤时无介质脱落，不影响药液的 pH 值；④滤膜用后弃去，不产生交叉污染；⑤截留的微粒易使滤膜堵塞，影响滤速。

5. 板框压滤机　由多个滤板与滤框相互交错排列组成，两端有封头、封尾，在滤板与滤框间安放根据滤过要求选用的滤过介质（常用滤布），在滤板与滤框的接管上套有大小合适的密封圈。滤板与滤板之间构成一个压滤室，滤板的表面有沟槽，其凸出部位用以支撑滤布，有利于滤液排出。混合液流经过滤介质，固体停留在滤布上，并逐渐在滤布上堆积形成滤饼。而滤液部分则渗透过滤布，成为不含固体的清液。

板框压滤机的优点主要有结构较简单、操作容易、运行稳定、保养方便、对物料适应性强、滤饼含固率高等。其不足之处在于，滤框易被料口堵塞、滤饼不易取出、不能连续运行、易破板、滤布消耗大等。适用于滤过黏性大、颗粒较小、可压缩的各类难滤过的物料。

三、常见的过滤方式

1. 常压过滤　指利用混悬液本身的液位差所形成的压力作为滤过推动力进行滤过的操作。常压过滤压力稳定，滤速较慢，一般适用于少量药液的滤过。

2. 减压过滤　又称真空过滤，指利用在过滤介质下方抽真空的办法来增加滤过推动力进行过滤的操作。其特点是从过滤到灌注都在密闭情况下进行，药液不易被污染。但减压过滤操作压力不够稳定，操作不当易使滤层松动，影响质量。

3. 加压滤过　指利用压缩空气或往复泵、离心泵等输送混悬液所形成的压力作为过滤推动力而进行过滤的操作。加压过滤的特点是压力稳定，滤速快、质量好、产量高，多用于药厂大生产。

第三节 灭菌与无菌操作

灭菌与无菌操作是保证药品质量的重要操作，对于无菌制剂的生产尤为重要。灭菌指用适当的物理或化学手段将物品中活的微生物杀灭或除去，从而使物品残存活微生物的概率下降至预期的无菌保证水平。无菌操作是指在药剂生产的整个过程中利用和控制一定条件，尽量使药品避免微生物污染的一种操作技术。在药品生产过程中所选择的灭菌方法和无菌操作工艺，不仅要达到灭菌避菌的目的，而且要保证药物的稳定性、治疗作用及用药安全。

一、灭菌

灭菌的目的是杀灭或除去所有微生物繁殖体和芽孢，杀灭或除去活微生物所用的物理、化学方法称为灭菌法。选择有效的灭菌方法，对保证产品质量具有重要意义。常用的灭菌方法可分为物理灭菌法和化学灭菌法两大类。

（一）物理灭菌法

1. 湿热灭菌法 指在高温高湿环境中灭菌的方法。生产中常用的湿热灭菌法是将物品置于灭菌柜内利用高压饱和蒸汽、过热水喷淋等手段使微生物菌体中的蛋白质、核酸发生变性而杀灭微生物的方法，也称为热压灭菌法。高压饱和蒸汽的比热大，穿透力强，具有很强的灭菌效果，能杀灭所有细菌繁殖体和芽孢。湿热灭菌是热力灭菌中最有效、应用最广泛的灭菌方法，药品、容器、培养基、无菌衣、胶塞以及其他遇高温和潮湿不发生变化或损坏的物品，均可采用本法灭菌。

湿热灭菌条件的选择应考虑灭菌物品的热稳定性、热穿透力、微生物污染程度等，通常采用的灭菌条件有 $121℃ \times 15min$、$121℃ \times 30min$、$116℃ \times 40min$ 等，也可采用其他灭菌温度和时间参数，但必须证明所采用的灭菌工艺和监控措施能确保灭菌效果和产品质量。常用的灭菌设备有脉动真空灭菌器、过热水灭菌器等。脉动真空蒸汽灭菌器是药品生产中所采用的最典型的高压蒸汽灭菌器，通常由灭菌腔体、密封门、控制系统、管路系统等组成，并连接压缩空气、蒸汽、真空泵等。灭菌程序由计算机控制完成，腔体内冷空气排除比较彻底，灭菌周期短、效率高。高压过热水喷淋灭菌器配置有热水储罐、热交换单元、循环风机、循环泵、旋转装置等。灭菌时，产品被固定在托盘上，灭菌水开始进入灭菌腔体，通过换热器循环加热、蒸汽直接加热等方式对灭菌水加热，喷淋灭菌。这类灭菌器的优点是加热和冷却的速率容易控制，通常适用软袋制品的灭菌。采用湿热灭菌时，被灭菌物品在灭菌柜内应有适当的装载方式，不能排列过密，以保证灭菌的有效性和均一性。

湿热灭菌法也可采用流通蒸汽或煮沸灭菌等方式。流通蒸汽灭菌不能保证杀灭所有的芽孢，一般可作为不耐热无菌产品的辅助灭菌手段。煮沸灭菌效果较差，生产中基本不用。

· 知识链接

影响湿热灭菌的因素

影响湿热灭菌的因素主要有：①微生物的种类：繁殖期的微生物对高温的耐受性比衰老期的要小，芽孢的耐热性更强；②微生物的数量：微生物数量愈小，所需灭菌时间愈短，生产过程中应当尽量避免微生物污染；③蒸汽的性质：饱和蒸汽含热量较高，穿透力较强，灭菌效果好；④灭菌时间：灭菌所用温度愈高，所需的时间则愈短，但随着药液温度的升高，药物分解的化学反应速度也加快，故在确保灭菌效果的前提下，应尽可能降低温度或缩短时间；⑤药物的性质：溶液中若含有营养性物质如糖类、氨基酸等，能增加微生物的抗热能力；⑥介质的性质：介质的酸碱度也影响微生物的生活能力，一般微生物在中性溶液中抗热能力最大，碱性溶液次之，酸性溶液不利于微生物生长。

2. 干热灭菌法 指在干热环境中灭菌的方法。一般指将物品置于干热灭菌柜、隧道灭菌器等设备中，利用干热空气达到杀灭微生物的方法，也称为干热空气灭菌法。由于干热空气比热较低、穿透能力弱，必须高温度、长时间加热方能达到灭菌目的，为了确保灭菌效果，一般规定灭菌条件为 160℃ ~ 170℃ ×120min 以上、170℃ ~ 180℃ × 60min 以上或 250℃ ×45min 以上。也可采用其他温度和时间参数，无论采用何种灭菌条件，均应保证灭菌效果。250℃ ×45min 的干热灭菌也可除去无菌产品包装容器及有关生产灌装用具中的热原物质。本法适用于耐高温的玻璃和金属制品、不允许湿气穿透的油脂类和耐高温的粉末化学药品的灭菌，不适用于橡胶、塑料以及大部分药品的灭菌。干热空气灭菌所用设备为各类烘箱。

干热灭菌有时也可采用火焰灭菌法，用火焰直接烧灼杀灭微生物，灭菌迅速、可靠、简便，适用于耐火焰材质如瓷器、玻璃和金属制品等。

3. 射线灭菌法 指利用辐射、微波和紫外线杀灭微生物的方法。

（1）紫外线灭菌法 指利用紫外线照射来杀灭微生物的方法。灭菌机理是紫外线能使微生物细胞核酸蛋白质变性死亡，同时，空气受紫外线照射后产生的微量臭氧也能起杀菌作用。用于灭菌的紫外线波长为 200 ~ 300nm，其中波长 254nm 的紫外线灭菌力最强。紫外线以直线传播可被不同的表面反射或吸收，且紫外线穿透力弱，因此主要适用于表面灭菌、清洁空气及纯净水灭菌等，不能用于溶液、固体物质深部灭菌，也不能用于装于玻璃瓶中的药液灭菌。

紫外线对人体照射太久，可引起结膜炎、红斑及皮肤烧灼等，故一般在操作前开启 0.5 小时，操作时关闭。

（2）微波灭菌法 微波指频率在 300 ~ 3000000MHz 的电磁波。物质在外加电场的作用下，产生分子极化现象，极化分子按频率随正负电场方向交替改变方向，分子运动加剧，摩擦生热而产生灭菌效果。本法具有加热均匀、灭菌时间短、穿透介质较深等特点。

（3）辐射灭菌法　指将物品置于适宜放射源辐射的 γ 射线或适宜的电子加速器发生的电子束中进行电离辐射而达到杀灭微生物的方法。发射 γ 射线最常用的放射性同位素是^{60}钴或^{137}铯。辐射灭菌具有不升高产品温度、穿透力强、灭菌效率高等特点，但设备费用高，防护措施要求严，经辐射后药品成分、疗效、安全性仍需深入研究。本法适用于不耐热药物的灭菌及包装密封物品的灭菌等，但不适用于蛋白、多肽、核酸等生物大分子药物的灭菌。

4. 过滤灭菌法　指利用细菌不能通过致密具孔滤材的原理以除去气体或液体中微生物的方法。滤过除菌可将微生物及其尸体以及颗粒杂质等一并除去，主要用于对热不稳定的药物溶液、气体、水等除菌。选用的除菌滤器对滤液的吸附不得影响药品质量，不得有纤维脱落，目前药品生产中常用孔径不超过 0.22μm 的微孔滤膜。滤过除菌一般应配合无菌操作进行，相关的设备、包装容器、塞子及其他物品应采用适当方法进行灭菌，并防止再污染。

（二）化学灭菌法

1. 气体灭菌　指采用化学消毒剂形成的气体杀灭微生物的方法。常用的化学消毒剂有环氧乙烷、甲醛、气态过氧化氢、臭氧等。本法适用于环境消毒以及不耐热的医用器具、设备、设施等的消毒，使用时应注意杀菌气体对物品质量的损害以及灭菌后残留气体的处理。

2. 药液灭菌法　指采用化学消毒剂溶液进行灭菌的方法。常用的消毒剂有 0.1% ~ 0.2% 的新洁尔灭溶液、2% 左右的酚或甲酚皂溶液、75% 的乙醇等。本法常用于皮肤、无菌器具和设备等的消毒。

二、无菌操作

无菌操作法是指整个过程控制在无菌条件下进行的一种操作方法。无菌操作所用的一切用具、材料以及环境应严格灭菌，操作须在无菌操作室或无菌操作柜内进行，且对操作人员的卫生也有严格的要求。按无菌操作制备的产品，最后一般不再灭菌，直接使用，故无菌操作法对于保证不耐热产品的质量至关重要。在生产过程中，应严密监控生产环境的无菌空气质量、操作人员素质以及各物品的无菌性，无菌生产工艺应定期进行验证。

1. 无菌操作室的灭菌　无菌操作室的空气应定期进行灭菌，常用甲醛、丙二醇或乳酸等蒸气熏蒸。室内的用具、地面、墙面等用消毒剂喷洒或擦拭。其他用具用加热灭菌法灭菌。每次工作前开启紫外灯 1 小时，以保持操作环境的无菌状态。

2. 无菌操作　操作人员进入无菌操作室前要沐浴，换上已经灭菌的工作衣、帽、口罩和鞋子等，内衣与头发不得暴露，双手应按规定洗净并消毒后方可进行操作，以免造成可能的污染机会。操作过程中所用的容器、用具、器械均要经过灭菌。

3. 无菌检查　药品经灭菌或无菌操作法处理后，需经无菌检查法检验，证实已无微生物存在方可使用。

第四节 空气净化

空气净化技术是指能创造洁净空气环境的各种技术的总称。在制药工业中，空气净化的目的是除去空气中的尘埃与微生物，保证药品生产的洁净环境，对药品质量的提高有重要意义。

一、洁净室的净化标准

采用空气洁净技术，能使洁净室达到一定的洁净度，满足制备各类药剂的需要。关于洁净室的等级标准与要求，各国都有具体的规定，我国 2010 版 GMP 把洁净区空气的洁净度分为四级，不同级别的洁净区空气悬浮粒子的标准见表 2 - 1，微生物监测的动态标准见表 2 - 2。

表 2 - 1 洁净区空气悬浮粒子的标准

洁净级别	悬浮粒子最大允许数/（立方米）			
	静态		动态	
	≥0.5μm	≥5μm	≥0.5μm	≥5μm
A 级	3520	20	3520	20
B 级	3520	29	352000	2900
C 级	352000	2900	3520000	29000
D 级	3520000	29000	不作规定	不作规定

表 2 - 2 洁净区微生物监测的动态标准

洁净级别	浮游菌（cfu/m³）	沉降菌（φ90mm）（cfu/4h）	表面微生物	
			接触碟（φ55mm）（cfu/碟）	5 指手套（cfu/手套）
A 级	<1	<1	<1	<1
B 级	10	5	5	5
C 级	100	50	25	–
D 级	200	100	50	–

二、空气净化技术

（一）空气的过滤

目前空气净化的主要方式是对空气进行过滤，常用的空气过滤器分为初效、中效和亚高效或高效过滤器。

1. 初效过滤器　主要过滤空气中直径大于 $5\mu m$ 的尘埃粒子。通常用于上风侧的新风过滤，除了捕集大粒子外，还有效地保护中效过滤器，延长其使用寿命。

2. 中效过滤器　主要过滤空气中直径大于 $1\mu m$ 的尘埃粒子，一般置于亚高效、高效过滤器之前，保护亚高效或高效过滤器。

3. 亚高效过滤或高效过滤器　主要滤除小于 $1\mu m$ 的尘埃粒子，过滤效率高，但阻力大，一般装在通风系统的末端，以达到空气净化系统创造出高标准和高质量洁净空气的目的。

（二）净化气流的组织

由空气过滤器送来的洁净空气进入洁净室后，其流向的安排直接影响室内洁净度。气流的组织形式主要有层流式和乱流式两种。

1. 层流　指进入洁净室的空气流向为单一方向呈平行状态，又称平行流或单向流。这种气流形式类似气缸内活塞运动，把室内产生的粉尘以整层推出室外，从而保持室内空气的洁净度。层流可分为水平层流与垂直层流，如图 2 – 6。垂直层流送风口布满顶棚，地板全部做成回风口，使气流自上而下平行流动。水平层流送风口布满一侧墙面，对应墙面全部为回风口，气流以水平方向流动。层流空气流速较快，气流中的尘埃不易扩散，有利于保持室内的洁净度，但造价及运转费用高。垂直层流多用于注射剂等灌注区的局部保护和单向流工作台等，水平层流造价比垂直层流低，可用于洁净室的全面洁净控制。

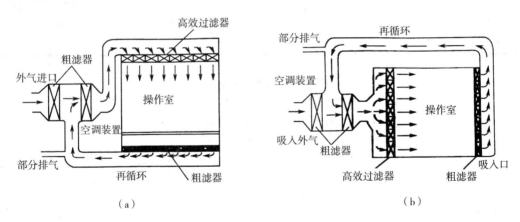

（a）　　　　　　　　　　　（b）

图 2 – 6　垂直层流和水平层流方式示意图

（a）垂直层流；（b）水平层流

2. 乱流　指进入洁净室的空气流动呈不规则状态，也称为紊流。这种气流形式，送风口只占洁净室断面很小一部分，送入的洁净空气很快扩散到全室，含尘空气被洁净空气稀释后降低了粉尘浓度，达到净化空气的目的。乱流送回风布置形式有多种类型，见图 2 – 7。乱流空气流中的尘埃容易扩散，死角处的部分空气可能出现停滞状态，较层流洁净度低；但具有设备费用低，安装简单，改建扩建容易等优点，在医药生产上得到普遍应用。

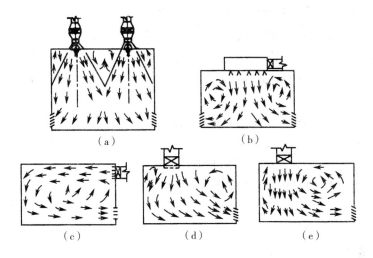

图 2 - 7　乱流气流方式示意图

（a）密集流线形散发器，顶送双侧下回；（b）孔板，顶送双侧下回；（c）侧送同侧下回；
（d）带扩散板高效过滤器风口，顶送单侧下回；（e）无扩散板高效过滤器风口，顶送单侧下回

第五节　粉碎、筛分与混合

一、粉碎

粉碎是指借机械力将大块固体物质破碎成适宜程度的碎块、颗粒或细粉的操作过程。粉碎的目的主要有：①增加药物的表面积，促进药物的溶解与吸收，提高难溶性药物的溶出度和生物利用度；②提高固体药物在液体、半固体、气体中的分散度，便于进一步制备各种剂型；③有利于各成分混合均匀，确保制剂的质量和疗效；④加速药材中有效成分的浸出。

供制备固体制剂的原辅料一般要求细度在 80～100 目，毒剧药、贵重药及有色药物则宜更细些，以便于混合，使含量均匀、准确，适应制备药剂及临床使用的需要。因此粉碎是固体制剂生产中的重要环节之一。

（一）粉碎方法

在制剂生产中应根据被粉碎物料的性质、产品粒度的要求、物料多少结合实际的设备条件采用不同的方法粉碎。其选用原则，以能达到粉碎效果及便于操作为目的。

1. 单独粉碎　指将一种药物单独进行粉碎的操作。需单独粉碎的药物有：①贵重细料药及毒性、刺激性药物，为了减少损耗和保证安全、防止中毒和交叉污染、利于劳动保护，需单独粉碎；②氧化性药物和还原性药物，必须单独粉碎，以免引起爆炸。

2. 混合粉碎　指两种或两种以上物料放在一起同时粉碎的操作。一般处方中性质及硬度相似的药物采用混合粉碎，混合粉碎往往能使其中一种药物吸附于另一药物表

面,从而阻止结聚,有利于粉碎操作进行,同时有混合的作用。

3. 干法粉碎 指药物经干燥处理(一般温度不超过80℃),使药物中的水分降低到一定限度(一般应少于5%)再粉碎的方法。除特殊中药外,一般药物均采用干法粉碎。

4. 湿法粉碎 指往药物中加入适量水或其他液体并与之一起研磨粉碎的方法,包括加液研磨法和水飞法。

(1)加液研磨法 是将药物加入少量液体研磨的方法。如樟脑、冰片等,加入少量挥发性液体(乙醇等)研磨,降低了分子间的内聚力,有利于粉碎。此法粉碎度高,又避免了粉尘飞扬,还可以减轻毒性或刺激性药物对人体的危害及贵重药物的损耗。

(2)水飞法 将药物和水共置乳钵中研磨,使细粉漂浮于液面或混悬于水中,将此混悬液倾出,余下的粗料再加水反复操作,直至全部药物研磨完毕,将所得的混悬液合并,沉降,倾出上清液,将湿粉干燥,可得极细粉。此法主要适用于坚硬而不溶于水的矿物类、贝壳类等药材的粉碎。

5. 低温粉碎 指将物料或粉碎机进行冷却的粉碎方法。低温粉碎是利用物料在低温时脆性增加、韧性与延展性降低的性质来提高粉碎效果。适用于常温下粉碎困难的物料、软化点低的可塑性物料、富含糖分有一定黏性的物料等,如树脂、树胶、干浸膏等。

知识链接

一些特殊的粉碎方法

1. 串油法 指含脂肪油较多的药物,如桃仁、柏子仁、枣仁、胡桃仁等必须先捣成糊状,再与已粉碎的其他药粉共同粉碎,使药粉及时将油吸收,便于粉碎与过筛。

2. 串料法 指含糖分较多的黏性药物,如熟地、山萸、黄精、天冬、麦冬等,可将处方中其他药物先粉碎成粗末,然后取一部分与黏性药物掺研,使成不规则的碎块或颗粒,在60℃以下充分干燥后再粉碎。

3. 蒸灌法 是指药物经蒸制或煮制由生变熟,干燥后再粉碎的方法,如制作乌鸡白凤丸就用此法来粉碎药物。

(二)粉碎器械

粉碎器械的种类很多,为达到良好的粉碎效果,应按粉碎物料的特性和所需要的粒度,选择适宜的粉碎器械。

1. 乳钵 是以研磨作用为主的粉碎器械,常用于粉碎少量药物。乳钵的材质一般为陶瓷、玻璃,也有刚玉乳钵、玛瑙乳钵等,其中以瓷制和玻璃制的最常用。瓷制乳钵内壁较粗糙,适用于结晶性及脆性药物的研磨,但吸附作用大。对于毒性药物或贵重药物常用玻璃或玛瑙乳钵。用乳钵进行粉碎时,加入物料量一般不超过乳钵容积的四分之一。

2. 球磨机 是兼有撞击和研磨作用的粉碎器械。

(1)球磨机的结构及粉碎原理 球磨机的主要部分为不锈钢或陶瓷的圆形罐体,

内装一定数量的钢球或瓷球。当罐体转动时，物料借圆球落下时的撞击作用及球与罐壁间、球与球之间的研磨作用而被粉碎。球磨机的粉碎效果与转速有关，转速过慢，圆球不能达到一定高度即沿壁滚下，此时仅发生研磨作用，粉碎效果较差；如果转速过快，圆球受离心力的作用沿壁旋转而不落下，物料失去与球体的撞击，粉碎效果也差；转速适中时，大部分球体随罐上升至一定高度后沿抛物线落下，物料的粉碎靠撞击和研磨的联合作用，粉碎效果好。球磨机及其转速见图2-8。

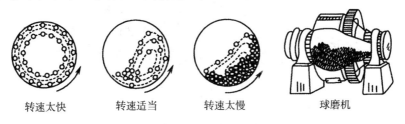

转速太快　　转速适当　　转速太慢　　球磨机

图2-8　球磨机及其转速示意图

（2）球磨机的特点　　球磨机常用于贵重药物、毒性药物、刺激性或吸湿性药物的粉碎，其特点主要有：①结构简单，密闭操作，粉尘少；②可用于无菌粉碎，充入惰性气体也可用于易氧化药物的粉碎；③粉碎效率低，粉碎时间较长。

3. 万能粉碎机　　万能粉碎机是一种应用较广泛的粉碎设备，对物料粉碎的作用以撞击力为主，适用于多种性质、不同粒度要求的物料粉碎，但粉碎过程会发热，故不适用于粉碎含大量挥发性成分、黏性或遇热发黏的物料。万能粉碎机根据结构不同可分为锤击式和冲击柱式两种类型。

（1）冲击柱式粉碎机　　如图2-9所示，在高速旋转的转盘上固定有若干圈钢齿，另一与转盘相对应的固定盖上也固定有若干圈钢齿。药物自加料斗加入时借抖动装置以一定的速度连续由加料口进入粉碎室，在粉碎室内由于惯性离心作用，药物由中心部位被甩向外壁，其间受钢齿的冲击而被粉碎。

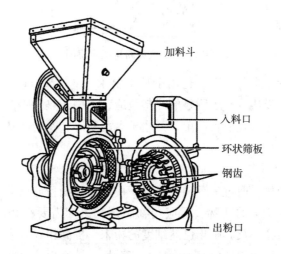

加料斗

入料口

环状筛板

钢齿

出粉口

图2-9　冲击式粉碎机

（2）锤击式粉碎机　如图2-10所示，粉碎室内有高速旋转的旋转轴，轴上装有数个锤头，机壳上装有衬板，下部装有筛板。当物料从加料斗进入到粉碎室时，受到高速旋转的锤头的冲击和剪切作用以及抛向衬板的撞击作用而被粉碎，细料通过筛板出料，粗料继续被粉碎。

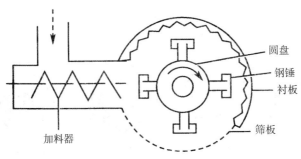

图2-10　锤击式粉碎机

4. 气流粉碎机　气流粉碎机也称为流能磨，其工作原理是利用高速气流使物料与物料之间、物料与器壁之间相互碰撞而产生强烈的粉碎作用。如图2-11所示，压缩空气通过气流粉碎机底部喷嘴进入粉碎室，在底部膨胀变为音速或超音速气流，物料被高速气流带动在粉碎室内上升的过程中相互撞击或与器壁碰撞而粉碎，并随气流上升到分级器，细粉被气流带出，较大颗粒的物料由于离心力的作用沿流能磨的外侧而下，重复粉碎过程。

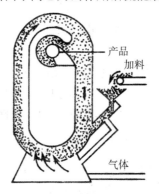

图2-11　气流粉碎机示意图

气流粉碎机的特点主要有：①适用于粒度要求在$3 \sim 20\mu m$的超微粉碎；②高压气流从喷嘴喷出时膨胀吸热，产生明显的冷却效应，适用于热敏感性物料和低熔点物料的粉碎，如抗生素、酶等。③设备简单，可用于无菌粉碎；④粉碎费用高。

二、筛分

筛分是指粉碎的物料通过一种网孔工具，使粗粉与细粉分离的操作。筛分的目的主要有：①获得粒度较均匀的药物，适应药物制剂和医疗需要；②使不同的药物混合均匀；③从已粉碎的药物中及时筛出已达细度的粉末，提高粉碎效率。

物料粒度的大小和均匀性对其混合度、流动性、填充性等有明显的影响，因此筛分是物料粉碎后质量控制的主要措施，也是制剂生产的一个基本环节，对药品质量及制剂生产的顺利进行有重要意义。

（一）药筛的种类与规格

药筛，指按《中国药典》规定，全国统一用于制剂生产的筛，或称标准药筛。在实际生产中，也常使用工业用筛，这类筛的选用，应与药筛标准相近，且不影响制剂质量。药筛可分为编织筛与冲眼筛两种。编织筛的筛网由铜丝、铁丝（包括镀锌的）、不锈钢丝、尼龙丝、绢丝等编织而成，其中尼龙丝对一般药物较稳定，在制剂生产中应用较广。冲眼筛系在金属板上冲压出圆形或多角形的筛孔，筛孔牢固，孔径不易变动，常用于高速粉碎过筛联动的机械及丸剂生产中分档。

《中国药典》2010 年版一部所用的药筛，选用国家标准 R40/3 系列，共规定了 9 种筛号，一号筛的筛孔内径最大，依次减小，九号筛的筛孔内径最小。

目前制药工业上，习惯以目数来表示筛号及粉末的粗细，目即每英寸（2.54cm）长度上筛孔的数目。我国常用的一些工业用筛的规格与《中国药典》的筛号对照表见表 2 – 3。

表 2 – 3　《中国药典》2010 年版药筛与工业筛目对照表

筛号	筛孔内径（平均值）	目号
一号筛	$2000\mu m \pm 70\mu m$	10 目
二号筛	$850\mu m \pm 29\mu m$	24 目
三号筛	$355\mu m \pm 13\mu m$	50 目
四号筛	$250\mu m \pm 9.9\mu m$	65 目
五号筛	$180\mu m \pm 7.6\mu m$	80 目
六号筛	$150\mu m \pm 6.6\mu m$	100 目
七号筛	$125\mu m \pm 5.8\mu m$	120 目
八号筛	$90\mu m \pm 4.6\mu m$	150 目
九号筛	$75\mu m \pm 4.1\mu m$	200 目

（二）粉末分等

为了便于区分固体粉末的大小，《中国药典》把固体粉末分为六个等级，其等级标准见表 2 – 4。

表 2 – 4　《中国药典》粉末等级标准

等级	分等标准
最粗粉	指能全部通过一号筛，但混有能通过三号筛不超过 20% 的粉末
粗粉	指能全部通过二号筛，但混有能通过四号筛不超过 40% 的粉末
中粉	指能全部通过四号筛，但混有能通过五号筛不超过 60% 的粉末
细粉	指能全部通过五号筛，并含能通过六号筛不少于 95% 的粉末

续表

等级	分等标准
最细粉	指能全部通过六号筛，并含能通过七号筛不少于95%的粉末
极细粉	指能全部通过八号筛，并含能通过九号筛不少于95%的粉末

（三）筛分器械

筛分器械种类很多，应根据对粉末粗细的要求、粉末的性质和数量适当选用。

1. 手摇筛　由筛网固定在圆形的金属圈上制成，并按筛号大小依次叠成套，故亦称为套筛。应用时取所需号数筛套在接收器上，粗号在上，细号在下，上面用盖子盖好，用手摇动过筛。

2. 旋振筛　如图 2-12，是一种高精度筛分设备，采用圆筒形筛网结构，物料从上部中心进料口加入，在筒体内经筛分后，细料即在筛中落下，由下部的出口排出，粗料由上部粗料口排出。该机分离效率高，适用于粉剂线上作业的配套，也可单机工作，是黏度较大、纤维性大、目数较高颗粒分级的理想设备。

图 2-12　旋振筛

此外，生产中应用的筛分设备还有悬挂式偏重筛分机、电磁振动筛分机、旋风分离器等。

（四）筛分操作注意事项

为了提高粉碎效率，筛分时应注意：①加强振动，药粉在静止状态下易形成粉块而不易通过筛孔；②保持粉末干燥，防止吸湿，避免粉末粘连成团堵塞筛孔；③适当控制料量，使物料厚度适宜，让粉末有足够的余地在筛网内移动便于过筛；④防止粉尘飞扬，特别是毒性、刺激性药物过筛时应做好安全防护。

三、混合

混合是指将两种或两种以上固体粒子相互均匀分散的过程或操作。其目的是使药物各组分在制剂中的含量均匀一致，以保证药物剂量准确，是制剂生产中不可缺少的基本操作。混合均匀与否，对药物的外观和疗效均有影响。

（一）混合方法

1. 搅拌混合 将药粉置于适当容器中，反复搅拌使之混合。少量药物制备时，可用手工搅拌，药物量大时不易混匀，生产中常用混合机。

2. 研磨混合 将各组分置乳钵中共同研磨而使其混合。此法适用于小量尤其是结晶性药物的混合，不适宜于具吸湿性和爆炸性成分的混合。

3. 过筛混合 将各组分药粉先初步混合在一起，再通过过筛的方法使之混匀。对于密度相差悬殊的组分来说，由于较细较重的粉末先通过筛网，故在过筛后仍须加以适当的搅拌混合方能混匀。

（二）混合设备

1. 槽型混合机 如图2-13，其主要部分为混合槽，槽上有盖，槽内轴上装有与旋转方向成一定角度的S形搅拌浆，可以正反向旋转，用以搅拌槽内的药粉。适用于粉末或湿性物料的混合，可用于颗粒剂、片剂、丸剂等制软材。槽形混合机搅拌效率较低，混合时间较长，但操作简便，易于维修，目前仍得到广泛应用。

2. V型混合机 如图2-14，两个圆筒呈V型交叉结合。设备旋转时，可将筒内物料反复的分离与汇合，以达到混合的目的。V型混合机在较短时间内即可混合均匀，目前在药厂生产中得到较广泛的应用。

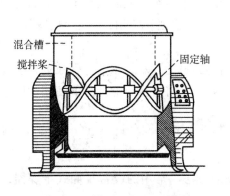

图2-13 槽型混合机示意图

图2-14 V型混合机

3. 三维运动混合机 主要由混合容器和机架等组成。混合容器为两端呈锥形的圆筒，在混合时，混合筒在三维空间多方向运动，周而复始平移、转动和翻滚。使桶中物料交叉流动与扩散，混合无死角，混合均匀度高。适用于干燥粉末或颗粒的混合。

（三）影响混合的因素

1. 各组分的比例量 组分药物比例量相差悬殊时，不易混合均匀，应采用等量递加法混合。等量递加法又称配研法，即先将处方中量小的组分与等量的量大组分同置混合器械中混匀，再加入与此混合物等量的量大组分混合均匀，如此倍量增加，直至全部混匀为止。

2. 各组分的相对密度 处方中各组分的堆密度相差较大时，一般将轻者先放于混合容器中，再加重者混合。这样可避免轻质组分浮于上部，重质粉末沉于底部而不易混匀。

3. 吸附性 混合器械的吸附性会造成物料损失，应先将量大且不易吸附的药粉或辅料垫底，再加量少且易吸附者或主药混合。

4. 带电性 有些粉末混合时因摩擦而带电，会阻碍粉末混匀，可加入少量表面活性剂克服，也可用润滑剂作抗静电剂。

5. 含液体组分 组分中含有液体成分时，应先用处方中其他固体成分或吸收剂吸收后再混合。常用的吸收剂有白陶土、蔗糖、葡萄糖、磷酸钙等。

6. 含低共熔组分 低共熔现象是指两种或两种以上物料按一定比例研磨混合后，产生熔点降低而出现润湿或液化的现象。含低共熔组分时，是否混合使其共熔，应具体分析：①共熔后药理作用增强，可采用共熔法混合；②共熔后药理作用减弱，则应将共熔组分分别用其他组分稀释，避免发生共熔；③共熔后药理作用无变化，且处方中固体成分较多时，可将共熔成分先共熔，再以其他组分吸收混合，使分散均匀。

第六节 干 燥

干燥是借助热能除去湿物料中所含的水分或其他溶剂，从而获得干燥产品的操作过程。干燥的目的主要有：①便于药材加工、运输、贮藏和使用；②可增加药物的稳定性；③保证产品的内在和外观质量。

干燥在药剂生产中常用于原辅料除湿，新鲜药材的除水，水丸、颗粒剂、浸膏剂等的干燥等。干燥与药品生产密切相关，干燥的好坏，将直接影响产品的使用、质量和外观等。

一、干燥常用的方法

1. 常压干燥 是在常压状态下进行干燥的方法。常用的设备是厢式干燥器，也称厢式干燥。

常压干燥简单易行，但干燥时间长、温度较高，易因过热引起成分破坏，干燥物较难粉碎，主要用于耐热物料的干燥。

2. 减压干燥 又称真空干燥，指在密闭的容器中抽去空气后进行干燥的方法。

减压干燥的特点是干燥温度低、速度快，产品疏松、易于粉碎，设备密闭可防止污染等。适用于不耐高温的药物干燥，也可用于干燥易受空气氧化、有燃烧危险或含有机溶剂等的物料。

3. 喷雾干燥 指将液态物料喷出成雾于干燥室内的热气流中，使水分迅速蒸发而得到粉末状或颗粒状物料的方法。

喷雾干燥技术在药剂生产中应用广泛，特别适用于热敏性物料的干燥以及颗粒的制备等。其特点主要有：①能直接将液体物料干燥成粉末状或颗粒；②干燥温度低，速度快，具有瞬间干燥的特点；③干燥后的产品多为松脆的空心颗粒，溶解性能好。

4. 沸腾干燥 又称流化床干燥，是热空气以一定速度自下而上穿过松散的物料层，使物料形成悬浮流化状态，类似"沸腾状"，在动态下进行热交换，带走水气而达到干燥目的的一种方法。常用的沸腾干燥器如图 2 - 15。

沸腾干燥的特点是干燥过程中颗粒与气流间的相对运动激烈，接触面积大，且物料温度均匀，干燥时间短，干燥效率高。沸腾干燥主要用于湿粒性物料如湿颗粒、水丸等的干燥；不适宜于含水量高，易黏结成团的物料干燥。

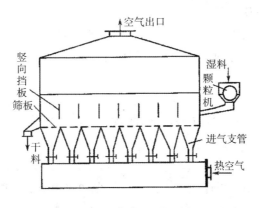

图 2 - 15 沸腾干燥器示意图

5. 冷冻干燥 指先将被干燥液态物料冷冻成固体，再在低温减压条件下，使固态的冰直接升华为水蒸气排出而达到干燥目的的方法。

冷冻干燥的特点是物料在高真空和低温条件下干燥，产品多孔疏松，易于溶解，且含水量低，有利于药品长期贮存。适用于热敏性物品的干燥，目前主要用于抗生素、血浆、疫苗等生物制品以及中药粉针剂和止血海绵剂等的干燥。

6. 红外线干燥 是利用红外辐射元件所发射的红外线对物料直接照射而加热的一种干燥方式。红外线是介于可见光和微波之间的一种电磁波，波长在 $0.72 \sim 1000\mu m$ 之间。其特点是受热均匀、干燥快、质量好，缺点是电能消耗大。

7. 微波干燥 干燥原理是将湿物料置于高频电场内，湿物料中的水分子在微波电场的作用下极化，随着变化的电场不断地迅速转动，产生剧烈的碰撞与摩擦，部分能量转化为热能，物料本身被加热而干燥。

微波干燥具有加热迅速、均匀、干燥速度快、效率高等优点，对含水物料的干燥特别有利。缺点是成本高、对有些物料的稳定性有影响。

8. 吸湿干燥 指将干燥剂置于干燥柜架盘下层，而将湿物料置于架盘上层进行干燥的方法。吸湿干燥只需在密闭容器中进行，不需特殊设备，常用于含湿量较小及某些含有芳香成分的药材干燥。

二、提高干燥效率的方法

干燥过程中，物料本身的结构、形状、大小、含水量、堆积方式等以及外界空气的温度、湿度、流速、压力等都会影响干燥速率，为了提高干燥效率，加快干燥速度常用的方法如下。

1. 改变物料的分散程度 如减小物料堆积层的厚度，将物料摊平、摊薄并适时搅动等，可增大物料与空气的接触面积，使水分蒸发量增加，也有利于促进物料内部水分向表面扩散。

2. 适当提高空气的温度与流速 在适当的范围内提高空气的温度，会加快蒸发速度，加大蒸发量，但温度过高可能导致某些成分被破坏。采用排风、鼓风装置使空间气体流动更新，可将水分及时带走，有利于干燥。

3. 降低干燥空间的相对湿度 空气的相对湿度越低，干燥速率越快。干燥过程中可采用生石灰、硅胶等吸湿剂吸除干燥空间的水蒸气，或采用除湿机除湿，加快干燥速度。

4. 适当控制干燥速度 在干燥过程中，如果干燥速度过快，温度过高，则物料表面水分蒸发过快，内部的水分来不及扩散到物料表面，容易造成外干内湿现象。因此应根据不同干燥方法的特点，适当控制干燥速度。

5. 选择适宜的干燥方法 干燥方法与干燥速率也有较大关系。静态干燥如烘箱干燥等，物料干燥暴露面小，干燥效率差；动态干燥如沸腾干燥、喷雾干燥等，物料粉粒彼此分开，与干燥介质接触面大，且空气流速较快，干燥效率高；压力与蒸发量成反比，因而减压干燥也是促进蒸发、加快干燥的有效手段。

第七节　浸出与浓缩

一、浸出

浸出是指用适当的溶剂和方法将药用成分从药材组织中提出的操作过程。药材中的成分可分为有效成分、辅助成分、无效成分和组织物质，浸出的目的是最大限度的提取有效成分和辅助成分，而尽量去除无效成分和组织物质。浸出是中药制剂制备中不可缺少的操作环节。

（一）浸出溶剂与辅助剂

浸出过程中用于浸出药材的溶剂称为浸出溶剂，浸出后得到的液体称浸出液，浸出后的残留物称药渣。浸出过程是指溶剂进入药材细胞组织内溶解或分散其药用成分后变成浸出液的全部过程，它实质上就是溶质由药材固相转移到溶剂液相中的传质过程。浸出溶剂的选择很重要，它关系到药材中有效成分的浸出和药剂的稳定性、安全性、有效性等。目前最常用的浸出溶剂是水和乙醇。

浸出操作中，有时为了提高浸出效率，增加浸出成分的溶解度和制品的稳定性，除去或减少某些杂质，常在浸出溶剂中加入浸出辅助剂。常用的浸出辅助剂有酸、碱、甘油、表面活性剂等。

（二）浸出过程

一般药材的浸出过程包括下列相互联系的几个阶段。

1. 浸润与渗透阶段　当药材粉粒与浸提溶剂接触时，浸提溶剂首先附着在粉粒的表面使之湿润，然后通过毛细管和细胞间隙进入细胞组织中，并渗透进入细胞内。浸润与渗透是将药材中有效成分浸出的首要条件。一般药材组织中的组成物质大部分都带有极性基团，如蛋白质、淀粉、纤维素等，易被极性溶剂浸润；选用非极性溶剂时，药材应先干燥；含油脂较多的药材用水、醇等浸提溶剂时，需先行脱脂。此外，溶剂中加入表面活性剂，表面张力降低，药材粉粒易被润湿，有助于提高浸提效果。

2. 解吸与溶解阶段　由于细胞中各种成分间有一定的亲和力，故于溶解前必须克服这种亲和力，才能使各种成分转入溶剂，这种作用称作解吸作用。浸出有效成分时，应选用乙醇等溶剂或加入适量的酸、碱、甘油或表面活性剂等有助解吸。

浸提溶剂与经解吸后的各种成分接触，使其转入溶剂中，这是溶解阶段。水能溶解晶体及胶质，故浸出液多含胶体物质；乙醇浸出液含胶质较少，非极性浸出液则不含胶质。随着成分的溶解，组织中的溶液使细胞内渗透压升高，促使更多的溶剂渗入其中，并使细胞膨胀或破裂，从而造成浸出的有利条件。

3. 扩散与置换阶段　溶剂在细胞中溶解大量可溶性物质后，细胞内溶液浓度显著增高，使细胞内外产生浓度差和渗透压差，细胞外的溶剂或稀溶液向细胞内渗透，细胞内高浓度液体不断向周围低浓度方向扩散，至内外浓度相等、渗透压平衡时扩散终止。扩散是浸出过程中的重要阶段，浓度差是渗透或扩散的推动力。浸提的关键在于保持最大的浓度差，因此，浸出时应加强搅拌或采用流动溶剂等，使新鲜溶剂或稀浸出液随时置换药材粉粒周围的浓浸出液，可提高浸出效率。

（三）影响浸出的因素

1. 药材的粉碎度　药材粉碎得越细，与浸出溶媒的接触面积越大，扩散速度就越快。但粉碎需适度，粉碎过细，药材中大量细胞破裂，高分子杂质增多，黏度增大，会给操作带来困难。且过细粉碎可使吸附作用增加，扩散速度减慢，造成有效成分的损失。

2. 浸提溶剂的用量及浸提次数　浸提溶剂的用量应视药材性质、所用溶剂种类和浸提方法而定，一般应大于药材的吸液量并超过有效成分溶解所需要的溶剂量。在溶剂量一定的情况下，多次浸提可提高浸提效率。

3. 浸提温度 温度升高，增加可溶性成分的溶解和扩散速度，可促进有效成分的浸出。一般药材的浸提温度以浸提溶剂的沸点或接近沸点为宜。但温度过高，易使药材中不耐热成分及挥发性成分损失，浸出液中杂质也会增多。因此，浸出过程中应适当控制温度。

4. 浸提时间 浸提时间越长，浸提越完全。但扩散达到平衡后，时间即不起作用。此外，过长时间的浸提会使杂质浸出增加，并易导致有效成分的水解，如果以水作溶剂还可能发生霉变。

5. 浓度梯度 浓度梯度是指药材组织内的浓溶液与其外部溶液浓度之差。浓度梯度与扩散物质的量成正比。浸提过程中的不断搅拌、经常更换新鲜溶剂、强制浸出液循环流动，或采用流动溶剂渗漉法等，均为扩大浓度梯度，提高浸提效果的方法。

6. 浸提压力 提高浸提压力有利于加速润湿与渗透过程，使药材组织内更快地形成浓溶液，缩短浸提时间。同时加压可使部分细胞壁破裂，亦有利于浸出成分的扩散。加压对组织松软、容易浸润的药材的扩散过程影响不很显著。

7. 新技术的应用 近年来新技术的不断推广，如超声波浸出、流化浸出、电磁场浸出等，不仅加快浸提过程，提高浸提效果，而且有助于提高制剂质量。

（四）常用的浸出方法

1. 煎煮法 指用水作溶剂，将药材加热煮沸一定时间，以提取所含成分的一种方法。此法操作简单易行，能浸提大部分所需成分，但煎出液的杂质多，易霉变，且不耐热成分或挥发性成分易损失。主要适用于有效成分能溶于水且对湿热稳定的药材。此法除用于制备汤剂外，还可用于其他剂型制备中有效成分的提取。目前生产中常用的设备为多功能提取罐。

2. 浸渍法 指用适当的溶剂，在常温或温热条件下，将药材浸泡一定时间，使其有效成分浸出的一种操作方法。此法浸出时间长、溶剂用量大、有效成分不易完全浸出，且浸出效率低。适用于黏性药材、无组织结构的药材、新鲜药材及易膨胀的药材等。不适用于贵重药材、毒剧药材、有效成分含量低的药材或制备高浓度的制剂。常用的设备有不锈钢罐及搪瓷罐等。

3. 渗漉法 指将药材粗末置于渗漉筒内，溶剂连续地从渗漉器上部添加，浸出液不断地从下部流出，从而浸出药材中有效成分的一种方法。渗漉时溶剂渗入药材细胞中溶解大量可溶性物质之后，浓度增高，浸提液相对密度增大而向下移动，上层的浸提溶剂或稀浸提液置换其位置，创造了比较大的浓度差，使扩散能自动连续进行，故浸出效果优于浸渍法。适用于高浓度浸出药剂的制备以及贵重药材、毒性药材、有效成分含量低的药材，但不适用于新鲜易膨胀的药材及非组织药材。渗漉法常用的设备为渗漉筒。

4. 回流法 指用乙醇等易挥发的有机溶剂提取药材中有效成分的方法。加热蒸馏时溶剂虽然蒸发，但遇冷凝装置冷凝后又流回提取器中浸提药材，如此反复，直至有效成分提取完全为止。此法溶剂可循环使用，又能不断更新，故可减少溶剂的消耗，提高浸提效果。缺点是提取液受热时间长，一些受热易破坏有效成分的药材不适用于此法。

5. 水蒸气蒸馏法　指将含有挥发性成分的药材与水共同蒸馏，使挥发性成分随水蒸气一并馏出，经冷却后，分取挥发性成分的一种浸提方法。目前主要用于挥发油的提取。

二、浓缩

药材经过适当方法浸提与分离后常得到大量浓度较低的浸出液，既不能直接应用，亦不利于制备其他剂型，需要浓缩。浓缩是中药制剂原料成型前的重要单元操作，目的是为了制成一定规格的半成品、成品或浓缩成过饱和溶液使析出结晶等。浓缩常用的方法有蒸发法和蒸馏法等。

（一）蒸发法

蒸发指借加热作用使溶液中的溶剂汽化并除去，从而提高溶液浓度的工艺操作。蒸发是药液浓缩的主要方法，根据原理和操作方法的不同分为常压蒸发、减压蒸发、薄膜蒸发和多效蒸发。

1. 常压蒸发　指液体在一个大气压下进行蒸发。其特点是操作较简单，但浓缩速度慢、加热时间长、开放操作易使药液污染且操作场所湿度大。适用于有效成分耐热，溶剂无燃烧性、无毒性、无回收利用价值的药液。常压浓缩常用的设备有敞口式蒸发锅等。

2. 减压蒸发　指在密闭的容器内，抽出液面上的空气，降低容器内部压力，使料液的沸点降低而进行的蒸发。具有温度低、速度快、可回收溶剂等特点，适用于含热敏性成分的药液及溶剂需要回收的药液。减压蒸发常用的设备有真空浓缩罐等。

3. 薄膜蒸发　指通过一定的方法使料液在蒸发时形成薄膜，增加汽化表面进行的蒸发。它具有药液受热温度低、操作时间短、蒸发速度快、有效成分不易破坏、可连续操作和缩短生产周期等优点。薄膜蒸发的方式有两种，一种是使液膜快速流过加热面进行蒸发。另一种是使药液剧烈地沸腾而产生大量泡沫，以泡沫的内外表面为蒸发面进行蒸发。后者目前使用较多。

薄膜蒸发常用的设备有：①升膜式蒸发器，适用于蒸发量较大、热敏性及黏度较小、易产生泡沫的料液；②降膜式蒸发器，适用于浓度高、黏度大的料液；③刮板式蒸发器，适用于高黏度、易起泡、易结垢的料液；④离心式蒸发器，适用于高热敏性料液。

4. 多效蒸发　是根据能量守恒定律，在低温低压条件下，蒸气含有的热能与高温高压下含有的热能相差很小，而汽化热反而高的原理设计的。将前效所产生的二次蒸气引入后一效作为加热蒸气，以此类推组成多效蒸发器。最后一效引出的二次蒸气进入冷凝器。为了维持一定的温度差，多效蒸发一般在真空下操作。多效蒸发器使热能得到充分利用，属节能型蒸发器。

（二）蒸馏法

蒸馏指加热使液体汽化，再经冷凝为液体的过程，与蒸发的区别是蒸馏将溶液进行浓缩的同时回收溶剂。有机溶剂如乙醇、三氯甲烷、乙醚等有汽化特性,可通过蒸馏来回收。常用的蒸馏方法有常压蒸馏、减压蒸馏、精馏等。

同步训练

一、选择题

1. 注射用水的 pH 值应为 ( )
   A. 3.0~5.0　　　　B. 5.0~7.0　　　　C. 4.0~9.0　　　　D. 7.0~9.0

2. 《中国药典》现行版收载制备注射用水的方法是 ( )
   A. 反渗透法　　　 B. 离子交换法　　 C. 电渗析法　　　 D. 蒸馏法

3. 以下方法中不能加快滤速的是 ( )
   A. 加压过滤　　　 B. 减压过滤　　　 C. 低温过滤　　　 D. 使用助滤剂

4. 热压灭菌器灭菌时,所用蒸汽应为 ( )
   A. 过热蒸汽　　　 B. 饱和蒸汽　　　 C. 湿饱和蒸汽　　 D. 流通蒸汽

5. 紫外线灭菌能力最强的波长是 ( )
   A. 300nm　　　　 B. 200nm　　　　 C. 254nm　　　　 D. 250nm

6. 关于粉碎的目的叙述错误的是 ( )
   A. 增加药物稳定性　　　　　　　 B. 促进药物的溶解与吸收
   C. 有利于各成分混合均匀　　　　 D. 加速药材中有效成分的浸出

7. 药筛筛孔的"目"指 ( )
   A. 每厘米长度上筛孔数目　　　　 B. 每平方厘米面积上筛孔数目
   C. 每英寸长度上筛孔数目　　　　 D. 每寸长度上筛孔数目

8. 当处方中各组分的比例量相差悬殊时,混合宜采用 ( )
   A. 过筛混合法　　 B. 研磨混合法　　 C. 搅拌混合法　　 D. 等量递加法

9. 下列关于沸腾干燥的叙述中不正确的是 ( )
   A. 为动态干燥　　　　　　　　　 B. 物料可直接由液体干燥为固体
   C. 干燥时间短　　　　　　　　　 D. 可用于湿颗粒的干燥

10. 药材浸出过程中推动渗透与扩散的动力是 ( )
    A. 温度　　　　　 B. 时间　　　　　 C. 浸提压力　　　 D. 浓度差

二、简答题

1. 试从用途、制法、质量要求等方面分析注射用水和纯化水有哪些不同之处?
2. 简述影响混合的因素有哪些?
3. 浸出药材常用的方法有哪几种?分别适用于什么样的药材浸出?

第三章　固体制剂

知识要点

　　固体制剂品种繁多，质量稳定，在临床应用中最为广泛。本章重点介绍散剂、颗粒剂、胶囊剂、片剂的概念、特点、分类与应用，阐述其生产中常用的辅料与制备方法，明确其质量检查。

第一节　固体制剂简介

一、概述

　　常用的固体剂型有散剂、颗粒剂、胶囊剂、片剂等，在药物制剂品种中约占70%。固体制剂与液体制剂相比，具有以下特点：①固体制剂物理与化学稳定性好，生产制造成本较低，服用与携带方便；②固体制剂需经崩解、溶出后才能被吸收，作用较为缓和持久，固体剂型吸收快慢的顺序一般是：散剂＞颗粒剂＞胶囊剂＞片剂；③固体制剂制备的前处理过程经历相同的操作单元，可保证药物的均匀混合与剂量准确。

　　固体制剂的制备，首先需要将药物进行粉碎、过筛、混合均匀。之后，若粉末直接分装可制成散剂；若再将药物粉末制成颗粒，颗粒进行分装即为颗粒剂；颗粒经加压成片状则为片剂；将粉末或颗粒装入空胶囊可制成胶囊剂。固体制剂的生产工艺流程如图3-1。

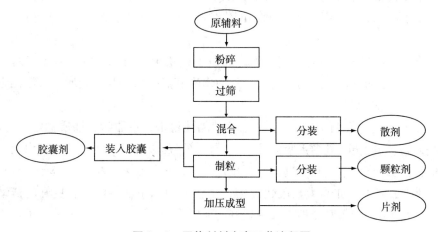

图3-1　固体制剂生产工艺流程图

二、固体制剂常用的附加剂

附加剂又称赋形剂、辅料，指药剂中除药物活性成分以外所添加的其他物质。药物制剂中使用辅料的目的在于：①有利于制剂形态的形成，如液体制剂中加入溶剂，片剂中加入稀释剂、黏合剂，软膏剂、栓剂中加入基质等使制剂具有形态特征；②使制备过程顺利进行，如液体制剂中加入助溶剂、助悬剂、乳化剂等可促进药物溶解或分散，固体制剂中加入助流剂、润滑剂可改善物料的粉体性质，从而使制剂生产顺利进行；③提高药物的稳定性，如化学稳定剂（抗氧化剂等）、物理稳定剂（助悬剂、乳化剂等）、生物稳定剂（防腐剂）等；④调节有效成分的释放特性，如使制剂具有速释性、缓释性、肠溶性等；⑤增强机体的适应性，如缓冲剂、等渗剂等；⑥提高患者的顺应性，如矫味剂、止痛剂、着色剂等。

药物制剂中的附加剂应符合以下要求：①具有较高的化学稳定性，不与主药发生化学反应；②不影响主药的释放、吸收、疗效和含量检测，对人体无害；③来源广，价格低。

固体制剂中常用的附加剂主要有稀释剂与吸收剂、润湿剂与黏合剂、崩解剂、润滑剂，根据需要还可加入着色剂、矫味剂等。

（一）稀释剂与吸收剂

稀释剂亦称为填充剂，其主要作用是增加制剂的重量或体积。处方中有较多的液体药物时，需先加适量的吸收剂吸收，再与其他药物混匀后制成固体药剂。常用的稀释剂与吸收剂有：

1. 淀粉　是固体制剂较为常用的辅料，目前常用玉米淀粉，为白色细微粉末，性质稳定，可与大多数药物配伍，吸湿性小，外观色泽好，价格便宜。但淀粉的可压性较差，常与可压性较好的糖粉、糊精、乳糖等混合使用。

2. 糖粉　指结晶性蔗糖经低温干燥、粉碎而成的白色粉末。优点是味甜，黏合力强，可用来增加片剂的硬度，使片剂的表面光滑美观。缺点是吸湿性较强，长期贮存，会使片剂的硬度过大，导致崩解或溶出困难。一般不单独使用，常与糊精、淀粉配合使用。

3. 糊精　是淀粉水解的中间产物，为白色或淡黄色粉末，较易溶于热水，不溶于乙醇。具有较强的黏性，使用不当会使片面出现麻点、水印及造成崩解或溶出迟缓，常与糖粉、淀粉配合使用。

4. 乳糖　一种优良的填充剂，为白色结晶性粉末，带甜味、性质稳定、易溶于水，可与大多数药物配伍。乳糖无吸湿性、可压性好，压成的片剂光洁美观。由喷雾干燥法制得的乳糖为球形粒子，其流动性、可压性良好，可供粉末直接压片。

5. 可压性淀粉　亦称为预胶化淀粉，是新型的药用辅料。具有良好的流动性、可压性、自身润滑性和干黏合性，并有较好的崩解作用。作为多功能辅料，可用于粉末直接压片。

6. 微晶纤维素（MCC）　是由纤维素部分水解而制得的白色结晶性粉末，具有较强的结合力与良好的可压性，可用于粉末直接压片。另外，片剂中含 20% 以上微晶纤维素时崩解较好。

7. 无机盐类　指一些无机钙盐，如硫酸钙、磷酸氢钙及碳酸钙等。其中二水硫酸钙较为常用，其性质稳定，无臭无味，微溶于水，可与多种药物配伍，制成的片剂外观光洁，硬度、崩解度均好，对药物也无吸附作用。但应注意硫酸钙对某些药物（如四环素类药物）的吸收和含量测定有干扰。

8. 糖醇类　常用甘露醇和山梨醇，呈颗粒或粉末状，具有一定的甜味。在口腔内溶解时吸热，有凉爽感，较适于咀嚼片等，但价格较贵，常与蔗糖配合使用。

（二）润湿剂与黏合剂

润湿剂本身无黏性，润湿物料后可诱发其黏性，使其黏结制粒，常用的有水和乙醇。黏合剂本身有黏性，用于无黏性或黏性不足的物料，使其黏结制粒，常用的有淀粉浆、糖浆以及一些高分子溶液等。

1. 纯化水　为常用的润湿剂，无毒、无味、价廉，但干燥温度高、干燥时间长，不适用于遇水敏感的药物。当处方中水溶性成分较多时可能出现发黏、结块、湿润不均匀、干燥后颗粒发硬等现象。

2. 乙醇　可用于遇水易分解的药物或遇水黏性太大的药物。中药浸膏的制粒常用不同浓度的乙醇溶液做润湿剂，随着乙醇浓度的增大，润湿后所产生的黏性降低，常用浓度为 30%～70%。

3. 淀粉浆　淀粉在水中受热糊化而得，黏性良好，是制粒中首选的黏合剂，常用浓度为 8%～15%。淀粉浆的制法主要有两种：①冲浆法，将淀粉混悬于少量（1～1.5 倍）水中，然后根据浓度要求冲入一定量的沸水，不断搅拌成糊状即成；②煮浆法，将淀粉混悬于全部量的水中，加热，并不断搅拌成糊状即成，但不宜直火加热，以免焦化。

4. 纤维素衍生物　常用的有：①甲基纤维素（MC），溶于冷水，热水中几乎不溶，制得颗粒压缩成形性好、且不随时间变硬；②羟丙基纤维素（HPC），易溶于冷水；黏度规格较多，是优良的黏合剂；③羟丙基甲基纤维素（HPMC），易溶于冷水，不溶于热水，除了用作黏合剂外，也是一种最常用的包衣材料；④羧甲基纤维素钠（CMC－Na），有良好的水溶性，黏性较强，常用于可压性较差的药物；⑤乙基纤维素（EC），不溶于水，溶于乙醇等有机溶剂中，黏性较强，且在胃肠液中不溶解，会对片剂的崩解及药物的释放产生阻滞作用。

5. 聚维酮（PVP）　既溶于水，又溶于乙醇，可根据药物的性质选用水溶液或乙醇溶液，常用于泡腾片及咀嚼片的制粒，但本品吸湿性强。

6. 其他黏合剂　此外，还可选用明胶溶液、聚乙二醇（PEG）溶液、50%～70% 的蔗糖溶液、海藻酸钠溶液等作黏合剂。

（三）崩解剂

崩解剂的主要作用是消除因黏合剂或高度压缩而产生的结合力，从而使口服固体制剂在胃肠液中迅速碎裂成细小颗粒。

知识链接

崩解剂的作用机理

崩解剂的作用机理主要有以下几种：①毛细管作用，崩解剂在片剂内形成易于润湿的毛细管道，水能迅速进入片剂内部，使整个片剂润湿而崩解；②膨胀作用，崩解剂自身具有很强的吸水膨胀性，使片剂崩解；③润湿热作用，崩解剂溶解时产生热，使片剂内部残存的空气膨胀，使片剂崩解；④产气作用，由于化学反应而产生气体，气体膨胀使片剂崩解，如枸橼酸与碳酸氢钠遇水产生二氧化碳气体。

1. 崩解剂加入常用的方法 崩解剂常用的加入方法有三种。

（1）外加法 将崩解剂加入压片之前的干颗粒中，混匀。片剂的崩解主要发生在颗粒之间。

（2）内加法 将崩解剂加入预制粒的药物粉末中，制粒。片剂的崩解主要发生在颗粒内部。

（3）内外加法 将崩解剂分为两部分，一部分内加，一部分外加。

崩解剂在相同用量下，就崩解速度而言，外加法 > 内外加法 > 内加法；就溶出速度而言，内外加法 > 内加法 > 外加法。

2. 常用的崩解剂

（1）干淀粉 是一种经典的崩解剂，淀粉在100℃~105℃下干燥1小时而得，含水量在8%以下。干淀粉的吸水性较强，其吸水膨胀率为186%左右。适用于水不溶性或微溶性药物的片剂，而对易溶性药物的崩解作用较差。

（2）羧甲基淀粉钠（CMS－Na） 是一种白色的无定形粉末，吸水膨胀作用非常显著，其吸水后膨胀率可达原体积的300倍，是一种性能优良、价格较低的崩解剂，用量一般为1%~6%。

（3）低取代羟丙基纤维素（L－HPC） 近年来国内应用较多的一种快速崩解剂。具有很大的表面积和孔隙率，有很好的吸水速度和吸水量，其吸水膨胀率为500%~700%，崩解后颗粒较细小，有利于药物的溶出，一般用量为2%~5%。

（4）交联羧甲基纤维素钠（CCNa） 不溶于水，能吸收数倍于本身重量的水而膨胀，所以具有较好的崩解作用。当与羧甲基淀粉钠合用时，崩解效果更好，但与干淀粉合用时崩解作用会降低。

（5）交联聚维酮（PVPP） 是流动性良好的白色粉末，在水、有机溶剂及强酸强碱溶液中均不溶解，但在水中迅速溶胀，无黏性，崩解性能十分优越。

（6）泡腾崩解剂 是专用于泡腾片的特殊崩解剂，由碳酸氢钠与有机酸组成，有机酸一般用枸橼酸、酒石酸等。泡腾崩解剂遇水时产生二氧化碳气体，使片剂在几分钟内迅速崩解。含有这种崩解剂的片剂，应妥善包装，避免受潮造成崩解剂失效。

（四）润滑剂

润滑剂的作用是使压片时能顺利加料和出片，并使片剂表面光洁美观。根据其作用不同，广义的润滑剂包括三种。①助流剂，降低颗粒之间的摩擦力，从而改善粉体流动性，减少重量差异；②抗黏剂，防止压片时物料黏着于冲头与冲模表面，以保证压片操作的顺利进行以及片剂表面光洁；③润滑剂，降低物料与冲模壁之间的摩擦力，以保证压片和推片时，压力分布均匀，出片顺利。目前常用的润滑剂有：

1. 硬脂酸镁　白色粉末，细腻疏松，有良好的黏着性，与颗粒混匀后不易分离，压片后片面光洁美观，是一种优良的疏水性润滑剂。用量一般为0.1%~1%，用量过大时，会使片剂崩解（或溶出）迟缓。本品会影响某些药物的稳定性，如阿司匹林等。

2. 微粉硅胶　白色轻质粉末，为优良的助流剂，可用于粉末直接压片。常用量为0.15%~3.0%。

3. 滑石粉　白色或灰白色结晶性粉末，能改善颗粒的流动性，为优良的助流剂。常用量一般为0.1%~3%，过量时反而流动性差。

4. 氢化植物油　白色或黄白色细粉或片状。润滑性能好，应用时将其溶于轻质液体石蜡或己烷中，然后喷于干颗粒表面，以利于均匀分布。

5. 聚乙二醇类（PEG4000，PEG6000）　水溶性润滑剂，可用于需完全溶解的片剂，片剂的崩解与溶出都不受影响。一般用量为1%~5%。

6. 十二烷基硫酸钠（镁）　水溶性润滑剂，具有良好的润滑效果，而且能促进片剂的崩解和药物的溶出。一般用量为1%~3%。

三、药物制剂生产基本要求

药品生产过程中应从各个方面最大限度地降低污染、交叉污染以及混淆、差错等风险，确保产品质量。

1. 原辅料　生产固体制剂的原料和辅料，必须符合《中国药典》现行版所规定的各项检查与含量要求。辅料必须安全无害，且不得影响主药的检验与疗效。

2. 设备　生产设备的设计、选型、安装、改造和维护必须符合预定用途，便于操作、清洁、维护，以及必要时进行的消毒或灭菌。生产设备不得对药品质量产生任何不利影响。主要生产设备的使用、清洁等应当有明确的操作规程，并有明显的状态标识。

3. 人员　人员进入生产区应按照规定更衣，工作服的选材、式样及穿戴方式应当与所从事的工作和空气洁净度级别要求相适应。应当建立人员卫生操作规程，操作人员应当避免裸手直接接触药品、与药品直接接触的包装材料和设备表面。

4. 生产过程　企业的厂房、设施、设备和检验仪器应当经过确认，采用的生产工艺、操作规程和检验方法等应当经过验证。各生产工段应按规定控制相应的洁净程度。

所有药品的生产和包装均应当按照批准的工艺规程和操作规程进行操作并有相关记录。生产期间使用的所有物料、中间产品或待包装产品的容器及主要设备、必要的操作室应当贴签标识或以其他方式标明生产中的产品或物料名称、规格和批号，如有必要，还应当标明生产工序。物料的计算、称量、投入等操作都必须有人复核。容器、设备或设施所用标识应当清晰明了。

生产操作前，应当核对物料或中间产品的名称、代码、批号和标识，确保生产所用物料或中间产品正确且符合要求。生产过程中应当尽可能采取措施防止污染和交叉污染。生产结束后应当进行清场，确保设备和工作场所没有遗留与本次生产有关的物料、产品和文件。

四、固体制剂的包装与贮藏

影响固体制剂稳定性最主要的因素是湿度和水分。因此，固体制剂包装和贮藏过程中要特别注意防潮，同时也要考虑温度、微生物及光照等的影响。

1. 固体制剂的包装　包装应能防止固体制剂受潮、发霉、变质等，一般选择透湿性差的材料密封包装，必要时在包装内放置吸湿剂。对光敏感的药物，还应采用遮光容器。目前固体制剂常用的包装主要有以下几种。

（1）玻璃瓶　玻璃性质稳定，密封性好，不透水汽和空气，有色玻璃还有一定的避光作用。其缺点是较重，易于破损。玻璃瓶可用于固体或液体制剂包装。

（2）塑料瓶　塑料质轻、不易破碎，容易制成各种形状、外观精美。其缺点是密封隔离性能不如玻璃，在高温高湿下可能会发生变形。塑料瓶主要用于各类口服固体、液体制剂的包装。

（3）铝塑泡罩　是目前制药企业应用最广泛，发展最快的固体制剂包装方式，内容物可见，铝箔表面印刷清晰，且具有阻隔性能好，重量轻，取药方便等优点。适用于片剂、胶囊、栓剂、丸剂等包装。

（4）复合膜袋　复合膜性质稳定，有优良的防湿、防气及避光性能和较高的机械强度，易于印刷、造型美观。复合膜袋广泛用于粉剂、颗粒剂、片剂等包装。

（5）塑料袋　塑料袋质软、透明，价格低廉，有良好的热封性。但低温下久贮易脆裂，易透湿透气，使用受到一定限制。

2. 固体制剂的贮藏　固体制剂的贮存主要在于防潮，应密封并选择阴凉、通风、干燥处贮藏。

第二节　散　　剂

一、概述

散剂指一种或多种药物与适宜的辅料经粉碎、均匀混合制成的粉末状制剂，是临床应用最早的药物剂型之一。

1. 散剂的特点　散剂的优点主要有：①粒径小，易分散，起效快；②外用可起到保护黏膜、吸收分泌物、促进凝血等作用；③制法简单，服用方便，剂量容易调整；④携带和运输较为方便。

散剂的缺点是药物分散度大，其气味、刺激性、吸湿性及化学活性等均大为增强。因此，一般易挥发、易吸湿、刺激性强等的药物不宜制成散剂。

2. 散剂的分类　散剂有多种分类方法，常见的分类方法见表 3 – 1。

表 3 – 1　散剂的分类

分类方法	类型		特点
按组成分	单散剂		由一种药物组成
	复方散剂		由两种或两种以上药物组成
按用途分	内服散剂		供内服
	外用散剂	撒布散	撒在体表患处使用
		调敷散	用水或其他液体调成糊状敷于患处
		吹入散	用细管吹入人体耳、鼻、喉等腔道中
		袋装散	装入布袋中使用
按剂量分	分剂量散剂		单剂量包装
	非分剂量散剂		多剂量包装

二、散剂的制备

（一）散剂的制备过程

散剂的生产工艺流程见图 3 – 2。

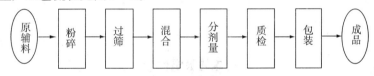

图 3 – 2　散剂生产工艺流程图

1. 物料前处理　指将物料处理到符合粉碎要求的程度，如果是西药，应将原、辅料充分干燥，以满足粉碎要求；如果是中药，则应根据处方中各药材的性状进行适当处理，使之干燥成净药材以供粉碎。

2. 粉碎、筛分与混合　除另有规定外，口服散剂应为细粉，局部用散剂应为最细粉。供制散剂的原辅料均应粉碎、筛分，并混合均匀，具体操作方法与设备见第二章第五节。

3. 分剂量　指将混合均匀的原辅料，按剂量要求进行分装的操作，分剂量常用的方法见表 3 – 2。

表 3 – 2　散剂分剂量常用方法

	目测法	重量法	容量法
优点	操作简单	剂量准确	便于机械化操作
缺点	误差大	难以实现机械化	准确度较低
应用	适用于临时包装少量散剂，不宜用于含毒剧药的散剂	适用于包装含毒剧药物、贵重细料药物的散剂	适用于大生产，多用于机械化操作

(二) 散剂制备中应注意的问题

散剂制备中应注意：①原辅料应混合均匀，制备过程中注意防止原辅料分层；②散剂易吸湿，出现潮解、结块、变色、分解、发霉等现象，制备与包装均应注意防潮；③为了便于操作，保证用药安全，散剂中的毒剧药物应制成倍散使用。倍散指在毒剧药物中添加一定比例量的稀释剂混合均匀制成的散剂，也称为稀释散。倍散的稀释倍数可根据药物用量确定，用量在 0.01～0.1g 者，可配成十倍散；用量在 0.01g 以下，则配成百倍散或千倍散。

制备实例解析

冰 硼 散

【处方】 冰片 50g，硼砂 (炒) 500g，朱砂 60g，玄明粉 500g。

【制法】 以上四味，朱砂以水飞法粉碎成极细粉，干燥备用；另取硼砂粉碎成细粉，与研细的冰片、玄明粉混合均匀；将朱砂与上述混合粉末按等量递加法混合均匀，过筛，分装，即得。

【用途】 清热解毒、消肿止痛，用于咽喉疼痛，牙龈肿痛，口舌生疮。

【附注】 ①朱砂主含硫化汞，为粒状或块状集合体，色鲜红或暗红，具光泽，易于观察混合的均匀性，且质重而脆，水飞法可获极细粉；②玄明粉系芒硝经风化干燥而得，含硫酸钠不少于99%；③采用等量递加法混合易于得到均匀混合物。

知识链接

粉体的吸湿性

粉体吸湿后会出现流动性下降、固结、润湿、液化、发霉等现象，影响药剂的制备和稳定。水溶性药物和水不溶性药物的吸湿性不同。

水溶性固体粉末在相对湿度较低的环境中吸湿量较小，当相对湿度升高到某一数值时，其吸湿量会急剧增加，此时的相对湿度称为临界相对湿度 (CRH)。吸湿性与药物的 CRH 有关，CRH 值越小，药物越易吸湿，反之，则药物不易吸湿。因此，药物生产和贮存环境的相对湿度应控制在其 CRH 以下，以防吸潮。

几种水溶性药物混合后，其混合物的 CRH 约等于各药物 CRH 的乘积，而与各组分的比例无关。

水不溶性药物的吸湿性在相对湿度变化时，缓慢发生变化，没有临界点。其混合物的吸湿性具有加和性。

三、散剂的质量检查

按照《中国药典》，散剂应干燥、疏松、混合均匀、色泽一致。除另有规定外，应进行以下相应检查。

1. 粒度　除另有规定外，局部用散剂取供试品10g，精密称定，置7号筛中，照《中国药典》粒度和粒度分布测定法检查，精密称定通过筛网的粉末重量，应不低于95%。

2. 外观均匀度　取供试品适量，置光滑纸上，平铺约5cm²，将其表面压平，在亮处观察，应色泽均匀，无花纹与色斑。

3. 干燥失重　除另有规定外，取供试品，照《中国药典》干燥失重测定法检查，在105℃干燥至恒重，减失重量不得过2.0%。

4. 装量差异　单剂量包装的散剂照下述方法检查，装量差异应符合要求，其装量差异限度见表3-3。

检查方法为：取散剂10包（瓶），除去包装，分别精密称定每包（瓶）内容物的重量，求出内容物的装量与平均装量。每包（瓶）装量与平均装量（凡无含量测定的散剂，每包装量应与标示装量比较）相比应符合规定，超出装量差异限度的散剂不得多于2包（瓶），并不得有1包（瓶）超出装量差异限度的1倍。

凡规定检查含量均匀度的散剂，一般不再进行装量差异的检查。

表3-3　单剂量包装散剂的装量差异限度

平均装量或标示量	装量差异限度	平均装量或标示量	装量差异限度
0.1g及0.1g以下	±15%	1.5g以上及6.0g	±7%
0.1g以上至0.5g	±10%	6.0g以上	±5%
0.5g以上及1.5g	±8%		

5. 装量　多剂量包装的散剂，照《中国药典》最低装量检查法检查，应符合规定。

6. 无菌　用于烧伤或创伤的局部用散剂，照《中国药典》无菌检查法检查，应符合规定。

7. 微生物限度检查　除另有规定外，散剂照《中国药典》微生物限度检查法检查，应符合规定。

第三节　颗粒剂

一、概述

颗粒剂指药物与适宜的辅料制成具有一定粒度的干燥颗粒状制剂。颗粒剂供口服用，既可直接吞服，又可冲入水中饮服，是近年来发展较快的剂型之一。

1. 颗粒剂的特点　颗粒剂的特点主要有：①飞散性、附着性、团聚性、吸湿性等均较散剂小，便于分剂量，有利于实现机械化生产；②根据需要可制成色、香、味俱全的颗粒剂，服用方便；③用水冲服，有利于药物在体内吸收，起效快；④性质稳定，易于携带、运输和贮存；⑤必要时可对颗粒进行包衣，使其具有防潮性、缓释性或肠溶性等。

2. 颗粒剂的分类　颗粒剂按其溶解特性及溶解状态可分为以下三类。

（1）可溶性颗粒剂　根据溶解的溶剂不同，有水溶性颗粒剂和酒溶性颗粒剂。绝大多数为水溶性颗粒剂，临用时加入一定量的水溶化后服用。也有一些酒溶性颗粒剂，临用时加入一定量的饮用酒溶化后服用。

（2）混悬性颗粒剂　指难溶性固体药物与适宜辅料制成一定粒度的干燥颗粒剂。临用前加水或其他适宜液体振摇即可分散成混悬液服用。

（3）泡腾性颗粒剂　指含有碳酸氢钠和有机酸，遇水可放出大量气体而成泡腾状的颗粒剂。泡腾颗粒中的药物应是易溶的，加水产生气泡后应能溶解。泡腾颗粒应溶解或分散于水中后服用。

知识链接

新型颗粒剂

　　颗粒剂按其在体内的释放特性不同，新增的类型有：①缓释颗粒剂，指在规定的释放介质中缓慢地非恒速释放药物的颗粒剂；②控释颗粒剂，指在规定的释放介质中缓慢地恒速释放药物的颗粒剂；③肠溶颗粒剂，指采用肠溶材料包裹颗粒或其他适宜方法制成的颗粒剂，因其耐胃酸而在肠中溶解释放出活性成分，可防止药物在胃内分解失效，避免对胃的刺激或控制药物在肠道内定位释放。

二、制粒的方法

制粒是颗粒剂、片剂、胶囊剂等固体制剂生产中的重要环节，对颗粒剂而言颗粒包装后就可得到其成品，对片剂、胶囊剂而言颗粒是其中间产品。

固体制剂生产过程中制粒的目的在于：①改善物料的流动性，使其更易于填充，减小重量与装量差异；②防止制剂中各成分由于密度不同，受机器振动而分离的现象，使药物含量准确；③避免粉末飞扬及粉末黏附机器等现象；④调整物料的堆密度，改善溶解性能；⑤改善物料的可压性等。

根据制粒时是否采用润湿剂或黏合剂，可将制粒方法分为湿法制粒和干法制粒两大类。不同方法制得颗粒形状、大小、性能等有所差异，应根据制粒目的、物料性质等来选择适当的制粒方法。

（一）湿法制粒

湿法制粒是指物料加入润湿剂或液态黏合剂进行制粒的方法，制得颗粒粒度均匀，可压性、流动性好，耐磨性强，目前在国内制药企业生产中广泛应用。但本法不适用于热敏性、湿敏性和极易溶性物料的制粒。

根据所用设备及制备过程不同，湿法制粒又可分为以下几种方法。

1. 挤压制粒法　挤压式制粒是一种传统的制粒方法，其特点主要有：①颗粒的大小由筛网的孔径大小调节，粒度分布均匀；②颗粒的松软程度可用不同黏合剂及其加入量调节，以适应不同的需要；③制粒过程程序多、劳动强度大，不适合大批量、连续生产；④筛网的使用寿命短，需经常更新。

挤压制粒的生产工艺流程见图3-3。

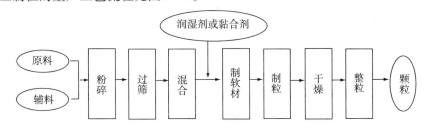

图3-3 挤压制粒的生产工艺流程图

（1）制软材 指将原辅料置适宜的容器内混合均匀后，加入适宜的润湿剂或黏合剂搅拌均匀使其成团块状塑性物料。

制软材是挤压制粒的关键步骤，软材的质量直接关系到颗粒的质量。制软材时选用的黏合剂、混合机的搅拌强度以及混合时间等均会影响软材的质量。黏合剂的黏性越强、用量越大，混合机的搅拌强度越强、混合时间越长，制得软材黏性越大，制粒时易黏附，压出的颗粒易成条状且所得干颗粒较硬。反之，则颗粒易松散成粉状。目前，软材的质量主要靠经验来掌握，一般控制在"轻握成团，轻压即散"为宜。制软材常用的设备有槽型混合机等。

（2）制湿颗粒 指将制得软材强制挤压通过一定大小孔径的筛网制成湿颗粒。湿颗粒应大小均匀、细粉少、无长条状。生产中常用的设备为摇摆式制粒机，如图3-4。

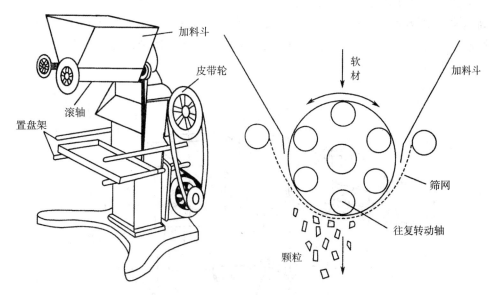

图3-4 摇摆式制粒机示意图

（3）干燥 湿颗粒制成后，应立即进行干燥，以免受压变形或结块。干燥温度根据物料的性质而定，一般以50℃~60℃为宜，对热稳定的药物可适当提高。干燥时温度应逐渐上升，否则颗粒的表面干燥过快，易结成一层硬壳而影响内部水分的蒸发。湿颗粒干燥常用的方法有常压厢式干燥与沸腾干燥等。

（4）整粒 在干燥过程中，某些颗粒可能发生粘连，甚至结块。因此，要对干燥后的颗粒给予适当的整理，以使结块、粘连的颗粒散开，获得具有一定粒度的均匀颗粒。一般采用过筛的办法整粒，整粒所用的筛网应根据干颗粒的松紧情况适当调节。

2. 高速搅拌制粒法 高速搅拌制粒也称高速混合制粒，可在同一设备内完成原辅料的混合、制软材、制湿颗粒等工序，在制药工业中应用非常广泛。与传统的挤压制粒相比，简化了步骤，降低了劳动强度，减小了污染机会。生产工艺流程见图3－5。

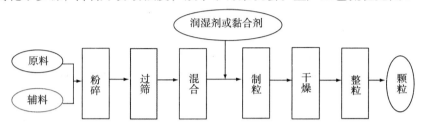

图3－5 高速搅拌制粒生产工艺流程图

高速搅拌制粒机结构见图3－6，主要由混合槽、搅拌叶片、切割刀等组成。制粒时，物料粉末和黏合剂在搅拌叶片的高速旋转作用下，进行混合、翻动，甩向器壁后向上运动，形成较大颗粒，切割刀对大块颗粒进行切割、绞碎，并和搅拌叶片的作用相呼应，使绞碎的物料得到挤压、滚动而成致密、均匀的颗粒。通过调节搅拌叶片与切割刀的转速、黏合剂的用量等，可制得大小和致密性不同的颗粒。制成的湿颗粒需经干燥、整粒，干燥与整粒方法同挤压制粒法。

高速搅拌制粒的主要特点是：①在一个容器内进行混合、捏合、制粒过程，操作简单、快速；②可制备不同松紧度的颗粒；③制备过程密闭，避免污染及粉尘飞扬；④颗粒的成长过程不易控制。

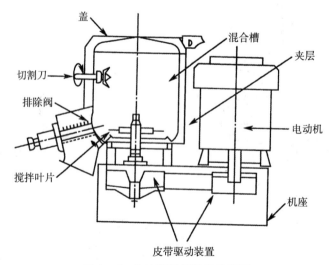

图3－6 高速搅拌制粒机示意图

3. 流化制粒法　指当物料粉末在容器内自下而上的气流作用下保持悬浮的流化状态时，将液体黏合剂向流化层喷入，从而使粉末聚结成颗粒的方法。

流化制粒法可由原辅料粉末直接制得干颗粒，与前两种方法相比，省去了制软材、制湿颗粒、干燥等步骤，有"一步制粒"之称，生产工艺流程见图3-7。常用的设备为流化床制粒机，见图3-8。

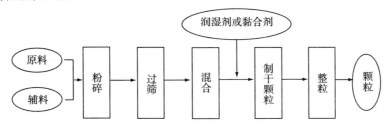

图3-7　流化制粒生产工艺流程图

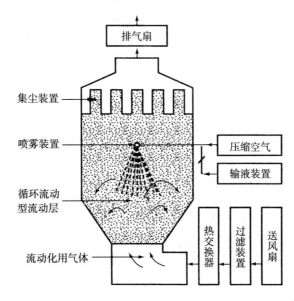

图3-8　流化床制粒机示意图

流化床制粒的特点是：①在一台设备内完成混合、制粒、干燥，甚至是包衣等操作，生产效率高，劳动强度低；②制得的颗粒为多孔性柔软颗粒，密度小、强度小，且颗粒的粒度分布均匀、流动性、压缩成形性好。

4. 喷雾干燥制粒法　指将药物溶液或混悬液喷雾于干燥室内，在热气流的作用下使雾滴中的水分迅速蒸发而直接获得球状干燥细颗粒的方法。

该法可将原辅料由液体状态直接制成干燥颗粒，生产工艺流程见图3-9。其原料液的含水量可达70%～80%，数秒钟内即完成药液的浓缩与干燥过程，得到干颗粒，并能连续操作。喷雾干燥制粒机见图3-10。

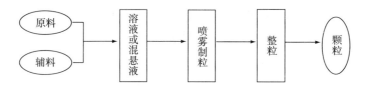

图 3-9　喷雾干燥制粒生产工艺流程图

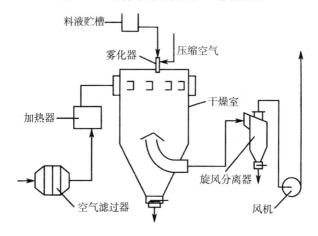

图 3-10　喷雾干燥制粒机示意图

喷雾制粒法的特点是：①由液体直接得到粉状固体颗粒；②干燥速度非常快，物料的受热时间极短，适合于热敏性物料；③粒子多为中空球状，具有良好的溶解性、分散性和流动性。④设备费用高、能量消耗大、操作费用高；⑤黏性较大的料液易黏壁使其使用受到限制。

5. 转动制粒法　在药物粉末中加入一定量的黏合剂，在转动、摇动、搅拌等作用下使粉末结聚成具有一定强度的球形粒子。转动制粒法多用于药丸的生产，但由于粒度分布较宽，在生产中一般需要多次筛选，其使用受到一定限制。

（二）干法制粒

干法制粒是先将物料混合均匀，用适宜的设备压成块状、片状等，再将其破碎成适宜大小的颗粒。制粒过程中不需润湿剂或液态黏合剂，也无需干燥，常用于热敏性物料、遇水易分解等药物的制粒。制备方法有滚压法和重压法。

1. 重压法　将固体药物与辅料粉末混合均匀后，在重型压片机上压实，制成直径为 20～25mm 的胚片，然后破碎成所需大小的颗粒，又称为大片法。该法操作简单，但压力巨大，冲模等机械设备易损坏，原料也有一些损失。

2. 滚压法　将药物和辅料粉末混匀后，使之通过转速相同的两个滚动圆筒之间的缝隙压成所需硬度的薄片，然后再破碎制成一定大小的颗粒。

三、颗粒剂的制备

颗粒剂的制备过程主要分为以下几个方面：①原辅料的准备：对原辅料进行检验并

做适当处理，使其便于制剂；②制粒：根据原辅料的性质及制备要求按照上述方法制得适宜的颗粒；③分装：将制得的颗粒进行含量检查与粒度等测定后，按剂量进行分装。

制备颗粒剂的关键步骤是制粒，制粒过程中应注意控制粒度，使其均匀一致，大小适宜。

制备实例解析

维生素 C 颗粒剂

【处方】
维生素 C	10.0g
糊精	100.0g
糖粉	90.0g
酒石酸	1.0g
50%（V/V）乙醇	适量

【制法】将维生素 C、糊精、糖粉分别过 100 目筛，按等量递加法将维生素 C 与辅料混匀，再将酒石酸溶于 50%（V/V）乙醇中，一次加入上述混合物中，混匀，制软材，过 16 目筛制粒，60℃以下干燥，整粒，包装，即得。

【用途】本品为维生素类药物，用于预防维生素 C 缺乏症及因缺乏维生素 C 引起的其他疾病。

【处方分析】维生素 C 为主药，糊精和糖粉为稀释剂，酒石酸为稳定剂，50%乙醇为润湿剂。

【附注】①维生素 C 用量小，混合时宜采用等量递加法，以确保混合均匀；②维生素 C 易氧化分解变色，制粒时间应尽量缩短，并用稀乙醇制粒，较低温度下干燥，并应避免与金属器皿接触，同时加入酒石酸作为稳定剂。

四、颗粒剂的质量检查

按照《中国药典》2010 年版，颗粒剂应干燥，颗粒均匀，色泽一致，无吸潮、结块、潮解等现象。颗粒剂的溶出度、释放度、含量均匀度、微生物限度等应符合要求。除另有规定外，颗粒剂应进行以下相应检查。

1. 粒度 除另有规定外，按照《中国药典》粒度和粒度分布测定法检查，不能通过 1 号筛和能通过 5 号筛的粉末总和不得超过供试量的 15%。

2. 干燥失重 除另有规定外，照《中国药典》干燥失重测定法测定，取供试品于 105℃干燥至恒重，含糖颗粒应在 80℃减压干燥，减失重量不得过 2.0%。

3. 溶化性 除另有规定外，可溶颗粒和泡腾颗粒照下述方法检查，溶化性应符合规定。

（1）可溶颗粒检查法 取供试颗粒 10g，加热水 200ml，搅拌 5 分钟，可溶性颗粒应全部溶化或有轻微浑浊，但不得有异物。

（2）泡腾颗粒检查法 取单剂量包装的泡腾颗粒 3 袋，分别置盛有 200ml 水的烧杯中，水温为15℃～25℃，应迅速产生二氧化碳气体而成泡腾状，5分钟内颗粒应完全分散或溶解在水中。

混悬颗粒或已规定检查溶出度或释放度的颗粒剂，可不进行溶化性检查。

4. 装量差异 单剂量包装的颗粒剂，照下述方法检查装量差异，应符合要求，其装量差异限度见表3-4。

其检查方法为：取供试品10袋（瓶），除去包装，分别精密称定每袋（瓶）内容物的重量，求出每袋（瓶）内容物的装量与平均装量。每袋（瓶）装量与平均装量相比较〔凡无含量测定的颗粒剂，每袋（瓶）装量应与标示装量比较〕，超出装量差异限度的颗粒剂不得多于2袋（瓶），并不得有1袋（瓶）超出装量差异限度1倍。

凡规定检查含量均匀度的颗粒剂，一般不再进行装量差异的检查。

表3-4 单剂量包装颗粒剂装量差异限度

平均装量或标示量	装量差异限度	平均装量或标示量	装量差异限度
1.0g及1.0g以下	±10%	1.5g以上至6.0g	±7%
1.0g以上至1.5g	±8%	6.0g以上	±5%

5. 装量 多剂量包装的颗粒剂，照《中国药典》最低装量检查法检查，应符合规定。

第四节 胶囊剂

一、概述

胶囊剂指将药物辅料充填于空心胶囊或密封于软质囊材中的固体制剂，一般供内服，目前已经成为口服固体制剂的主要剂型之一。胶囊剂也可用于直肠、阴道等。

1. 胶囊剂的特点 药物被包裹于空胶囊中，其特点主要有：①外观光洁、美观，便于识别；②掩盖药物的不良气味、减小刺激性，便于服用；③使药物与光线、空气和水分等隔绝，可提高药物的稳定性；④制备时可不加黏合剂、不受机械压力，生物利用度较丸、片剂高；⑤胶囊剂中可填充液态药物，能使液态药物固态化；⑥可定时定位释放药物，制成缓释、控释、肠溶等多种类型的胶囊剂。

2. 胶囊剂的分类 胶囊剂一般按空胶囊的软硬程度可分为两种。

（1）**硬胶囊** 指采用适宜的制剂技术，将药物或加适宜辅料制成粉末、颗粒、小片、小丸、半固体或液体等，充填于空心胶囊中的胶囊剂。

（2）**软胶囊** 指将一定量的液体药物直接包封，或将固体药物溶解或分散在适宜的赋形剂中制备成溶液、混悬液、乳状液或半固体状，密封于球形或椭圆形的软质囊材中的胶囊剂。

胶囊剂的新类型

　　胶囊剂的新类型有缓释胶囊、控释胶囊和肠溶胶囊等。①缓释胶囊，在规定的释放介质中缓慢地非恒速释放药物；②控释胶囊，在规定的释放介质中缓慢地恒速释放药物；③肠溶胶囊，以适宜的肠溶材料制备而得，或用经肠溶材料包衣的颗粒或小丸充填胶囊而制成。肠溶胶囊不溶于胃液，但能在肠液中崩解而释放活性成分。

3. 不宜制成胶囊剂的药物

（1）*易对囊壁产生影响的药物*　制备胶囊壳的主要材料是水溶性明胶，易对囊壁产生影响的药物不宜制成胶囊剂。如药物的水溶液或稀乙醇液可使胶囊壁溶化，易风化的药物其水分汽化可使囊壁变软，吸湿性药物吸水可使囊壁干燥变脆等，均不宜制成胶囊剂。

（2）*易溶的刺激性药物*　胶囊壳在体内溶化后，局部药量很大，易产生刺激性，因此，易溶的刺激性药物不宜制成胶囊剂。

二、硬胶囊的制备

　　硬胶囊的制备主要包括空胶囊的准备、填充物料的制备及胶囊填充等几方面。其生产工艺流程见图3-11。

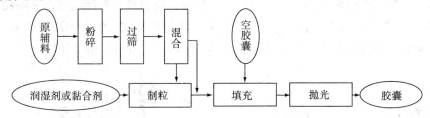

图3-11　胶囊剂生产工艺流程图

（一）空胶囊的准备

1. 空胶囊的组成　制备空胶囊的主要原料是明胶。为改善明胶的性能，提高囊壳的质量，往往需加入一些辅料，常用的辅料有：

（1）*增塑剂*　可增加胶囊的韧性与可塑性，防止囊壳脆裂。如甘油、山梨醇等。

（2）*增稠剂*　可增加胶液的胶冻力，减小流动性，使胶囊易于成型。如琼脂等。

（3）*遮光剂*　可阻挡光线，增加光敏性药物的稳定性。如二氧化钛。

（4）*着色剂*　可使胶囊美观、便于识别。如食用色素。

（5）*防腐剂*　可防止胶囊霉变。如尼泊金类等。

（6）*其他辅料*　如表面活性剂可使胶囊厚薄均匀，芳香矫味剂可调整胶囊剂的口感等。

2. 空胶囊制备　空胶囊由囊体和囊帽组成，一般由专门的工厂生产。其制备普遍采用的方法是将不锈钢制的模杆浸入明胶溶液中，蘸取胶液并干燥成型制成囊壳，制备过程主要分为溶胶、蘸胶制坯、干燥、拔壳、截割、整理等工序。空胶囊需按照《中国药典》的各项要求进行质量检查并符合要求。

3. 空胶囊的种类与规格　空胶囊有平口和锁口两种。平口胶囊药物填充套合后，应使用与制备空胶囊相同浓度的明胶液封口，防止泄漏。目前使用较多的是锁口胶囊，囊体、囊帽套合后即咬合锁口，密封性较好，无需封口。

空胶囊共有 8 种规格，常用的为 0 ~ 5 号，随着号数由小到大，容积由大到小，如表 3 - 5。

表 3 - 5　常用空胶囊的号数与容积

空胶囊的规格（号）	0	1	2	3	4	5
近似容积（ml）	0.75	0.55	0.4	0.3	0.25	0.15

空胶囊的规格需根据药物的填充量所占容积来选取，应先测定待填充物料的堆密度，然后根据应装剂量计算其所占容积，以选用最小的空胶囊。实际中，一般多凭经验试装来决定选择适当号码的空胶囊。

（二）填充物料的准备

硬胶囊的填充物料可根据药物的性质及临床需要制备成不同的形式。常见的形式有：①粉末：物料的性能能满足填充要求时，可将其制成粉末直接填充；②颗粒：流动性差的药物制粒可改善流动性，使其易于填充；③其他形式：将药物制成微丸、小片、包合物、微囊、微球等填充，常用来发挥速释、缓释、控释或肠溶等作用。

（三）胶囊填充

1. 填充过程与设备　目前硬胶囊生产已普遍采用全自动胶囊填充机，主要步骤包括胶囊的供给与整理、帽体分离、填充物料、剔除废囊、帽体封合、出囊等，其充填过程见图 3 - 12。硬胶囊在填充过程中囊壳外壁可能会吸附或黏结少许药粉，必要时应进行除粉和抛光处理。

2. 胶囊填充过程中应注意的问题　①装量差异是胶囊填充中质量控制最关键的环节，应随时检查，及时进行调整；②定期检查胶囊套合情况，应锁口整齐，松紧合适，无漏粉现象。

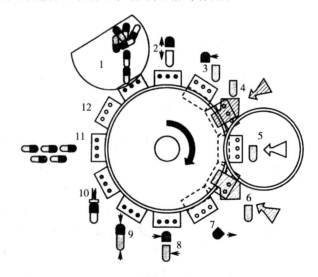

图 3 - 12　全自动胶囊填充剂填充过程示意图

制备实例解析

感冒胶囊

【处方】
对乙酰氨基酚	2500g	马来酸氯苯那敏	30g
咖啡因	30g	维生素C	500g
10%淀粉浆	适量	Eurdgit L100	适量
食用色素	适量	共制硬胶囊1万粒。	

【制法】①上述各药物分别粉碎，过80目筛备用。②有色淀粉浆的配制：取适量淀粉浆分为A、B、C三份，A用食用胭脂红制成红糊，B用食用柠檬黄制成黄糊，C不加色素为白糊。③将对乙酰氨基酚分为三份，一份与咖啡因混匀后加入红糊制粒；一份与维生素C混匀后加入黄糊制粒；一份与马来酸氯苯那敏混匀后加入白糊制粒，65℃～70℃干燥至含水3%以下，16目筛整粒。④将白色颗粒用Eurdglt L100的乙醇溶液包衣，低温干燥。⑤将上述三种颗粒混合均匀后，充填入空硬胶囊内。

【用途】本品用于治疗感冒引起的鼻塞、头痛、流涕、咽喉痛、发热等。

【处方分析】对乙酰氨基酚、咖啡因、马来酸氯苯那敏、维生素C为主药，10%淀粉浆为黏合剂，食用色素为着色剂，Eurdglt L100为包衣材料。

【附注】①本品为复方制剂，为防止充填不均匀，采用分别制粒的方法首先制得流动性好的颗粒，均匀混合后再进行填充；②颗粒着色的目的是便于观察混合的均匀性，兼有美观作用，其中白色颗粒为缓释颗粒。

三、软胶囊的制备

(一) 囊材的组成

软胶囊也称胶丸，软胶囊的囊材与空胶囊组成相似，但软胶囊具有较好的可塑性与弹性，其硬度与明胶、增塑剂、水三者的比例密切相关，干明胶、增塑剂、水的比例通常为1:(0.4～0.6):1。增塑剂用量过高，囊壁过软；反之，则囊壁过硬。

(二) 充填物的要求

软胶囊可填充各种油类或对囊壁无溶解作用的液体药物、药物溶液或混悬液等。对填充物的要求主要有：①液体药物含水量不应超过5%；②不得含有使囊壁溶解、软化及其他影响囊壁稳定性的物质；③液体药物pH应控制在2.5～7.0之间；④固体药物常以植物油或PEG400为分散介质制成混悬液。

(三) 软胶囊的制法

1. 压制法 用压制法生产的胶囊称有缝胶丸。本法是将一定配比的囊材原、辅料制成厚薄均匀的胶带，药液置于两胶带间，用钢板模或旋转模压制而成，模的形状决定了胶囊的形状，多为球形或椭球形。大生产采用自动旋转轧囊机，设备及工作过程见图 3 – 13。

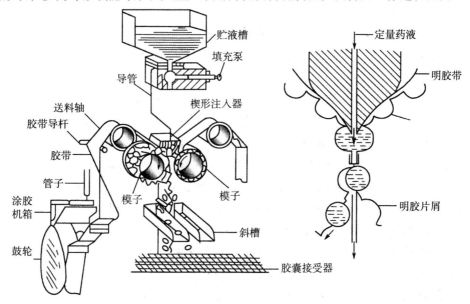

图 3 – 13　自动旋转轧囊机

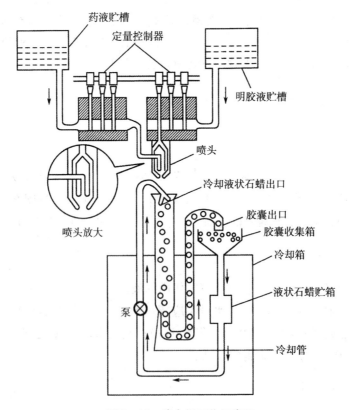

图 3 – 14　滴丸机工作示意图

压制法制备软胶囊时应注意的问题主要有：①控制胶带的厚度，使其均匀一致、厚薄适宜；②控制内容物的装量，使装量准确，差异小；③随时检查软胶囊的外观，应光滑、美观，无漏液现象。

2. 滴制法 滴制法制备软胶囊剂的设备如图 3 – 14 所示，系由贮槽、定量控制器、双层滴头、冷却器等主要部分组成。滴制时，将保温的囊材胶液与药液分别由三柱泵定量控制器压出，由滴制机双层滴头的外层与内层以相应速度滴出，使定量的胶液将定量的药液包裹，滴入与胶液不相混溶的冷却剂中，由于表面张力作用使之收缩成为球形，并逐渐冷却、凝固而成软胶囊。本法生产的软胶束又称无缝胶丸。

滴制法制备软胶囊时应注意的问题主要有：①选择大小合适的滴头，随时监控滴制速度；②确保胶液与药液的温度、冷却液的温度符合要求。

肠溶胶囊的制备及质量检查

1. 肠溶胶囊的制备方法 主要有三种：①采用甲醛浸渍法使囊壳明胶甲醛化而在胃液中不溶；②将空胶囊包上肠溶性高分子材料，填充药物后再用肠溶性胶液封口制成；③将药物与辅料制成颗粒或小丸后用肠溶材料包衣，再填充于胶囊中。

2. 肠溶胶囊的质量检查 取供试品 6 粒，按照《中国药典》崩解时限检查法，先在盐酸溶液（9→1000）中不加挡板检查 2 小时，每粒囊壳均不得有裂缝或崩解现象，然后将吊篮取出，用少量水洗涤后，每管各加入挡板 1 块，再于人工肠液中进行检查，1 小时内应全部崩解。

四、胶囊剂的质量检查

按照《中国药典》2010 年版，胶囊剂应整洁，不得有粘结、变形、渗漏或囊壳破裂现象，并应无异臭。胶囊剂的溶出度、释放度、含量均匀度、微生物限度等应符合要求。除另有规定外，胶囊剂应进行以下相应检查。

1. 装量差异 除另有规定外，取供试品 20 粒，分别精密称定重量后，倾出内容物（不得损失囊壳），硬胶囊壳用小刷或其他适宜的用具拭净，软胶囊剂用乙醚等易挥发溶剂洗净，置通风处使溶剂挥净；再分别精密称定囊壳重量，求出每粒内容物的装量与平均装量。每粒装量与平均装量相比较，超出装量差异限度的胶囊不得多于 2 粒，并不得有 1 粒超出限度的 1 倍，胶囊剂的装量差异限度见表 3 – 6。

凡规定检查含量均匀度的胶囊剂，一般不再进行装量差异的检查。

表 3 – 6 胶囊剂装量差异限度

平均装量	装量差异限度
0.3g 以下	±10%
0.3g 及 0.3g 以上	±7.5%

2. 崩解时限　崩解指口服固体制剂在规定条件下全部崩解溶散或成碎粒，除不溶性包衣材料或破碎的胶囊壳外，应全部通过筛网。

除另有规定外，胶囊剂取供试品6粒，按照《中国药典》崩解时限检查法，如胶囊漂浮于液面可加挡板检查，硬胶囊剂应在30分钟内全部崩解，软胶囊剂应在1小时内全部崩解。

凡规定检查溶出度或释放度的胶囊剂可不再进行崩解时限检查。

第五节　片　　剂

一、概述

片剂指药物与适宜的辅料混匀压制成圆片状或异形片状的固体制剂，是目前临床应用最广泛的剂型之一。

1. 片剂的特点　片剂的优点主要有：①病人按片服用，剂量准确；②为干燥固体，药物受外界水分、光线、空气等的影响小，质量稳定；③生产机械化、自动化程度高，产量大，药剂卫生易达标，成本低；④服用、携带、贮藏等较方便；⑤品种丰富，能满足医疗用药的不同需求。

片剂的缺点在于：①制备或贮藏不当会影响片剂的崩解与吸收；②某些中药片剂易引湿受潮，含挥发性成分的片剂久贮含量易下降；③婴、幼儿及昏迷病人等不易吞服。

2. 片剂的种类　片剂的种类很多，常见的类型有：

（1）普通片　指药物与适宜辅料均匀混合后压制成的片剂。重量一般为0.1～0.5g。

（2）包衣片　指在普通片的外面包上一层衣膜的片剂。包衣片又分为糖衣片和薄膜衣片。

（3）咀嚼片　指在口中咀嚼后吞服的片剂。咀嚼片的硬度应适宜。

（4）泡腾片　指含有碳酸氢钠和有机酸，遇水可产生气体而呈泡腾状的片剂。泡腾片中的药物应是易溶的，加水产生气泡后应能溶解。

（5）分散片　指在水中能迅速崩解并均匀分散的片剂。分散片中的药物应是难溶的，可加水分散后口服，也可含于口中吮服或吞服。

（6）缓释片　指在规定的释放介质中缓慢地非恒速释放药物的片剂。

（7）控释片　指在规定的释放介质中在预定的时间内以预定速度恒速释放药物的片剂。

（8）含片　指含于口腔中缓慢溶化产生局部或全身作用的片剂。含片中的药物应是易溶的。主要起局部消炎、杀菌、收敛、止痛或局部麻醉作用。

（9）舌下片　指置于舌下能迅速溶化，药物经舌下黏膜吸收发挥全身作用的片剂。舌下片主要适用于急症的治疗。

（10）口腔贴片　指粘贴于口腔，经黏膜吸收后起局部或全身作用的片剂。

（11）可溶片　指临用前能溶解于水的非包衣或薄膜包衣片剂。可供口服、外用、含漱等用。

（12）阴道片与阴道泡腾片　指置于阴道内应用的片剂。主要起局部消炎杀菌作用，也可给予性激素类药物。

二、片剂的制备

根据制备工艺不同，片剂的制备方法可分为制粒压片法和直接压片法两种。

（一）制粒压片法

片剂是将粉末或颗粒状物料压缩而成形的一种剂型，物料的流动性、可压性和润滑性是压片操作的三大要素。流动性好的物料能从加料斗中顺利流出并充填于模孔中，有效减小片重差异；可压性好的物料受压易于成型，能有效防止裂片、松片等现象；润滑性好的物料能有效避免粘冲等现象，使压好的片剂从模孔中顺利推出，获得完整、光洁的片剂。

制粒是改善物料流动性和可压性的有效方法之一，因此，制粒压片法是片剂传统的制备方法，目前在制药工业中仍广泛应用。

制粒压片法指先将药物原辅料制得干颗粒，再将干颗粒与外加辅料总混后进行压片的方法，生产工艺流程见图3-15。制粒的方法本章第三节已详细讨论过，下面重点讨论总混与压片操作。

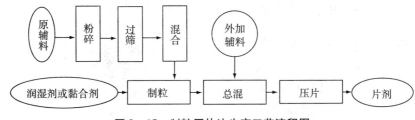

图3-15　制粒压片法生产工艺流程图

1. 干颗粒的质量要求　压片前需对干颗粒进行质量检查，干颗粒的质量要求主要有：①主药含量：应符合要求；②含水量：一般为1%～3%；③松紧度：一般凭经验掌握，太松易发生顶裂，太紧会出现麻面；④细粉含量：一般控制在20%～40%，太多会造成松片和裂片，太少容易导致片剂表面粗糙、重量差异超限等。

2. 总混　总混是压片前对物料进行总体混合的操作。主要包括以下几方面。

（1）加入润滑剂与崩解剂　一般润滑剂需过100目以上筛，外加崩解剂预先干燥过筛，然后加入到整粒后的干颗粒中，于混合器械内混匀。

（2）加入挥发油及挥发性药物　挥发油可加在润滑剂与颗粒混合后筛出的部分细粉中，或直接从干颗粒中筛出部分细粉吸收挥发油后，再与全部干颗粒总混。挥发性药物若为固体（薄荷脑、樟脑等）或量少时，可用适量乙醇溶解，或与其他成分混合研磨共熔后喷入干颗粒中，混合均匀，密闭数小时，使挥发性药物在颗粒中渗透均匀。

（3）加入剂量小或对湿热不稳定的药物　对剂量小或对湿热不稳定的药物，可先将辅料制成不含药物的空白干颗粒，或将处方中其他稳定性好的药物与辅料先制成干颗粒，再将其加入到整粒后的上述干颗粒中混匀。

3. 片重计算 为保证片剂中药物的含量符合要求，压片前需计算相应的片重，计算片重常用的方法主要有两种。

（1）按主药含量计算 药物制成干颗粒需经过一系列操作，主辅料必将有一定的损失，故压片前应对干颗粒中主药的实际含量进行测定，根据主药含量计算片重，计算公式如下：

$$片重 = \frac{每片主药含量}{测得颗粒中主药的百分含量}$$

例：某片剂每片应含主药量为0.2g，测得颗粒中主药的百分含量为50%，该片剂的片重范围应为多少？

根据片重计算公式可得：

$$片重 = \frac{0.2}{50\%} = 0.4g$$

该片剂的理论片重为0.4g，按照《中国药典》规定，片重大于0.30g的片剂重量差异限度为±5%，因此，本品的片重范围应为0.40g±0.4×5% = 0.38g～0.42g。

（2）按干颗粒总重计算 对于成分复杂，没有含量测定方法的中草药片剂等可用此法计算，计算公式如下：

$$片重 = \frac{干颗粒重量 + 压片前加入的辅料重量}{预定压片总数}$$

4. 压片机 压片机按结构主要有单冲压片机和旋转式压机。

（1）单冲压片机 主要由加料器、压缩部件、调节装置三部分组成，如图3-16。加料器由加料斗和饲粉器构成。压缩部件由上冲、下冲、模圈构成，是片剂的成型部分。调节装置包括三个调节器：①压力调节器：用以调节上冲下降的深度，上冲下降越多，上下冲间距离越近，压力越大，反之则小；②推片调节器：用以调节下冲抬起的高度，使其恰好与模圈的上缘相平，使压出的片剂顺利顶出模孔；③片重调节器：通过调节下冲下降时的深度来调节模孔的容积，从而控制片重。

单冲压片机的压片过程分为填料、压片和出片三个步骤，见图3-17。①填料：上冲抬起，饲粉器

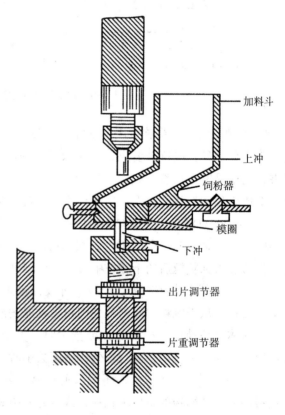

加料斗
上冲
饲粉器
模圈
下冲
出片调节器
片重调节器

图3-16 单冲压片机及主要结构示意图

移动到模孔之上，下冲下降到适宜深度，饲粉器在模孔上面移动，颗粒填满模孔；②压片：饲粉器由模孔上移开，使模孔中的颗粒与模孔的上缘相平，上冲下降并将颗粒压缩成片，此时下冲不移动；③出片：上冲抬起，下冲随之上升至与模孔上缘相平，将药片由模孔中顶出，饲粉器再次移到模孔之上，将模孔上药片推开落入接收器，并进行行第二次填料，如此反复进行。

　　单冲压片机主要是单侧加压，压力分布不均匀，压片过程中易出现裂片、松片、片重差异大等现象，且单冲压片机产量小，不适于大量生产，多用于新产品试制。

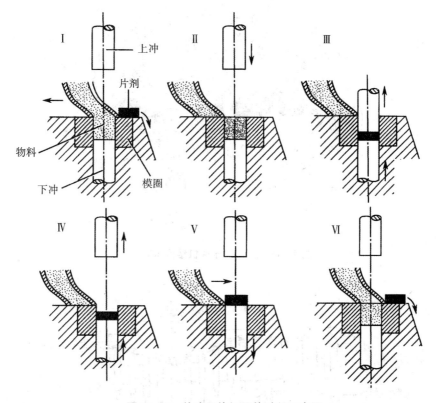

图 3 - 17　单冲压片机压片过程示意图

　　（2）旋转压片机　　主要工作部分有机台、压轮、片重调节器、压力调节器、加料斗、饲粉器、吸尘装置、保护装置等，如图 3 - 18。其工作过程如图 3 - 19，机台可以绕轴顺时针方向旋转，分为三层，机台上层装有上冲，中层装有模圈，下层装有下冲。上冲与下冲随机台转动并沿固定的轨道有规律地上下运动，在上冲和下冲转动并经过上、下加压轮时，被加压轮推动使上冲向下、下冲向上运动并对模孔中的物料加压。机台中层上装有固定不动的刮粉器，饲粉器的出口对准刮粉器，片重调节器装于下冲轨道上，用以调节下冲经过刮粉器时下降的深度，以调节模孔的容积。压力调节器可以调节下压轮的高度，下压轮的位置高，则压缩时下冲抬得高，上下冲间的距离近，压力大，反之则压力小。

　　旋转压片机有多种型号，按冲模数目不同分为 19 冲、33 冲、55 冲等多种型号。按流程分为单流程和双流程两种，单流程型旋转一周每副冲仅压制出一个药片，双流程型旋转一周每副冲压制出两个药片。

旋转式压片机的工作原理与单冲压片机大体相同，但具有以下优点：①饲粉方式合理，片重差异小；②由上、下冲同时加压，压力分布均匀；③产量大，生产效率高，在国内药厂普遍使用。

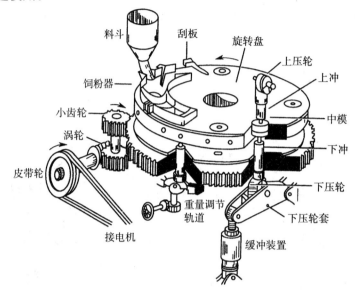

图 3 - 18　旋转式压片机结构示意图

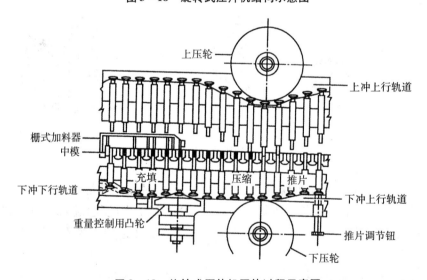

图 3 - 19　旋转式压片机压片过程示意图

　5. 压片过程中应注意的问题　①调整好压力，确保压片质量；②注意监控片重，使其重量适宜、片重差异小；③随时检查片剂的外观，应完整光洁、色泽均匀、硬度适宜。

（二）直接压片法

直接压片法是指原辅料粉末混合均匀后，直接进行压片的方法，其生产工艺流程见图 3 - 20。

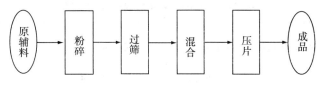

图 3 - 20 直接压片法生产工艺流程图

直接压片法省去了制粒工序，具有工序少、工艺简单、省时节能等优点，适合于对湿热不稳定的药物。本法存在的问题是粉末流动性、可压性差，导致压片有一定困难，目前主要通过选用优质的辅料和改善压片机性能来解决。可用于粉末直接压片的辅料有各种型号的微晶纤维素、可压性淀粉、喷雾干燥乳糖、磷酸氢钙二水合物、微粉硅胶等。

> **制备实例解析**
>
> ### 复方阿司匹林片
>
> **【处方】** 乙酰水杨酸　268g　　对乙酰氨基酚　136g
>
> 　　　　咖啡因　33.4g　　轻质液状石蜡　2.5g
>
> 　　　　淀粉　266g　　滑石粉　25g
>
> 　　　　16%淀粉浆　适量　　酒石酸　2.7g
>
> 　　　　共制 1000 片
>
> **【制法】** 称取对乙酰氨基酚、咖啡因分别磨成细粉过 100 目筛后，与 1/3 量的淀粉混匀，加入淀粉浆制软材，过 14 目筛制粒，湿粒在 70℃ 干燥，干颗粒过 12 目筛整粒，整粒后的颗粒与乙酰水杨酸、酒石酸混合均匀，加剩余的淀粉（预先在 100℃～105℃ 干燥）和吸附了液状石蜡的滑石粉混匀，再过 12 目尼龙筛，颗粒经含量测定合格后，压片。
>
> **【用途】** 本品用于镇痛或退烧。
>
> **【处方分析】** 对乙酰氨基酚、乙酰水杨酸、咖啡因为主药，淀粉为崩解剂，淀粉浆为黏合剂，液体石蜡和滑石粉为润滑剂，酒石酸为稳定剂。
>
> **【附注】** ①乙酰水杨酸易水解，加入乙酰水杨酸量 1% 的酒石酸可有效抑制其水解；②处方中的乙酰水杨酸、对乙酰氨基酚及咖啡因三种成分常产生低共熔现象，故采用分别制粒的方法，这样也可以避免乙酰水杨酸直接与水和热接触；③硬脂酸镁能促进乙酰水杨酸的水解，故采用滑石粉和少量液状石蜡作润滑剂；④乙酰水杨酸的可压性极差，若制粒应采用较高浓度的淀粉浆（15%～16%）作黏合剂；⑤乙酰水杨酸具有一定的疏水性，必要时可加入适宜的表面活性剂促进崩解和溶出。

三、片剂制备中容易出现的问题

片剂制备中容易出现的问题见表 3 - 7。

表 3 - 7　片剂制备中容易出现的问题

问题	主要原因
裂片	物料的可压性差、细粉过多、黏合剂用量不足，压力过大、车速过快、压力分布不均匀等
松片	药物可压性差、黏合剂用量不足、压力过小等
粘冲	颗粒含水量过多、润滑剂使用不当、物料较易吸湿、冲头表面粗糙等
崩解迟缓	崩解剂使用不当、黏合剂用量过多、压力过大、疏水性润滑剂用量过多等
片重差异超限	物料的流动性差、颗粒大小相差悬殊、细粉太多，加料斗内物料时多时少、加料器安装不当或出现故障等
含量不均匀	各成分混合不均匀、可溶性成分在颗粒间迁移等
溶出超限	药物的溶解度差、片剂不崩解、颗粒硬度过大等

四、片剂包衣

片剂包衣是指在片剂表面包裹上一层适宜材料的操作。被包的片剂称"片芯"，包衣的材料称"衣料"，包成的片剂称"包衣片"。

1. 包衣的目的　片剂包衣主要有以下几方面的目的：①隔绝空气、避光、防潮，增加药物的稳定性；②掩盖药物的不良气味，提高患者的顺应性；③改善片剂外观，便于识别；④改变药物释放的位置及速度，如胃溶、肠溶、缓释、控释等；⑤隔离配伍禁忌的药物，避免相互作用。

2. 包衣分类　根据包衣材料的不同，片剂包衣可分为糖衣和薄膜衣两种。

知识链接

片剂包衣对片芯及包衣的质量要求

1. 片芯的质量要求　①片面呈弧形而棱角小的双凸片，以利包衣完整严密；②硬度较大、脆性较小，且应干燥，保证包衣过程反复滚动时不破碎；③包衣前应筛去碎片及片粉。

2. 包衣的质量要求　①均匀牢固，与片芯药物不起作用；②崩解度符合规定；③在有效期限内保持光亮美观，颜色一致，无裂片、脱壳现象；④不影响药物的溶出和吸收。

（一）包衣的方法与设备

1. 片剂包衣常用的方法

（1）滚转包衣法　指将片芯于包衣设备中作滚转运动，包衣材料黏附于片剂表面，逐渐包裹上各种适宜包衣材料的方法。可用于包糖衣和薄膜衣，目前生产上应用最为广泛。常用的设备有普通包衣机、埋管式包衣机及高效包衣机等。

普通包衣机见图 3 – 21，由包衣锅（多为荸荠形）、动力部分、加热及鼓风设备、吸尘装置等四部分组成。包衣时，将药片置于转动的包衣锅内，包衣液喷洒在药片表层，由于药片的滚转运动使包衣液均匀分散到各个片剂的表面，经反复喷洒和干燥获得包衣片。普通包衣锅的缺点是耗能较大、干燥速度慢、操作时间长、工艺复杂等。

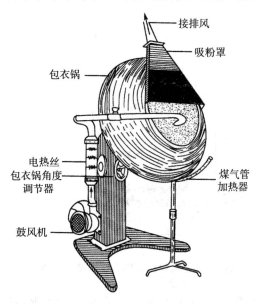

图 3 – 21　普通包衣机

埋管包衣机为普通包衣锅改良而成，如图 3 – 22，在普通包衣锅内底部装有可输送包衣材料溶液、压缩空气和热空气的埋管，埋管喷头插入物料层内，使包衣液的喷雾在物料层内进行，热气通过物料层，不仅能防止喷液的飞扬，且能加快物料的运动速率和干燥速率。

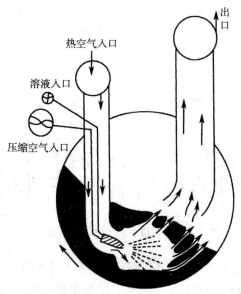

图 3 – 22　埋管包衣机示意图

高效包衣机包衣过程处于密闭状态，是为了克服普通包衣机干燥能力差的缺点而开发的新型包衣机。如图 3 - 23，干燥时热风穿过片芯间隙，与物料表面的水分进行热交换而使物料干燥。

高效包衣机的特点主要有：①物料层的运动比较稳定；②干燥速度快、效率高，物料不易粘连；③装置密闭，安全、卫生、可靠。

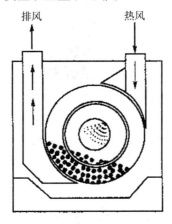

图 3 - 23　高效包衣机工作原理示意图

（2）流化包衣法　也称为悬浮包衣法，其原理与流化制粒相似，借助急速上升的空气流，使片剂悬浮于包衣室中且上下翻转，同时均匀喷入包衣材料溶液，溶剂挥发而形成包衣。本法包衣时间短、速度快，目前主要用于包薄膜衣，适用于片重较小、硬度较大的片剂及颗粒剂、微丸等包衣。

（3）压制包衣法　也称干压包衣法，一般是将两台压片机联合起来压制包衣，两台压片机以特制的传动器连接配套使用，一台压片机专门用于压制片芯，由传动器将压成的片芯输送至第二台压片机的模孔中，然后在片芯上加入适量包衣材料填满模孔，加压制成包衣片。

（二）糖衣

1. 包衣材料与包衣工艺　糖衣是传统的包衣方法，以蔗糖为主要材料，生产工艺流程见图 3 - 24。

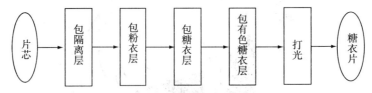

图 3 - 24　包糖衣的生产工艺流程图

（1）隔离层　目的是为了形成一层水分不易透过的屏障，防止后面的包衣过程中水分浸入片芯。常用的材料有玉米朊、邻苯二甲酸醋酸纤维素（CAP）、虫胶等，多溶于乙醇中应用。一般包 3 ~ 5 层。

（2）粉衣层 目的是消除片芯原有的棱角，使片面圆整。主要材料是糖浆和滑石粉，两者交替喷撒、干燥而包制。一般需包 15 ~ 18 层。

（3）糖衣层 目的是增加衣层的牢固性和甜味，使片面坚实、平滑。包衣材料只用稍稀的糖浆，通过缓缓干燥形成的蔗糖结晶体连接而成衣层。一般包 10 ~ 15 层。

（4）有色糖衣层 目的是为了增加美观度，便于识别。材料为有色糖浆，颜色由浅渐深，以免产生花斑。一般包 8 ~ 15 层。

（5）打光 目的是使片衣表面光亮，且有防潮作用。常用材料为川蜡。

2. 包衣过程中应注意的问题 ①包衣液的浓度、颜色等应符合要求；②包衣过程中，每次加入液体或粉料均应充分使其分布均匀；③注意控制干燥温度，确保层层干燥；④使用有机溶剂时，应注意防火、防爆等；⑤包衣片表面应圆整、光亮、色泽一致。

（三）薄膜衣

薄膜衣的包制方法与糖衣基本相同，但高分子材料成膜性好，包薄膜衣的工序较少，工艺相对简单，生产工艺流程见图 3 - 25。

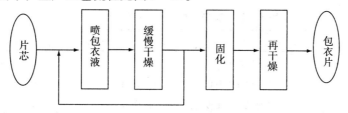

图 3 - 25 包薄膜衣的生产工艺流程图

薄膜衣与糖衣所用材料不同，具有衣层薄、增重少、生产周期短、效率高、对片剂崩解影响小等优点。包薄膜衣所用的材料主要由高分子材料、溶剂和附加剂三部分组成。

1. 高分子材料 高分子材料为薄膜衣的成膜材料，按其溶解性能分为胃溶型、肠溶型和缓释型三大类。

（1）胃溶型高分子材料 常用的有：①羟丙基甲基纤维素（HPMC），可溶于水及一些有机溶剂中，它具有成膜性能好、形成的膜有适宜的强度、不易破碎、性质稳定等优点；②聚丙烯酸树脂Ⅳ号，可溶于乙醇、丙酮、二氯甲烷，不溶于水，它具有成膜性能好、形成的膜机械强度大、包衣性质稳定、在胃液中快速崩解、防潮性能优良等优点；③其他材料，还可用羟丙纤维素（HPC）、聚维酮（PVP）等。

（2）肠溶型高分子材料 常用的有：①聚丙烯酸树脂Ⅰ号，通常为水分散体，形成的包衣片表面光滑，具有一定硬度，但与水接触易使片面变粗糙；②聚丙烯酸树脂Ⅱ、Ⅲ号，均不溶于水和酸，可溶于乙醇、丙酮、异丙酮或等量的异丙醇和丙酮的混合溶剂中，实际生产中常用两者的混合液包衣，具有成膜性好、衣膜透湿性低等优点，但衣膜具有一定的脆性；③其他材料，还有醋酸纤维素酞酸酯（CAP）、羟丙基纤维素酞酸酯

（HPMCP）、聚乙烯醇酞酸酯（PVAP）等。

（3）**缓释型高分子材料**　为不溶性高分子材料，用以调节药物的释放速度，常用的有乙基纤维素（EC）、醋酸纤维素（CA）等。

2. 溶剂　应能溶解或分散高分子包衣材料及增塑剂，并使包衣材料均匀分布在片剂表面。常用的溶剂有有机溶剂和水。有机溶剂常用乙醇、丙酮等，易挥发除去，形成包衣片表面光滑、均匀，但易燃并有一定毒性。因此，不溶性高分子材料也常制成水分散体进行包衣。

3. 附加剂　常用的附加剂有：①增塑剂，能增加衣膜的柔韧性，常用的水溶性增塑剂有甘油、丙二醇、PEG 等，水不溶性增塑剂有邻苯二甲酸酯、蓖麻油等；②释放速度调节剂，又称致孔剂，遇水后迅速溶解，使衣膜成为微孔薄膜，从而调节药物的释放速度，常用的有蔗糖、氯化钠、PEG 等；③固体粉料，防止材料黏性过大引起包衣颗粒或片剂的粘连，常用的有滑石粉、硬脂酸镁等；④遮光剂，常用二氧化钛等；⑤色料，主要是为了便于识别和美观，也有遮光作用。

（四）片剂包衣中容易出现的问题

1. 糖衣　包糖衣过程中可能存在的问题见表 3 - 8。

表 3 - 8　包糖衣过程中可能存在的问题

问题	主要原因
糖浆不粘锅	锅壁上蜡未除尽
色泽不均	片面粗糙，有色糖浆用量过少，温度太高，衣层未干就加蜡打光
片面不平	撒粉太多，温度过高，衣层未干就包第二层
龟裂或爆裂	糖浆与滑石粉用量不当，芯片太松，干燥过快
露边与麻面	衣料用量不当，温度过高或吹风过早
粘锅	加糖浆过多，黏性大，搅拌不匀
膨胀磨片或剥落	片芯或糖衣层未充分干燥，崩解剂用量过多

2. 薄膜衣　包薄膜衣过程中可能存在的问题见表 3 - 9。

表 3 - 9　包薄膜衣过程中可能存在的问题

问题	主要原因
起泡	固化条件不当，干燥速度过快
皱皮	选择衣料不当，干燥条件不当
剥落	选择衣料不当，两次加料的间隔时间过短
花斑	增塑剂、色素等选择不当，干燥时可溶性成分带到衣膜表面
肠溶衣片不能安全通过胃部	选择衣料不当，衣层太薄、衣层机械强度不够
肠溶衣片肠内不溶解（排片）	选择衣料不当，衣层太厚、贮存变质

五、片剂的质量检查

1. 外观　片剂的外观应完整光洁，色泽均匀，边缘整齐，片形一致，字迹清洗。

2. 重量差异　取供试品 20 片，精密称定总重量，求得平均片重后，再分别精密称定每片的重量。每片重量与平均片重相比较（无含量测定的片剂，每片重量应与标示片重比较），超过重量差异限度的药片不得多于 2 片，并不得有 1 片超出限度的 1 倍。片剂重量差异限度见表 3 – 10。凡规定检查含量均匀度的片剂，一般不再进行片重差异检查。

表 3 – 10　片剂的重量差异限度

平均片重或标示片重	重量差异限度
0.3g 以下	± 7.5%
0.3g 及 0.3g 以上	± 5%

3. 硬度与脆碎度

（1）**硬度**　片剂应有适宜的硬度和耐磨性，以免包装、运输过程中发生磨损或破碎。

（2）**脆碎度**　除另有规定外，对非包衣片剂，若片重小于或等于 0.65g 者取若干片，使总重约为 6.5g，若片重大于 0.65g 者取 10 片，按照《中国药典》片剂脆碎度检查法检查，减失的重量不得超过 1%，且不能检出断裂、龟裂及粉碎的药片。

4. 崩解时限　取供试品 6 片，按照《中国药典》崩解时限检查法检查，各片应符合规定。片剂的崩解时限要求见表 3 –11。凡规定检查溶出度、释放度的片剂，不再进行崩解时限检查。

表 3 –11　《中国药典》对片剂的崩解时限要求

片剂	普通片	泡腾片	糖衣片	舌下片	含片	可溶片	薄膜衣片	肠溶衣片
介质			水				盐酸 (9→1000)	人工胃液中 2 小时不得有裂缝、崩解或软化现象，洗涤后人工肠液中，加挡板 1 小时内全部崩解或溶散并通过筛网
崩解时限 (min)	15	5	60	5	10	3	30	

5. 溶出度　指活性药物从片剂、胶囊剂或颗粒剂等固体制剂在规定条件下溶出的速率和程度。目前溶出度主要用于检查难溶性药物的片剂。按照《中国药典》，溶出度检查方法有篮法、桨法及小杯法。

6. 释放度　指药物从缓释制剂、控释制剂、肠溶制剂及透皮贴剂等在规定条件下释放的速率和程度。

7. 含量均匀度　指小剂量或单剂量的固体制剂、半固体制剂和非均相液体制剂的每片（个）含量符合标示量的程度。除另有规定外，片剂、硬胶囊剂或注射用无菌粉末，每片（个）标示量不大于 25mg 或主药含量不大于每片（个）重量 25% 者，内容物为非均一溶液的软胶囊、单剂量包装的口服混悬液、透皮贴剂、吸入剂和栓剂，均应检查含量均匀度。复方制剂仅检查符合上述条件的部分。

　　8. 微生物限度　　口腔贴片、阴道片、阴道泡腾片和外用可溶片等局部用片剂，照《中国药典》微生物限度检查法检查，应符合规定。

同步训练

一、选择题

1. 一般需要制成倍散的有（　　）
   A. 含毒性药物散剂　　　　　B. 眼用散剂
   C. 含液体成分散剂　　　　　D. 含低共熔成分散剂

2. 《中国药典》2010 年版二部规定，散剂干燥失重不得过（　　）
   A. 1.0%　　　　B. 2.0%　　　　C. 5.0%　　　　D. 9.0%

3. 密度不同的药物在制备散剂时，采用的最佳混合方法是（　　）
   A. 等量递加法　　　　　　　B. 搅拌
   C. 将轻者加在重者之上　　　D. 将重者加在轻者之上

4. 对散剂特点的错误表述是（　　）
   A. 比表面积大、易分散、奏效快　　B. 便于小儿服用
   C. 制备简单、剂量易控制　　　　　D. 外用覆盖面大，但不具保护、收敛作用

5. 散剂制备的工艺流程正确的是时（　　）
   A. 粉碎→混合→过筛→分剂量→质量检查→包装
   B. 粉碎→过筛→混合→分剂量→质量检查→包装
   C. 粉碎→过筛→混合→质量检查→分剂量→包装
   D. 粉碎→混合→过筛→分剂量→质量检查→包装

6. 泡腾颗粒剂遇水能产生大量气泡，是由于颗粒中的酸与碱反应，产生的气体是（　　）
   A. 氢气　　　　B. 氧气　　　　C. 二氧化碳　　　D. 二氧化硫

7. 不属于湿法制粒的是（　　）
   A. 挤压制粒　　B. 流化制粒　　C. 喷雾制粒　　D. 滚压制粒

8. 下列可作为空胶囊原料的是（　　）
   A. 阿拉伯胶　　B. 明胶　　　　C. 甘油明胶　　D. 羧甲基纤维素钠

9. 软胶囊囊壁由干明胶、干增塑剂、水三者构成，其重量比例通常是（　　）
   A. 1 : (0.2 ~ 0.4) : 1　　　　　B. 1 : (0.2 ~ 0.4) : 2
   C. 1 : (0.4 ~ 0.6) : 1　　　　　D. 1 : (0.4 ~ 0.6) : 2

10. 片剂包肠溶衣常选用的材料是（　　）
    A. 羟丙基甲基纤维素　　　　　B. 丙烯酸树脂Ⅱ号和Ⅲ号混合液

　　　C. 甘油明胶　　　　　　　　　D. 滑石粉

11. 下列哪个不是片剂中润滑剂的作用（　　　）

　　　A. 增加颗粒的流动性　　　　　B. 促进片剂在胃中湿润

　　　C. 防止颗粒粘冲　　　　　　　D. 减少对冲头的磨损

12. 已检查含量均匀度的片剂，不必再检查（　　　）

　　　A. 硬度　　　　B. 溶解度　　　　C. 崩解度　　　　D. 片重差异限度

13. 片剂的泡腾崩解剂是（　　　）

　　　A. 枸橼酸与碳酸钠　　　　　　B. 淀粉

　　　C. 羧甲基淀粉钠　　　　　　　D. 预胶化淀粉

14. 下列辅料中，可作为崩解剂的是（　　　）

　　　A. 糖粉　　　　　　　　　　　B. 羧甲基纤维素钠

　　　C. 羧甲基淀粉钠　　　　　　　D. 滑石粉

15.《中国药典》规定，普通片的崩解时限为（　　　）

　　　A. 15 分钟　　　　B. 20 分钟　　　　C. 30 分钟　　　　D. 60 分钟

二、简答题

1. 固体制剂的附加剂主要有哪几类？

2. 什么是散剂？写出其制备工艺流程。

3. 固体制剂制备中，制粒的目的是什么？

4. 简述空胶囊的组成。

5. 简述片剂包糖衣的过程及材料。

第四章 液体制剂

■ 知识要点

液体制剂包括溶液剂、混悬剂、乳剂等多种类型，可用于多种途径给药。本章重点介绍内服和外用的液体制剂，介绍其概念、特点、分类及质量要求，阐述各类液体制剂常用的溶剂与附加剂、稳定性要求及制备方法。

第一节 液体制剂概述

液体制剂指药物分散在适宜的分散介质中制成的液体形态的制剂，可供内服和外用。液体制剂品种多、应用广，在药物制剂中占有重要地位。

一、液体制剂的特点

液体制剂与固体制剂比较，具有以下优点：①药物以分子、微粒或液滴等形式分散，分散度大、吸收快、起效迅速；②给药途径广泛，可内服，也可外用于皮肤、黏膜和人体腔道等；③易于分取剂量，服用方便，尤其适用于婴幼儿及老年患者；④可通过调整浓度来降低某些固体药物（如溴化物、碘化物等）的刺激性，避免其口服后由于局部浓度过高而引起胃肠道刺激作用。

液体制剂的缺点主要有：①药物分散度大，又受分散介质的影响，易分解而使药效降低甚至失效，且药物之间较易发生配伍变化；②液体制剂体积较大，携带、运输、贮存等不方便；③水性液体制剂易霉变，非水性溶剂多有不良的药理作用；④非均相液体制剂易产生许多物理稳定性问题。

二、液体制剂的质量要求

液体制剂的质量要求主要包括：①均相液体制剂应是澄明溶液，非均相液体制剂的分散相粒子应细小而分散均匀；②口服液体制剂应外观良好、口感适宜，外用液体制剂应无刺激性；③液体制剂在保存和使用过程中不应发生霉败；④包装容器应符合相关规定，方便患者携带和使用。

三、液体制剂的分类

（一）按分散系统分类

1. 均相液体制剂 药物以分子状态分散，属热力学稳定体系，包括低分子溶液剂和高分子溶液剂。

2. 非均相液体制剂 药物以微粒或液滴分散，属热力学不稳定体系，包括溶胶剂、混悬剂和乳剂。

分散体系中各类液体制剂微粒的大小与特征见表 4 – 1。

表 4 – 1 分散体系中微粒的大小与特征

类型	微粒大小（nm）	特征
低分子溶液剂	< 1	以分子或离子分散，体系稳定
高分子溶液剂	1 ~ 100	高分子化合物以分子状态分散，体系稳定
溶胶剂	1 ~ 100	以胶粒分散，聚结不稳定
混悬剂	> 500	以微粒分散，聚结和重力不稳定
乳剂	> 100	以液滴状态分散，聚结和重力不稳定

（二）按给药途径分类

1. 内服液体制剂 如合剂、糖浆剂、乳剂、混悬液、滴剂等。

2. 外用液体制剂 主要有以下三类。

（1）皮肤用液体制剂 如洗剂、搽剂等。

（2）五官科用液体制剂 如滴耳剂、滴鼻剂、含漱剂等。

（3）直肠、阴道、尿道用液体制剂 如灌肠剂、灌洗剂等。

第二节 液体制剂常用的溶剂和附加剂

液体制剂一般由药物和溶剂组成。药物以分子、微粒或液滴等形式分散于溶剂中，称之为分散相；溶剂对药物起溶解或分散作用，称之为分散介质。此外，根据需要，液体制剂中还可加入适宜的附加剂。

一、液体制剂常用的溶剂

药物的溶解或分散状态与溶剂的种类和极性有密切关系，溶剂的质量直接影响液体制剂的制备、稳定性及药效的发挥，所以制备液体制剂时应选择适宜的溶剂。

溶剂对药物作用的影响

同一药物，溶剂不同，作用和用途也可能不同，如碘的水溶液可内服治疗甲亢，碘的乙醇溶液可外用消毒，碘的甘油溶液可用于口腔黏膜溃疡、牙龈炎等。

优良的溶剂应具备以下条件：①对药物具有较好的溶解性或分散性；②化学性质稳定，不与主药或附加剂发生化学反应；③不影响主药的作用和含量测定；④毒性小、无臭味，无刺激性；⑤成本低。

溶剂按极性大小不同分为极性溶剂、半极性溶剂和非极性溶剂。

（一）极性溶剂

1. 水 是最常用的溶剂，本身无药理作用，能与乙醇、甘油、丙二醇等以任意比例混合。水能溶解绝大多数的无机盐类和极性较大的有机药物，能溶解药材中的生物碱盐类、苷类、糖类、树胶、鞣质、蛋白质、酸类及色素等。但水性液体药剂不稳定，易霉变，不宜久贮。

2. 甘油 为无色黏稠性澄明液体，味甜，毒性小，能与水、乙醇、丙二醇等以任意比例混合，能溶解苯酚、鞣质、硼酸等药物。甘油吸水性强，无水甘油对皮肤黏膜有一定的刺激性，但在外用药剂中加入一定比例的甘油可作为保湿剂，有滋润皮肤、延长药效、防止干燥的作用。含甘油30%以上的溶液有防腐作用。

3. 二甲基亚砜（DMSO） 为无色澄明液体，有大蒜臭味和较强的吸湿性。由于溶解范围广，有"万能溶剂"之称，对皮肤和黏膜的穿透力强，但有轻度刺激性。

（二）半极性溶剂

1. 乙醇 可与水、甘油、丙二醇等以任意比例混合，能溶解大部分有机药物和药材中的有效成分，如生物碱及其盐类、苷类、挥发油、树脂、鞣质、有机酸和色素等。含乙醇20%以上的溶液有防腐作用。但乙醇有一定的生理作用，有易挥发、易燃烧等缺点。

不同浓度的乙醇

99.5%的乙醇称为无水乙醇；95%的乙醇用于擦拭紫外线灯；70%~75%的乙醇用于消毒；40%~50%的乙醇可用于按摩患者受压部位，预防褥疮；25%~50%的乙醇擦拭皮肤可用于物理退热。

2. 丙二醇 药用规格一般是1,2-丙二醇，能与水、乙醇、甘油等以任意比例混合。丙二醇性质与甘油相似，但黏度较甘油小，可作为内服及肌内注射液的溶剂。丙二醇毒性小、无刺激性，能延缓许多药物的水解，增加药物的稳定性，对药物在皮肤和黏膜的吸收有一定的促进作用。

3. 聚乙二醇（PEG） 液体制剂中常用 PEG300～600，为无色澄明液体，能与水、乙醇、丙二醇、甘油等以任意比例混合，不同浓度的 PEG 水溶液是良好的溶剂，能溶解许多水溶性无机盐和水不溶性有机药物。本品对易水解的药物有一定的稳定作用。在洗剂中，能增加皮肤的柔韧性，具有一定的保湿作用。

（三）非极性溶剂

1. 脂肪油 多指植物油，如大豆油、玉米油、橄榄油等，为常用的非极性溶剂，能溶解游离生物碱、挥发油和芳香族药物。但脂肪油易酸败，也易受碱性药物影响而发生皂化反应，多用于洗剂、搽剂、滴鼻剂等外用制剂。

2. 液体石蜡 是从石油产品中分离得到的液状烃的混合物，分轻质和重质两种，前者常用于外用液体制剂，后者常用于软膏剂或糊剂。本品化学性质稳定，能与非极性溶剂混合，能溶解生物碱、挥发油及一些非极性药物，在肠道中不分解也不吸收，有润肠通便作用。

3. 乙酸乙酯 无色或淡黄色油状液体，微臭，有一定的挥发性和可燃性，在空气中易氧化、变色。本品能溶解挥发油、甾体药物和其他油溶性药物，常作为搽剂的溶剂。

二、表面活性剂

（一）概述

表面张力是一种使表面积自动收缩至最小的力，使表面分子具有向内运动的趋势。由于表面张力的存在，在外力影响不大的情况下，液体总是趋于球形，如肥皂泡、荷叶上的露珠等。一般而言，表面张力大的液体不容易在其他液体或固体表面铺展与润湿，影响药剂的制备与稳定性。

表面活性剂指具有很强的表面活性，能使液体表面张力显著降低的物质。表面活性剂分子同时具有非极性的亲油基团和极性的亲水基团，是一种既亲水又亲油的两亲性分子。将表面活性剂加入水中，低浓度时可被吸附在溶液表面，亲水基团插入水中，亲油基团朝向空气中，在水的表面定向排列，从而改变了液体的表面性质，使其表面张力降低。表面活性剂具有增溶、乳化、润湿、去污、杀菌、消泡、起泡等作用，在药物制剂中应用非常广泛。

（二）表面活性剂的分类

表面活性剂按其解离情况可分为离子型和非离子型两大类，其中离子型表面活性剂又分为阴离子型、阳离子型和两性离子型三类。

1. 阴离子型表面活性剂 起表面活性作用的是阴离子部分，主要包括以下三类。

（1）肥皂类 为高级脂肪酸盐，脂肪酸以硬脂酸、油酸、月桂酸等较为常用。根据与脂肪酸成盐的金属离子的不同，可分为一价皂、多价皂和有机胺皂等。一价皂又称碱金属皂，如钾皂、钠皂，有亲水性。多价皂主要有二价或三价皂，又称碱土金属皂，如钙皂、铅皂等，有亲油性。有机胺皂如三乙醇胺皂等，也有亲水性。本类表面活性剂具有良好的乳化能力，但有一定的刺激性，一般只供外用。

（2）硫酸化物 为硫酸化油和高级脂肪醇硫酸酯类，常用的有硫酸化蓖麻油（俗称土耳其红油）、十二烷基硫酸钠（SDS，又称为月桂醇硫酸钠，SLS）、十六烷基硫酸钠（鲸蜡醇硫酸钠）、十八烷基硫酸钠（硬脂醇硫酸钠）等。本类表面活性剂乳化能力较强，亲水性强，性质稳定。但对黏膜有一定的刺激性，一般用做外用软膏的乳化剂。

（3）磺酸化物 主要有脂肪族磺酸化物、烷基芳基磺酸化物、烷基萘磺酸化物等。常用的有二辛基琥珀酸磺酸钠（商品名阿洛索－OT）、十二烷基苯磺酸钠等，均为优良的洗涤剂。

2. 阳离子型表面活性剂 起表面活性作用的是阳离子部分，也称为季铵盐型阳离子表面活性剂。常用的有苯扎氯铵（洁尔灭）、苯扎溴铵（新洁尔灭）等。其水溶性大，在酸性与碱性溶液中均较稳定，具有良好的表面活性作用和较强的杀菌作用，主要用于皮肤、黏膜、手术器械等的消毒。

3. 两性离子型表面活性剂 这类表面活性剂的分子结构中同时具有正、负离子基团，在不同 pH 值介质中可表现出阳离子或阴离子表面活性剂的性质。

（1）磷脂 为天然的两性离子型表面活性剂，依来源不同，分为卵磷脂和豆磷脂（分别来源于蛋黄和大豆）。磷脂为外观呈透明或半透明的黄色或黄褐色油脂状物质，对热十分敏感，在酸性、碱性及酯酶作用下易水解。对油脂的乳化能力很强，常用于注射用乳剂及脂质体的制备。

（2）氨基酸型和甜菜碱型 为合成的两性离子型表面活性剂，分为氨基酸型和甜菜碱型。氨基酸型在等电点时，亲水性减弱，可产生沉淀；甜菜碱型在酸性、碱性或中性溶液中均易溶，在等电点时也无沉淀，适用于任何 pH 值环境。

4. 非离子型表面活性剂 这类表面活性剂毒性和溶血性小，在溶液中不解离，不受电解质和溶液 pH 值影响，能与大多数药物配伍，在药剂上应用广泛。

（1）脂肪酸山梨坦 为脱水山梨醇脂肪酸酯类，商品名为司盘（Spans），是山梨醇及其酐与各种不同的脂肪酸反应而成的酯类化合物。根据脂肪酸种类和数量的不同，本类表面活性剂有多个品种，常用的品种见表 4－2。司盘类是黏稠状的白色至黄色油状液体或蜡状固体，不溶于水，在酸、碱、酶作用下易水解，亲油性较强，一般用做W/O 型乳剂的乳化剂，或 O/W 乳剂的辅助乳化剂。

（2）聚山梨酯 为聚氧乙烯脱水山梨醇脂肪酸酯类，商品名为吐温（Tweens），是由脂肪酸山梨坦与环氧乙烷反应生成的化合物。常用的品种见表 4－2。吐温类是黏稠的黄色液体，对热稳定，但在酸、碱和酶作用下也会水解。由于分子中含有大量亲水性的聚氧乙烯基，故其亲水性显著增强，不溶于油。主要用做增溶剂、O/W 型乳化剂、润湿剂和分散剂。

表 4-2　常用的脂肪酸山梨坦和聚山梨酯类表面活性剂

脂肪酸山梨坦类		聚山梨酯类	
商品名	化学名	商品名	化学名
司盘 20	脱水山梨醇单月桂酸酯	吐温 20	聚氧乙烯脱水山梨醇单月桂酸酯
司盘 40	脱水山梨醇单棕榈酸酯	吐温 40	聚氧乙烯脱水山梨醇单棕榈酸酯
司盘 60	脱水山梨醇单硬脂酸酯	吐温 60	聚氧乙烯脱水山梨醇单硬脂酸酯
司盘 65	脱水山梨醇三硬脂酸酯	吐温 65	聚氧乙烯脱水山梨醇三硬脂酸酯
司盘 80	脱水山梨醇单油酸酯	吐温 80	聚氧乙烯脱水山梨醇单油酸酯
司盘 85	脱水山梨醇三油酸酯	吐温 85	聚氧乙烯脱水山梨醇三油酸酯

（3）聚氧乙烯-聚氧丙烯共聚物　商品名为普朗尼克（Pluronic），又称为泊洛沙姆（Poloxamer），由聚氧乙烯与聚氧丙烯聚合而成。聚氧乙烯为亲水基团，聚氧丙烯为亲油基团，聚氧乙烯比例越大，亲水性越强，相反，聚氧丙烯比例越大，亲油性越强。随分子量增加，可由液体逐渐变为固体。该类表面活性剂对皮肤、黏膜刺激性极小，毒性比其他非离子型表面活性剂小，常用的有泊洛沙姆 188，是一种 O/W 型乳化剂，可用作静脉注射。

（4）其他非离子型表面活性剂　常用的非离子型表面活性剂还有：①脂肪酸甘油酯，如单硬脂酸甘油酯等，多用作 W/O 型乳剂的辅助乳化剂；②蔗糖脂肪酸酯，为 O/W 型乳化剂和分散剂；③聚氧乙烯脂肪酸酯类，商品名为卖泽（Myrij）类，常用的有聚氧乙烯 40 硬脂酸酯，多作 O/W 型乳剂的乳化剂；④聚氧乙烯脂肪醇醚类，商品名为苄泽（Brij）类，常用作 O/W 型乳化剂或增溶剂。

（三）表面活性剂的性质

1. 表面活性剂的胶束

（1）胶束的形成　表面活性剂在水中，低浓度时在溶液表面定向排列，当浓度增大至表面已饱和时，分子转入溶液内部，由于表面活性剂分子亲油基团与水的排斥力较大，致使表面活性剂分子亲油基团之间相互吸引，表面活性剂分子自身相互聚集，形成亲油基向内、亲水基向外的缔合体，在水中稳定分散。这种缔合体大小在胶体粒子范围，称为胶束或胶团。胶束可呈球状、棒状、束状、板状及层状等多种形态，如图 4-1。

（2）临界胶束浓度　表面活性剂分子在溶液中缔合形成胶束的最低浓度称为临界胶束浓度（CMC），单位体积内胶束数量几乎与表面活性剂的总浓度成正比。到达临界胶束浓度时，溶液的表面张力基本上降为最低值，增溶作用增强、起泡作用和去污作用加大。

2. 表面活性剂的亲水亲油平衡值

（1）亲水亲油平衡值的含义　表面活性剂分子中亲水基团和亲油基团对油或水的综合亲和力称为亲水亲油平衡值，简称 HLB 值。表面活性剂的 HLB 值越高，其亲水性愈强；

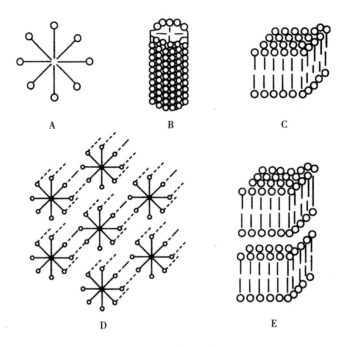

图4-1 胶束的形态

HLB 值越低，其亲油性愈强。根据经验，一般表面活性剂的 HLB 值在 0~40 之间，其中非离子型表面活性剂 HLB 值在 0~20 之间。常用表面活性剂的 HLB 值见表 4-3。

表4-3 常用表面活性剂的 HLB 值

表面活性剂	HLB 值	表面活性剂	HLB 值	表面活性剂	HLB 值
十二烷基硫酸钠	40.0	乳化剂 OP	15.0	阿拉伯胶	8.0
油酸钾（软皂）	20.0	聚山梨酯 60	14.9	司盘 40	6.7
聚山梨酯 20	16.7	聚山梨酯 85	11.0	司盘 80	4.3
西马土哥	16.4	聚山梨酯 65	10.5	单硬脂酸甘油酯	3.8
泊洛沙姆 188	16.0	苄泽 30	9.5	卵磷脂	3.0
聚山梨酯 80	15.0	司盘 20	8.6	司盘 85	1.8

（2）亲水亲油平衡值与用途的关系　表面活性剂的 HLB 值与其用途有密切关系，具体关系见表 4-4。

表4-4 表面活性剂的 HLB 值与用途的关系

HLB 值	15~18 以上	8~16	7~9	3~8	1~3
用途	增溶剂	O/W 型乳化剂	润湿剂和铺展剂	W/O 型乳化剂	消泡剂

（3）混合表面活性剂 HLB 值的计算　非离子型表面活性剂的 HLB 值有加和性，不同的表面活性剂混合后，混合表面活性剂的 HLB 值可按下式计算。

$$HLB_{AB} = \frac{HLB_A \times W_A + HLB_B \times W_B}{W_A + W_B}$$

公式中 HLB_{AB} 是混合表面活性剂的 HLB 值，HLB_A、HLB_B 分别是 A、B 表面活性剂的 HLB 值，W_A、W_B 分别是 A、B 表面活性剂的重量或比例量。但应注意上式不能用于混合离子型表面活性剂的 HLB 值计算。

例：将司盘 80 与吐温 80 等量混合，混合物的 HLB 值为多少?

解：查表 4-3 可知，司盘 80 的 HLB 值为 4.3，吐温 80 的 HLB 值为 15，两者等量即 1∶1 混合。则，

$$HLB = \frac{4.3 \times 1 + 15 \times 1}{1 + 1} = 9.65$$

因此，混合表面活性剂的 HLB 值为 9.65。

3. 起昙现象 表面活性剂的溶解度和温度有关，某些含聚氧乙烯基的非离子型表面活性剂，溶解度随温度的升高而增大，但当温度升高到某一值后，其溶解度急剧下降，溶液出现浑浊或分层，这种由于温度升高而使表面活性剂溶液由澄明变为浑浊的现象称为起昙，也称为起浊。出现起昙时的温度称为昙点（或浊点）。当温度降低至昙点以下时，溶液又恢复澄明。大多数此类表面活性剂的昙点在 70℃~100℃，如吐温 60 为76℃，吐温 80 为 93℃。但有些含聚氧乙烯基的表面活性剂没有昙点，如泊洛沙姆188 等。

出现起昙现象的原因主要是聚氧乙烯基在水中与水发生氢键缔合而呈溶解状态，但这种氢键缔合很不稳定，当温度升高到昙点时，聚氧乙烯链与水之间的氢键断裂，使表面活性剂溶解度急剧下降，溶液出现浑浊。

4. Krafft 点 离子型表面活性剂，随着温度的升高溶解度逐渐增大，当温度升高到一定值时，离子型表面活性剂的溶解度会急剧升高，该温度称 Krafft 点（克氏点）。如十二烷基磺酸钠的 Krafft 点约为 70℃，十二烷基硫酸钠的 Krafft 点约为 8℃。Krafft 点是离子型表面活性剂的特征值，也是其应用的温度下限。

5. 表面活性剂的生物学性质

（1）**毒性** 一般而言，表面活性剂毒性大小顺序为：阳离子型 > 阴离子型 > 非离子型。两性离子型表面活性剂的毒性小于阳离子型表面活性剂。表面活性剂用于静脉给药的毒性大于口服给药。

（2）**溶血作用** 阴、阳离子型表面活性剂有较强的溶血作用，非离子型表面活性剂的溶血作用较轻微。聚山梨酯类的溶血作用通常比其他含聚氧乙烯基的表面活性剂小，聚山梨酯类的溶血作用顺序为：聚山梨酯 20 > 聚山梨酯 60 > 聚山梨酯 40 > 聚山梨酯 80。目前此类表面活性剂只用于某些肌内注射液中。

（3）**刺激性** 表面活性剂外用时，对皮肤和黏膜有一定的刺激性，其中非离子型表面活性剂刺激性最小。同类产品一般浓度越强，刺激性越强；聚合度越大，亲水性越大，刺激性越弱。例如季铵盐类化合物浓度高于 1% 时可对皮肤产生损害，十二烷基硫酸钠产生损害的浓度在 20% 以上，而吐温类对皮肤和黏膜的刺激性很低。

（4）表面活性剂对药物吸收的影响　通常表面活性剂能增加药物在胃肠道体液中的润湿性，促进药物溶解与吸收。但如果药物被胶束包藏或吸附而不易释放时，则可能影响药物的吸收。此外，表面活性剂有溶解生物膜脂质的作用，能增加上皮细胞的通透性，从而改善吸收。

（四）表面活性剂的应用

1. 增溶剂　增溶是由于表面活性剂胶束的作用而使难溶性药物溶解度增大的过程。具有增溶能力的表面活性剂称为增溶剂。

增溶作用的机制主要是由于胶束的作用，胶束内部是由亲油基团排列而成的一个极小的非极性疏水空间，而外部是由亲水基团形成的极性区。非极性药物（如苯和甲苯等）可全部进入胶束的非极性内核而增溶；半极性药物（如水杨酸等）的非极性部分进入胶束的非极性内核，极性部分进入胶束外层的极性区而增溶；极性药物（如对羟基苯甲酸等）分子两端均为极性基团，亲水性强，可被吸附在胶束外层而增溶。

知识链接

甲酚皂溶液

甲酚皂溶液是在医院广泛应用的消毒水，又名来苏儿。是以肥皂为增溶剂制得的甲酚溶液。甲酚在水中的溶解度只有2%，加入硬脂酸钠可增大其溶解度，得到50%的甲酚皂溶液。其中，甲酚为增溶质，硬脂酸钠为增溶剂。

2. 乳化剂　乳化指使一种液体以细小液滴分散于另一种互不相溶的液体中的过程。表面活性剂可用作乳化剂，在乳剂中降低油水界面张力，使乳化过程易于进行；同时表面活性剂分子能定向排列在油水界面，而使分散相液滴周围形成一层保护膜，防止液滴聚结合并，提高乳剂的稳定性。

3. 润湿剂　润湿指液体在固体表面上的黏附现象。表面活性剂分子能定向吸附在固-液界面，排除固体表面上所吸附的气体，降低疏水性固体和液体之间的界面张力，使固体被液体润湿。

4. 起泡剂和消泡剂　起泡剂是指可产生泡沫作用的表面活性剂，一般具有较强的亲水性，能降低液体的表面张力使泡沫趋于稳定。消泡剂是指用来破坏和消除泡沫的表面活性剂，通常具有较强的亲油性，能吸附在泡沫液膜表面，取代原有的起泡剂，而致泡沫被破坏。

5. 去污剂　去污剂是指可以除去污垢的表面活性剂，又称洗涤剂。去污机理复杂，主要通过润湿、增溶、乳化、分散、起泡等过程将污垢洗去。

6. 消毒剂和杀菌剂　大部分阳离子型表面活性剂、两性离子型表面活性剂和小部分阴离子型表面活性剂可作消毒剂使用。

三、液体制剂常用的防腐剂

液体制剂，特别是以水为溶剂的液体制剂，易被微生物污染而变质，如果含有糖类、蛋白质等营养物质，则更容易引起微生物的孳生和繁殖。即便是抗生素或磺胺类药物的液体制剂也能孳生微生物，因为这些药物对它们抗菌谱以外的微生物也不起抑菌作用。微生物的污染会引起液体制剂理化性质的改变，严重影响制剂质量，有时甚至会产生有害的细菌毒素。

> **知识链接**

《中国药典》非无菌药品的微生物限度标准

给药途径		细菌数	霉菌和酵母菌数	金黄色葡萄球菌数	铜绿假单胞菌	大肠埃希菌	白色念珠菌
口服	固体	≤1000	≤100	–		不得检出	
	液体	≤100					
耳		≤100	≤10	不得检出	不得检出	–	
鼻、呼吸道		≤100	≤10	不得检出	不得检出	不得检出	
阴道、尿道		≤100	≤10	不得检出	不得检出	–	不得检出
直肠	固体	≤1000	≤1000	不得检出	不得检出		
	液体	≤100					
其他局部		≤100	≤100	不得检出	不得检出		

注：单位为每1g或1ml的含菌数（cfu），用于手术、烧伤及严重创伤的局部给药制剂应无菌，含动物组织（包括提取物）的口服制剂不得检出沙门菌，霉变、长螨者以不合格论。

因此，液体制剂制备过程中应注意防止微生物污染，常用的措施主要有：①尽可能减少生产过程中的污染，严格执行 GMP 管理，从原辅料、生产设备与用具、生产人员、生产环境等各方面控制微生物；②加入少量防腐剂，抑制微生物生长繁殖，也可以避免使用过程中造成的污染。

液体制剂中常用防腐剂见表 4 - 5。

表 4 - 5　液体制剂中常用的防腐剂

名称	主要特点	应用浓度
对羟基苯甲酸酯类	即羟苯酯类，也称尼泊金类，羟苯甲酯、乙酯、丙酯、丁酯，混合使用有协同作用，在酸性溶液中作用较强，应避免与聚山梨酯、聚乙二醇等合用	0.01% ~0.25%
苯甲酸（钠）	未解离的苯甲酸分子防腐作用强，酸性溶液中抑菌效果较好，最适 pH 为 4，和尼泊金类联合应用防霉和防发酵作用最为理想	0.03% ~0.1%
山梨酸及其盐	未解离的分子起防腐作用，在酸性溶液（pH4）效果较好，与其他抗菌剂联用可产生协同作用	0.15% ~0.2%
苯扎溴铵	又称新洁尔灭，在酸性、碱性溶液中稳定，多供外用	0.02% ~0.2%

名称	主要特点	应用浓度
醋酸氯乙定	又称醋酸洗必泰，为广谱杀菌剂，多外用	0.02% ~ 0.05%
其他防腐剂	邻苯基苯酚、桉叶油、桂皮油、薄荷油等	

四、液体制剂常用的矫味剂与着色剂

（一）矫味剂

有些药物具有不良臭味，病人服用后易引起恶心、呕吐，特别是儿童患者往往拒绝使用。为了掩盖和矫正不良臭味而加入制剂中的物质称为矫味剂。

1. 甜味剂　能掩盖药物的咸、涩、苦等味。包括天然甜味剂和合成甜味剂两大类。

（1）天然甜味剂　①蔗糖、单糖浆及果汁糖浆（橙皮糖浆等），果汁糖浆既能矫味，也能矫嗅；②甜菊苷，甜度比蔗糖大约300倍，甜味持久，但甜中带苦，常与蔗糖和糖精钠合用。③其他，如甘油、山梨醇、甘露醇及蜂蜜等。

（2）合成甜味剂　①糖精钠，甜度为蔗糖的200 ~ 700倍，但口服量每日每公斤体重不可超过5mg，常用量为0.03%；②阿斯帕坦，也称蛋白糖，甜度比蔗糖高150 ~ 200倍，不致龋齿，可有效降低热量，适用于糖尿病、肥胖症患者。

2. 芳香剂　分为天然香料和人造香料两类。

（1）天然香料　有从植物中提取的芳香性挥发油，如柠檬、樱桃、茴香、薄荷等挥发油，以及它们的制剂，如薄荷水、桂皮水等。

（2）人造香料　也称香精，如苹果香精、香蕉香精等。

3. 胶浆剂　胶浆剂具有黏稠缓和的性质，可以干扰味蕾的味觉而起矫味作用，如阿拉伯胶、羧甲基纤维素钠、琼脂、明胶等制成的胶浆。在胶浆剂中加入甜味剂，可增加其矫味作用。

4. 泡腾剂　将有机酸与碳酸氢钠混合，遇水后产生大量二氧化碳，溶于水呈酸性，能麻痹味蕾而矫味。对盐类的苦味、涩味、咸味亦有所改善。

（二）着色剂

着色剂能改善制剂的外观颜色，可用来识别制剂的浓度、区分使用方法和减少病人对服药的厌恶感。主要分为天然色素和合成色素两类。

1. 天然色素　多用作食品和内服制剂的着色剂。常用的有植物性色素和矿物性色素。

（1）植物性色素　红色的有苏木、甜菜红等，黄色的有姜黄、胡萝卜素等，蓝色的有松叶蓝，绿色的有叶绿酸铜钠盐，红棕色的有焦糖等。

（2）矿物性色素　主要有氧化铁，为棕红色。

2. 合成色素　人工合成色素的特点是色泽鲜艳，价格低廉，大多数毒性较大，用量不宜过多。

（1）内服色素　有苋菜红、柠檬黄、靛蓝、亮蓝、胭脂红、日落黄等，通常配成1%的贮备液使用，用量不得超过万分之一。

（2）外用色素　有伊红、品红、美蓝等。

第三节　低分子溶液剂

低分子溶液剂指小分子药物以分子或离子分散在溶剂中制成的均相液体制剂。可供内服或外用。低分子溶液剂为澄明的液体，在溶液中的分散度大，吸收完全而迅速。

一、增加药物溶解度的方法

有些药物的溶解度很小，即使制成饱和溶液也达不到临床治疗所需的浓度，因此，往往需要增大药物的溶解度。增加药物溶解度常用的方法有：

1. 制成可溶性盐　一些难溶性的弱酸、弱碱，成盐可使其溶解度增大。对于弱酸性药物，如含有磺酰胺基、亚胺基、羧基等酸性基团者，常加入碱或有机胺，使其成盐，增加药物溶解度。对于弱碱性药物，如阿托品、东莨菪碱等药物，常加入无机酸或有机酸，与其作用生成盐来增加溶解度。

2. 使用混合溶剂　液体制剂中，经常采用混合溶剂。有些药物在混合溶剂中水溶液的溶解度比在各单纯溶剂中溶解度增大，这种现象称为潜溶，所使用的混合溶剂称为潜溶剂。例如氯霉素在水中的溶解度为0.25%，若将其溶于含有25%的乙醇和55%甘油的混合水溶液，则可使溶解度增大到12.5%。

3. 加入增溶剂　药物在水中因加入表面活性剂而使溶解度增加的现象称为增溶。具有增溶作用的表面活性剂称为增溶剂。药物制剂中常用添加增溶剂的方法增加难溶性药物的溶解度。许多药物，如挥发油、脂溶性维生素、甾体激素、生物碱、抗生素类等均可用此法。

4. 加入助溶剂　由于加入第三种物质而增加难溶性药物溶解度的过程称为助溶。加入的第三种物质称为助溶剂，一般认为，助溶剂能与难溶性药物形成络合物、有机分子复合物或通过复分解形成可溶性盐类等而增加药物溶解度。

常用的助溶剂有：①有机酸及其钠盐，如枸橼酸、水杨酸钠、苯甲酸钠等；②酰胺化合物，如乌拉坦、尿素、乙酰胺、乙二胺等；③一些无机盐，如硼砂、碘化钾、氯化钾等。

碘在水中的溶解度为1∶2950，加入碘化钾可与碘形成可溶性络合物，制成含碘达5%的水溶液；咖啡因在水中的溶解度为1∶50，苯甲酸钠可与咖啡因生成分子复合物，使溶解度增大到1∶1.2；茶碱在水中的溶解度为1∶120，加入乙二胺可形成氨茶碱，溶解度为1∶5。

二、低分子溶液剂常见的类型

（一）溶液剂

溶液剂指药物溶解于溶剂中所形成的澄明液体制剂。溶质一般为不挥发性的化学药物，溶剂多为水，也可用乙醇或油。根据需要还可加入适宜的附加剂。

1. 制法　溶液剂的制法主要有溶解法、稀释法。

（1）**溶解法**　制备过程主要包括药物的称量、溶解、滤过、质量检查、包装等步骤。一般制法为：取处方总量1/2～3/4的溶剂，加入称好的药物，搅拌使其溶解，滤过，并通过滤器加溶剂至全量，搅匀。如使用非水溶剂，容器应干燥，以免混入水而产生浑浊。

（2）**稀释法**　指先将药物制成高浓度溶液或易溶性药物制成贮备液，临用前再用溶剂稀释至所需浓度。制备时应注意浓度换算，挥发性药物稀释过程中应注意避免挥发。

2. 制备溶液剂应注意的问题　①溶解缓慢的药物，可采用粉碎、搅拌、加热等措施促进溶解；②易氧化的药物，宜将溶剂放冷后再用，同时加入抗氧剂；③易挥发或不耐热的药物，应最后加入或放冷至40℃以下加入；④溶解度较小的药物，应先将其溶解后，再加入其他药物使溶解；⑤难溶性药物，可加入适宜的助溶剂或增溶剂使其溶解。

制备实例解析

苯扎溴铵溶液

【处方】	苯扎溴铵	1g
	亚硝酸钠	5g
	碳酸氢钠	0.5g
	纯化水	加至1000ml

【制法】取苯扎溴铵溶于800ml热纯化水中，放冷后加入亚硝酸钠和碳酸氢钠溶解，滤过，自滤器上加纯化水使成1000ml，搅匀。

【用途】消毒防腐药，用于手术器械的消毒。

【处方分析】苯扎溴铵为主药，亚硝酸钠起防锈作用，碳酸氢钠调节pH值，纯化水为溶剂。

【附注】①苯扎溴铵为阳离子型表面活性剂，肥皂等阴离子去污剂能使本品杀菌力减弱；②稀释或溶解时不宜剧烈振摇，以免产生大量气泡；③本品不宜久贮，空气中的微生物能使其混浊、变质、失效。

（二）糖浆剂

糖浆剂指含有药物或芳香物质的浓蔗糖水溶液，供口服应用。糖浆剂中的药物可以是化学药物，也可以是药材提取物。

1. 糖浆剂的特点　糖浆剂含大量蔗糖，具有以下特点：①口感好，便于服用，深受儿童患者欢迎；②含少量葡萄糖和果糖（称为转化糖），具有还原性，能防止药物氧化变质；③高浓度的糖浆剂，渗透压高，微生物的生长繁殖受到抑制；④低浓度的糖浆剂易被微生物污染而变质，应添加防腐剂。

2. 糖浆剂的质量要求 糖浆剂在生产与贮藏期间应符合下列质量要求：①含糖量应不低于45%（g/ml）；②应澄清，在贮存期间不得有发霉、酸败、产生气体或其他变质现象；③含药材提取物的糖浆剂允许含少量轻摇即散的沉淀；④必要时可加入乙醇、甘油和其他多元醇作稳定剂。

3. 糖浆剂的分类 糖浆剂可分为三类。

（1）单糖浆 指纯蔗糖的近饱和水溶液。不含药物，蔗糖浓度为85%（g/ml）或64.7%（g/g），一般作矫味剂、助悬剂、黏合剂等应用。

（2）药物糖浆 指含药物或药材提取物的浓蔗糖水溶液。主要用于治疗疾病，如五味子糖浆、磷酸可待因糖浆、小儿急支糖浆等。

（3）芳香糖浆 指含芳香性物质或果汁的浓蔗糖水溶液。主要用作矫味剂，如橙皮糖浆、姜糖浆等。

4. 糖浆剂的制备方法 主要有以下三种。

（1）热溶法 将蔗糖加入沸水中，加热溶解后，再加入药物溶解、过滤，通过滤器加水至全量，混匀即得。制备时应注意加热过久或超过100℃时，转化糖含量增加，糖浆剂颜色容易变深。此法适用于制备对热稳定的药物糖浆和有色糖浆。

（2）冷溶法 将蔗糖溶于冷水或含药的溶液中制成糖浆剂。冷溶法制成的糖浆剂颜色较浅，适用于对热不稳定或挥发性的药物。但本法生产周期长，制备过程易被微生物污染。

（3）混合法 将含药溶液与单糖浆均匀混合而制成。此法操作简便，质量稳定，应用广泛，但含糖量低，应注意防腐。

5. 糖浆剂制备中应注意的问题 ①水溶性固体药物或药材提取物，可先用少量纯化水使其溶解，再与单糖浆混合；②水中溶解度较小的药物可酌加少量其他适宜的溶剂使之溶解，再与单糖浆混合；③药物的液体制剂和可溶性液体药物可直接加入单糖浆中搅匀，必要时滤过；④药物如为含醇制剂，与单糖浆混合时易发生混浊，可加入适量甘油等助溶；⑤药物如为水性浸出药剂，应将其纯化后，再加入单糖浆中。

制备实例解析

磷酸可待因糖浆

【处方】 磷酸可待因　　　5g

　　　　 纯化水　　　　　15ml

　　　　 单糖浆　　　　　加至1000ml

【制法】取磷酸可待因溶于纯化水中，加单糖浆至全量，即得。

【用途】镇咳药，用于剧烈咳嗽。

【附注】本品可致依赖性，不宜持续服用。小儿和老年人对本品异常敏感，可致呼吸抑制，应减量慎用。

（三）甘油剂

甘油剂指药物的甘油溶液，专供外用。甘油具有黏稠性、防腐性和稀释性，对皮肤、黏膜有滋润和保护作用。常用于口腔、鼻腔、耳道与咽喉等患处。甘油剂的引湿性较大，故应密闭保存。

制备实例解析

苯 酚 甘 油

【处方】 苯酚　　　　　20g
　　　　　甘油　　　　　加至1000g

【制法】 取苯酚，加适量甘油，搅拌溶解（必要时置水浴上加热溶解），再加甘油至全量，搅匀。

【用途】 用于扁桃体炎、溃疡性口腔炎及未穿孔的外耳道炎。

【附注】 ①苯酚刺激性、腐蚀性强，甘油可缓和其刺激性；②本品稀释时需用甘油作稀释剂，不可用水，以免增加刺激性。

（四）芳香水剂

芳香水剂指芳香挥发性药物的饱和或近饱和水溶液，也称为露剂。用乙醇与水的混合溶剂制成的含大量挥发油的溶液，称为浓芳香水剂。芳香挥发性药物多为挥发油。芳香水剂的浓度一般都很低，可作矫味剂。大多芳香水剂易分解、霉败和变质，不宜大量配制和久贮。

制备实例解析

薄 荷 水

【处方】 薄荷油　　　　20ml
　　　　　纯化水　　　　加至1000ml

【制法】 取薄荷油，加精制滑石粉15g，在乳钵中研匀，移至细口瓶中，加入纯化水，振摇10分钟，滤过至澄明，自滤器上添加纯化水使成1000ml。

【用途】 用于祛风、矫味等。

【附注】 薄荷油在水中的溶解度仅为0.05%，滑石粉为薄荷油的分散剂，可加速其溶解。

（五）醋剂

醋剂指挥发性药物的浓乙醇溶液，可供外用或内服。凡用于制备芳香水剂的药物一般都可以制成醋剂。醋剂中的药物浓度一般为5%～10%，乙醇的浓度一般为60%～90%。醋剂中的挥发油易氧化、挥发，不宜长期贮藏。

制备实例解析

樟　脑　醑

【处方】樟脑　　　　100g

乙醇　　　　加至 1000ml

【制法】取樟脑加乙醇约 800ml 溶解后、滤过，再自滤器上添加乙醇使成 1000ml，混匀。

【用途】为皮肤刺激药。用于肌肉痛、关节痛、神经痛及皮肤瘙痒。

【附注】①本品为无色澄明液体，有特异芳香，味苦而辛，有清凉感。含醇量为 80%~87%；②本品遇水易析出结晶，所用器材及包装均应干燥。

第四节　高分子溶液剂

高分子溶液剂指高分子化合物溶解于溶剂中制成的均相液体制剂。以水为溶剂时，称亲水性高分子溶液剂，又称为亲水胶体溶液或胶浆剂。以非水溶剂制成的高分子溶液称为非水性高分子溶液剂。

一、高分子溶液的一般性质

1. 带电性　高分子化合物在溶液中因解离而带有电荷。有些带正电，如琼脂、血红蛋白、碱性染料等；有些带负电，如淀粉、阿拉伯胶、酸性染料等；还有一些高分子化合物所带电荷受溶液 pH 值的影响，如蛋白质溶液，pH 值在等电点以上带负电荷，等电点以下带正电荷，等电点时不带电。

2. 渗透压高　高分子溶液一般具有较高的渗透压。渗透压的大小与高分子溶液的浓度有关，浓度越大，渗透压越高。

3. 黏稠性　高分子溶液是黏稠性流动液体，其黏度与分子量有关。

4. 胶凝性　一些亲水性高分子溶液如明胶水溶液、琼脂水溶液，在温热条件下为黏稠性流动液体，当温度降低时，呈线状分散的高分子形成网状结构，水被全部包裹在网状结构中，形成不流动的半固体，称为凝胶，形成凝胶的过程为胶凝。凝胶失去网状结构中的水分子时，体积缩小，形成干燥固体，称干胶。如软胶囊的囊壳即为凝胶，硬胶囊壳则是干胶。

二、高分子溶液的稳定性

1. 高分子溶液的稳定性　高分子溶液属于热力学稳定体系，其稳定性主要是由高分子化合物的水化作用和荷电性两方面决定的。高分子化合物含大量的亲水基，能与水形成牢固的水化膜，阻碍高分子化合物之间相互凝聚，这是其稳定的主要原因。另外，高分子化合物带有电荷，相同电荷的排斥作用也可增加其稳定性。

2. 影响高分子溶液稳定性的因素　凡能破坏水化膜或中和电荷的因素，均能影响高分子溶液的稳定性，使其聚结沉淀。影响高分子溶液稳定性的因素主要有：

（1）盐析作用　高分子溶液中加入大量电解质时，由于电解质强烈的水化作用可使高分子聚结而沉淀。

（2）脱水作用　高分子溶液中加入大量脱水剂如乙醇、丙酮等时，脱水剂能破坏水化膜而使其聚结沉淀。

（3）凝聚作用　带相反电荷的两种高分子溶液混合时，由于所带的相反电荷中和会导致高分子聚结沉淀。

（4）陈化现象　指高分子溶液放置过程中自发凝结而沉淀的现象。

（5）其他作用　如 pH 值、光、热、射线、絮凝剂等的影响，也可能使高分子聚结沉淀。

三、高分子溶液的制备

高分子溶液的制备多采用溶解法。高分子化合物溶解首先要经过溶胀过程，溶胀过程分为有限溶胀和无限溶胀。有限溶胀指水分子渗入到高分子化合物分子间的空隙中，与高分子中的亲水基团发生水化作用而使其体积膨胀。无限溶胀指由于有限溶胀过程高分子空隙间充满了水分子，降低了高分子间的作用力，溶胀过程继续进行，最后高分子化合物完全分散在水中而形成高分子溶液。

形成高分子溶液的过程也称胶溶，胶溶过程的快慢取决于高分子的性质及制备工艺条件。例如制备明胶溶液时，将明胶碎成小块，放于水中浸泡 3 ~ 4 小时，使其吸水膨胀，这是有限溶胀过程，然后加热并搅拌使其形成明胶溶液，这是无限溶胀过程。甲基纤维素可直接溶于冷水中。淀粉遇水立即膨胀，但无限溶胀过程必须加热至 60℃ ~ 70℃才能制成淀粉浆。

制备实例解析

胃蛋白酶合剂

【处方】
含糖胃蛋白酶	20g	稀盐酸	20ml
橙皮酊	20ml	单糖浆	100ml
5%羟苯乙酯溶液	10ml	纯化水	加至1000ml

【制法】取约 800ml 纯化水加稀盐酸、单糖浆搅匀，缓缓加入橙皮酊、5%羟苯乙酯溶液，将含糖胃蛋白酶分次撒在液面上，使其自然膨胀溶解。加纯化水使成1000ml，轻轻混匀。

【用途】助消化药。主要用于消化蛋白质。

【处方分析】含糖胃蛋白酶为主药，稀盐酸为 pH 调节剂，橙皮酊、单糖浆为矫味剂，5%羟苯乙酯溶液为防腐剂，纯化水为溶剂。

【附注】①配制时稀盐酸先用水稀释，盐酸浓度过高，易使胃蛋白酶失活；②配制过程不得用热水，也不宜剧烈搅拌，以免影响胃蛋白酶的活力；③本品不宜滤过，因为润湿的滤纸易吸附胃蛋白酶，如必须滤过，滤材需先用相同浓度的稀盐酸润湿，饱和表面电荷，消除影响。

第五节　溶胶剂

溶胶剂指固体药物以微细粒子分散在水中形成的非均相液体药剂，又称疏水胶体溶液。溶胶剂分散相的微细粒子也称为胶粒，是多分子的聚集体，大小一般在 1～100nm 之间。

一、溶胶剂的一般性质

1. 光学性质　当强光线通过溶胶剂时从侧面可见到圆锥形光束，称为丁铎尔效应。这是由于胶粒粒度小于自然光波长引起光散射所致。溶胶剂的浑浊程度用浊度表示，浊度愈大表明散射作用愈强。

2. 电学性质　溶胶剂中固体微粒由于自身解离或吸附溶液中某种离子而带有电荷，有的荷正电，有的荷负电。

知识链接

溶胶的双电层结构

胶粒表面的带电离子会吸引溶液中的一部分反粒子，带电离子及其吸引的一部分反离子在胶粒表面形成一层带电层，称为吸附层；另一部分反离子扩散到溶液中，形成了另一层与吸附层电荷相反的带电层，称为扩散层。吸附层和扩散层构成了溶胶的双电层结构。双电层之间的电位差称为 ζ 电位。

3. 动力学性质　溶胶剂中的胶粒在分散介质中有不规则的运动，称为布朗运动。胶粒越小，运动速度越快。布朗运动越强烈，越能克服重力而不下沉。

二、溶胶剂的稳定性

溶胶剂属于热力学不稳定体系，主要表现为聚结不稳定性。溶胶表面带有电荷所产生的静电斥力能防止胶粒聚结而增加稳定性，此外，由于胶粒荷电所形成的水化膜也能防止胶粒发生聚结。

影响溶胶稳定性的因素有：①将带相反电荷的溶胶或电解质加入到溶胶剂中，由于电荷被中和，同时减少了水化层，易使胶粒合并聚集而沉淀；②溶胶剂中加入亲水性高分子溶液达到一定浓度时，可使溶胶剂具有亲水胶体的性质而增加其稳定性，这种胶体称为保护胶体。

三、溶胶剂的制备

（一）分散法

1. 机械分散法　常用的设备是胶体磨，将药物、分散介质及稳定剂加入胶体磨中，通过高速旋转将药物粉碎到胶体的粒子范围。

2. 超声分散法 指利用超声波所产生的能量使粗粒子粉碎成胶体粒子的方法。

3. 胶溶法 是一种使新生的粗分散粒子重新分散的方法。

（二）凝聚法

1. 化学凝聚法 借助于氧化、还原、水解、复分解等化学反应制备溶胶的方法。

2. 物理凝聚法 通过改变分散介质的性质，使溶解的药物凝聚成溶胶的方法。

第六节 混悬剂

一、概述

混悬剂指难溶性固体药物以微粒状态分散于分散介质中形成的非均相液体药剂。混悬剂分散相微粒大小一般在 $0.5 \sim 10\mu m$ 之间，但小者可到 $0.1\mu m$，大者可到 $50\mu m$ 或更大。分散介质多用水，也可用植物油。

知识链接

干混悬剂

《中国药典》2010 年版二部收载有干混悬剂，干混悬剂指按混悬剂的要求将药物用适宜的方法制成粉末状或颗粒状制剂，使用时加水振摇可迅速分散成混悬剂。药物制成干混悬剂可增加稳定性，且便于包装、贮存、携带与运输。

1. 混悬剂的适用范围 ①难溶性药物需制成液体剂型应用、药物的剂量超过了溶解度而不能制成溶液、两种药物混合时溶解度降低析出固体药物等情况，可考虑制成混悬剂；②制成混悬剂，使药物产生长效作用；③毒性药物或剂量小的药物不宜制成混悬剂。

2. 混悬剂的质量要求 混悬剂属于粗分散体系，应符合以下质量要求：①药物本身的化学性质稳定，使用或贮藏期间含量符合要求；②颗粒细腻均匀，大小符合剂型要求；③微粒沉降缓慢，沉降后不结块，经振摇易均匀分散；④有一定的黏稠度，且符合要求。⑤标签上应注明"用前摇匀"。

二、混悬剂的稳定性

混悬剂是热力学不稳定体系，也是动力学不稳定体系。放置过程中容易发生沉降与聚结。混悬剂的稳定性主要与下列因素有关。

（一）混悬微粒的沉降速度

1. Stokes 定律 混悬剂中的微粒受重力作用，静置时会发生沉降，其沉降速度符

合 Stokes 定律:

$$V = \frac{2r^2 (\rho_1 - \rho_2) g}{9\eta}$$

式中，V 为微粒的沉降速度，r 为微粒半径，ρ_1 和 ρ_2 分别为微粒和分散介质的密度，g 为重力加速度，η 为分散介质的黏度。

2. 减缓混悬微粒沉降的方法　由 Stokes 定律可见，微粒的沉降速度与微粒半径的平方、微粒与分散介质的密度差成正比，与分散介质的黏度成反比。

因此，减缓微粒沉降，增加混悬剂稳定性的方法主要有：①减小微粒半径；②加入高分子助悬剂，助悬剂能增加分散介质的黏度、减小微粒与分散介质的密度差，同时混悬微粒吸附助悬剂分子还可以增加其亲水性。

(二) 混悬微粒的润湿

混悬微粒能否润湿与药物本身的亲水性关系极大。亲水性药物易被水润湿，能均匀分散，制成较稳定的混悬剂。疏水性药物则不易被水润湿，较难分散。加入润湿剂可改善疏水性药物的润湿性，增加混悬剂的稳定性。

(三) 混悬微粒的荷电与水化

混悬剂中的微粒与胶体微粒相似，带有电荷，具双电层结构，产生 ζ 电位。由于微粒表面带电，水分子可在微粒周围形成水化膜，这种水化作用随双电层的厚薄而改变。微粒所带电荷的排斥作用与水化膜的存在，阻止了微粒间的聚结，增加了混悬剂的稳定性。

(四) 絮凝与反絮凝

向混悬剂中加入适量的电解质，能使 ζ 电位降低，减小微粒间的排斥力。当 ζ 电位降低到一定程度时，混悬剂中的微粒可形成疏松的絮状聚集体，使混悬剂处于稳定状态。混悬微粒形成疏松絮状聚集体的过程称为絮凝，加入的电解质称为絮凝剂。为了得到稳定的混悬剂，一般应控制 ζ 电位在 20 ~ 25mV，使其恰好能产生絮凝作用。絮凝状态下混悬微粒沉降速度虽快，但沉降体积大、沉降物不结块，振摇可迅速恢复均匀。

向絮凝状态的混悬剂中加入电解质，可使絮凝状态变为非絮凝状态，这一过程称为反絮凝，加入的电解质称为反絮凝剂。反絮凝剂可增加混悬剂的流动性，使之易于倾倒。

(五) 微粒的增长

药物制成混悬剂，微粒大小往往不一致。当药物处于微粉状态时，小粒子的溶解度大于大粒子的溶解度，小粒子逐渐溶解变得越来越小，结果导致小粒子数目不断减少，大粒子不断长大，称为微粒的增长现象。微粒的增长会使沉降速度加快、混悬剂的稳定性降低。因此，制备混悬剂时，应尽可能使粒子大小一致，必要的时候加入抑制剂阻止结晶的溶解和生长，保持混悬剂的稳定性。

（六）分散相的浓度和温度

混悬液中分散相的浓度增加，使微粒碰撞机会增多，易结合而沉淀，使混悬剂的稳定性降低。温度对混悬剂的稳定性影响也很大，温度变化可影响药物的溶解度，还能改变微粒的沉降速度、絮凝速度、沉降容积等，从而改变混悬剂的稳定性。冷冻可破坏混悬剂的网状结构，也使稳定性降低。

三、混悬剂的稳定剂

为了增加混悬剂的物理稳定性，制备时常加入能使混悬剂稳定的附加剂称为稳定剂，混悬剂常用的稳定剂主要有以下三类。

（一）润湿剂

润湿剂的主要作用是增加疏水性药物的润湿性，提高其分散效果。最常用的润湿剂是一些表面活性剂，如肥皂、月桂醇硫酸钠、聚山梨酯类等，有很好的润湿效果。此外，甘油、乙醇也有一定的润湿作用。

（二）助悬剂

助悬剂的主要作用是增加混悬液中分散介质的黏度，降低微粒的沉降速度，同时可被吸附在微粒表面，增加其亲水性，从而增加混悬液的稳定性。常用的助悬剂有：

1. 低分子助悬剂　如甘油、糖浆等。内服混悬剂多选用糖浆，兼有矫味作用；外用混悬剂常使用甘油。

2. 高分子助悬剂

（1）天然的高分子物质　常用的有阿拉伯胶、西黄蓍胶、琼脂、海藻酸钠、淀粉浆等。

（2）半合成或合成的高分子物质　如甲基纤维素、羧甲基纤维素钠、羟丙基甲基纤维素、聚维酮、葡聚糖、卡波普等。此类助悬剂大多数性质稳定，受 pH 值影响小。

3. 硅皂土　分散于水中能吸收大量水形成高黏度的液体，并具有触变性。

4. 触变胶　触变胶指有些胶体溶液在一定温度下，静置时形成凝胶，振摇后又变为可流动的溶胶，胶体的这种性质也称为触变性。利用触变胶的触变性，形成凝胶可防止微粒沉降，变为溶胶又有利于倒出，可增加混悬液的稳定性。如 2% 单硬脂酸铝在植物油中可形成触变胶。

（三）絮凝剂和反絮凝剂

絮凝剂的作用是降低 ζ 电位，使混悬微粒形成絮凝状态，反絮凝剂的作用是升高 ζ 电位，防止微粒发生絮凝。絮凝剂与反絮凝剂均为电解质，常用的有枸橼酸盐、酒石酸盐和磷酸盐等。

四、混悬剂的制备

制备混悬剂时应考虑使混悬微粒尽可能分散均匀，降低微粒的沉降速度，使混悬剂稳定。其制备方法有分散法和凝聚法。

（一）分散法

分散法是将粗颗粒先粉碎成符合混悬剂粒度要求的微粒，再将其分散于分散介质中的方法。小剂量制备可用乳钵研磨，大量生产时多用乳匀机、胶体磨等。采用分散法制备混悬剂时，对于不同的药物应采用不同的分散方法。

1. 亲水性药物 如氧化锌、炉甘石等，可采用加液研磨法。一般先将药物粉碎到一定细度，直接加入处方中的液体适量（一般为 1 份药物加 0.4 ~ 0.6 份液体），研磨至适宜分散度后，加入处方中其余的液体至全量，研匀。

2. 疏水性药物 如硫黄等，不易被水润湿，必须先加入一定量的润湿剂与药物研匀后，再加液体研磨混合均匀。

3. 质重、硬度大的药物 可采用"水飞法"制备，"水飞法"具体操作见第二章第五节。

（二）凝聚法

1. 化学凝聚法 利用化学反应使两种药物反应生成不溶解的药物微粒，再混悬于分散介质中制成混悬剂的一种方法。化学反应在稀溶液中进行，急速搅拌可使制得的微粒细小均匀。如胃肠道透视用的钡餐就是用此法制备的。

2. 物理凝聚法 指将药物溶液，用物理方法使其在分散介质中凝聚成混悬液的方法，也称微粒结晶法。一般将药物制成热饱和溶液，在搅拌下加到另一种不同性质的冷溶剂中，使之快速结晶，可以得到 10μm 以下的微粒，再将微粒分散于适宜介质中制成混悬剂。如醋酸可的松滴眼剂就是用此法制备的。

制备实例解析

炉甘石洗剂

【处方】	炉甘石	150g	羧甲基纤维素钠	2.5g
	氧化锌	50g	纯化水	适量
	甘油	50ml	共制 1000ml。	

【制法】 取炉甘石与氧化锌粉碎、过筛后，加甘油及适量纯化水研成糊状。另取羧甲基纤维素钠加纯化水溶解后，分次加入上述糊状液中，随加随研。最后加纯化水至全量，搅匀，即得。

【用途】 用于急性瘙痒性皮肤病，如湿疹和痱子。

【处方分析】 炉甘石和氧化锌是主药，甘油具有润湿和助悬作用，羧甲基纤维素钠为助悬剂，纯化水为分散介质。

【附注】①炉甘石、氧化锌微粒在水中均带负电荷，相互排斥，可加入少量三氯化铝为絮凝剂或加枸橼酸钠作反絮凝剂以增加其稳定性；②炉甘石中常含少量氧化铁，故本制剂为淡红色；③氧化锌有轻质和重质两种，宜用轻质。

五、混悬剂的质量评价

1. 微粒大小 测定混悬微粒的大小、分布情况是混悬剂质量评价的重要指标。多采用显微镜法、库尔特计数法、筛分法等进行测定。

2. 沉降体积比 沉降体积比是指沉降物的体积与沉降前混悬剂的体积之比。

沉降体积比的检查法方法为：用具塞量筒取供试品 50ml，密塞，用力振摇 1 分钟，记下混悬物的开始高度 H_0，静置 3 小时，记下混悬物的最终高度 H，按下式计算：

$$沉降体积比（F）=\frac{H}{H_0}$$

F 值在 0~1 之间，F 值愈大混悬剂愈稳定。《中国药典》2010 年版规定，口服混悬剂（包括干混悬剂）沉降体积比应不低于 0.90。

3. 絮凝度 絮凝度是比较混悬剂絮凝程度的重要参数，用以评价絮凝剂的效果，预测混悬剂的稳定性。絮凝度用下式表示：

$$絮凝度（\beta）=\frac{F}{F_\infty}=\frac{H/H_0}{H_\infty/H_0}=\frac{H}{H_\infty}$$

式中 F 为絮凝混悬剂的沉降体积比，F_∞ 为去絮凝混悬剂的沉降体积比，絮凝度 β 表示由絮凝作用所引起的沉降体积增加的倍数。β 值愈大，絮凝效果愈好，混悬剂稳定性越好。

4. 重新分散试验 重新分散试验方法为：将混悬剂置于带塞的 100ml 量筒中，密塞，放置沉降，然后以 20r/min 的转速转动，经一定时间旋转后，量筒底部的沉降物应重新均匀分散。重新分散所需旋转的次数愈少，表明混悬剂再分散性能越好。

第七节 乳 剂

一、概述

乳剂指互不相溶的两种液体混合，其中一种以小液滴状态分散于另一种液体中形成的非均相液体制剂。其中以液滴状态分散的液体称为分散相、内相或不连续相，另一种液体称为分散介质、外相或连续相。一般分散相（即液滴）直径在 0.1~100μm 范围内。

1. 乳剂的类型 乳剂可分为水包油型（O/W）和油包水型（W/O）两种类型。如图 4-2，水包油型乳剂是油以小液滴分散到水中，油为内相，水为外相；油包水型乳剂是水以小液滴分散到油中，水为内相，油为外相。鉴别乳剂类型常用的方法见表4-6。

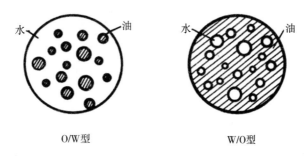

图 4 - 2　乳剂类型示意图

表 4 - 6　O/W 型乳剂和 W/O 型乳剂的鉴别方法

鉴别方法	O/W 型	W/O 型
外观	乳白色	与油颜色近似
稀释法	可被水稀释	可被油稀释
导电法	导电	几乎不导电
水溶性染料	外相染色	内相染色
油溶性染料	内相染色	外相染色

知识链接

乳剂的其他分类方法

1. 根据乳滴的大小分类　乳剂可分为三种：①普通乳，液滴大小在 1 ~ 100μm 之间，外观为乳白色不透明状液体；②亚微乳，液滴大小在 0.1 ~ 1.0μm 之间，常作为胃肠外给药的载体，静脉注射乳剂应为亚微乳，粒径控制在 0.25 ~ 0.4μm 之间；③微乳，又称纳米乳，液滴小于 0.1μm，外观为半透明或透明状液体。

2. 根据乳化次数分类　乳剂可分为两种：①一级乳，也称简单乳，指油、水经一次乳化而成的 O/W 型或 W/O 型的乳剂；②二级乳，又称多重乳或复合乳，简称复乳，指以简单乳剂为分散相进一步分散在油或水的连续相中经过二次乳化形成的乳剂，用 W/O/W 型 或 O/W/O 型表示。

2. 乳剂的特点　乳剂可供内服、外用或注射，主要特点有：①乳剂分散度大，药物吸收迅速，起效快，可提高生物利用度；②油性药物制成乳剂使用方便，剂量准确；③水包油型乳剂可掩盖药物的不良臭味，易于服用；④外用乳剂能改善药物对皮肤、黏膜的渗透性，减少刺激性；⑤静脉注射乳剂在体内分布快、药效高、有一定的靶向性。

二、乳化剂

乳剂由水相、油相和乳化剂组成，三者缺一不可。乳化剂对乳剂的形成、稳定及药效发挥等方面起重要作用。

（一）乳化剂的作用

1. 降低液体的表面张力 乳化剂可有效降低表面张力，有利于形成乳滴，减少乳化所需能量，使乳剂易于制备。

2. 形成牢固的乳化膜 乳化剂能吸附在油水界面，在乳滴周围形成牢固的乳化膜，防止乳滴合并，使乳剂稳定。

3. 影响乳剂的类型 影响乳剂类型的因素很多，最主要的是乳化剂的性质和 HLB 值。一般而言，亲水性强的乳化剂易于形成 O/W 型的乳剂，亲油性强的乳化剂易于形成 W/O 型乳剂。

（二）乳化剂的种类

1. 天然乳化剂 这类乳化剂大多为高分子化合物，其亲水性较强，可制成 O/W 型乳剂。且在水中的黏度比较大，能增加乳剂的稳定性。常用的天然乳化剂有：

（1）阿拉伯胶 可供内服，多用于制备挥发油、植物油的乳剂。其乳化能力较弱，制成的乳剂易分层，所以宜与西黄蓍胶、琼脂等合用，常用浓度为 10% ~ 15%。

（2）西黄蓍胶 水溶液黏度较高，pH 值为 5 时黏度最大，其乳化能力较差，多与阿拉伯胶合用。

（3）磷脂 乳化能力强，可供内服、外用或注射，一般用量为 1% ~ 3%。

（4）其他天然乳化剂 常用的天然乳化剂还有杏树胶、白及胶、琼脂、海藻酸钠、果胶、桃胶、胆固醇等。

2. 表面活性剂 这类乳化剂乳化能力强，性质稳定，混合使用效果更好。常用阴离子型表面活性剂和非离子型表面活性剂。

（1）阴离子型表面活性剂 常用一价金属皂（O/W 型）、二价金属皂（W/O 型）、有机胺皂（O/W 型）及十二烷基硫酸钠（O/W 型）等。

（2）非离子型表面活性剂 常用聚山梨酯类（O/W 型）、脂肪酸山梨坦类（W/O 型）及泊洛沙姆等。

3. 固体微粒乳化剂 为不溶性细微的固体粉末。其中氢氧化镁、氢氧化铝、皂土、二氧化硅、白陶土等能被水更多润湿，可用于制备 O/W 型乳剂；氢氧化钙、氢氧化锌、硬脂酸镁等能被油更多润湿，可用于制备 W/O 型乳剂。

4. 辅助乳化剂 其乳化能力一般很小甚至没有，但能提高乳剂的黏度，并增强乳化膜的强度，与乳化剂合并使用能增加乳剂的稳定性。常用来增加水相黏度的辅助乳化剂有甲基纤维素、羧甲基纤维素钠、海藻酸钠、西黄蓍胶、阿拉伯胶等；常用来增加油相黏度的辅助乳化剂有蜂蜡、鲸蜡醇、硬脂酸等。

（三）乳化剂的选择

乳化剂的种类很多，其选择应综合考虑药物的性质、处方的组成、乳剂的类型与使用目的、乳化方法等多种因素。

1. 根据乳剂的类型选择 O/W 型乳剂应选择 O/W 型乳化剂，HLB 值在 8~16 之间；W/O 型乳剂则应选择 W/O 型乳化剂，HLB 值在 3~8 之间。

2. 根据乳剂的给药途径选择 主要应考虑乳化剂的毒性、刺激性等。口服乳剂应选择无毒性的天然乳化剂或某些亲水性非离子型表面活性剂；外用乳剂应选择对皮肤无刺激性、长期使用无毒性的乳化剂；注射用乳剂则应选择磷脂、泊洛沙姆等乳化剂。

3. 根据乳化剂的性能选择 应选择乳化能力强、性质稳定、受外界因素影响小、无毒、无刺激性的乳化剂。

4. 混合乳化剂的选择 将乳化剂混合使用，可改变其 HLB 值，使乳化剂的适应性增大；还可形成更为牢固的乳化膜，增加乳剂的黏度，增加乳剂的稳定性。一般而言，非离子型乳化剂可混合使用，非离子型乳化剂可与离子型乳化剂混合使用，但阴离子型乳化剂和阳离子型乳化剂不能混合使用。

三、乳剂的稳定性

乳剂属于热力学不稳定体系，其不稳定现象主要表现在以下几方面。

1. 分层 又称乳析，指乳剂放置过程中出现分散相粒子上浮或下沉的现象。分层主要是由分散相与分散介质之间的密度差造成的。分层是可逆的，分层后的乳剂经过振摇能很快均匀分散，但分层后的乳剂外观较粗糙，容易引起絮凝甚至破坏。一般可通过减小乳滴的粒径、增加分散介质的黏度等方法降低分层速度。

2. 絮凝 指乳剂中分散相液滴发生可逆的聚集现象。发生絮凝的主要原因是电解质和离子型乳化剂的存在，使乳滴表面电荷减少，ζ 电位降低，乳滴聚集而絮凝。絮凝作用有利于乳剂的稳定。但絮凝状态进一步变化会引起乳滴的合并。

3. 转相 也称转型，指由于某些条件变化而使乳剂的类型改变。如乳剂由 O/W 型转为 W/O 型，或由 W/O 型转为 O/W 型。转相的原因主要有：①乳化剂类型的改变；②向乳剂中加入相反类型的乳化剂；③相体积比发生很大变化。

4. 合并与破裂 合并指乳剂中乳滴周围的乳化膜被破坏而导致液滴变大的现象，合并的乳剂进一步分为油、水两相称为破裂。合并与破裂都是不可逆的。乳滴大小不均匀、选用的乳化剂不当等可导致乳剂合并与破裂。此外，引起乳剂合并与破裂的原因还有很多，如过冷或过热、添加两相都能溶解的溶剂以及电解质、离心力、微生物等。

5. 酸败 指乳剂在放置过程中，受外界因素（光、热、空气等）及微生物的作用，使乳剂中的油或乳化剂发生变质的现象。添加抗氧剂或防腐剂可防止乳剂酸败。

四、乳剂的制备

（一）乳剂的制备方法

1. 干胶法 又称油中乳化剂法，制备时，先将乳化剂分散于油中混匀后，加入一定量的水研磨制成初乳，再逐渐加水稀释至全量。本法适用于乳化剂为粉末状的胶，通常为阿拉伯胶或阿拉伯胶与西黄蓍胶的混合胶。

干胶法制备乳剂时应注意：①制初乳时，油、水、胶有一定的比例，若用植物油比例为 4∶2∶1，若用挥发油比例为 2∶2∶1，若用液体石蜡比例为 3∶2∶1；②制备初乳时，油、水、胶三者混合后应快速沿同一方向、不间断研磨至初乳形成；③使用的乳钵等器具必须进行干燥。

2. 湿胶法 又称水中乳化剂法。制备时，先将乳化剂分散于水中，制成胶浆为水相，油相分次加入水相中，研磨制成初乳，再加水稀释至全量。本法适于制备比较黏稠的树脂类药物的乳剂。

3. 两相交替加入法 将水和油分次少量交替加入乳化剂中，边加边搅拌，即可形成乳剂。天然胶类、固体微粒作乳化剂时可用此法制备乳剂。

4. 新生皂法 指油水两相混合时，在两相交界面上新生成的皂类作乳化剂来制备乳剂的方法。例如，植物油中含有硬脂酸、油酸等有机酸，与含氢氧化钠、氢氧化钙、三乙醇胺等碱的水相，在 70℃ 以上会发生皂化反应，生成的皂类作乳化剂，经搅拌、振摇等混合均匀可制成乳剂。

5. 机械法 指将油相、水相、乳化剂混合后，用乳化机械制备乳剂的方法。机械法可借助机械提供的强大能量，不必考虑各成分的加入顺序。常用的乳化机械有胶体磨、乳匀机、超声波乳化装置等。

（二）乳剂中药物的加入方法

乳剂制备时添加药物常用的方法有：①脂溶性药物，先将药物溶于油相再制成乳剂；②水溶性药物，先将药物溶于水相再制成乳剂；③油水均不溶的药物，可用亲和性大的液体研磨，再制成乳剂，或将药物用已制好的乳剂研磨，使药物混悬于其中。

制备实例解析

鱼肝油乳剂

【处方】

鱼肝油	500ml	阿拉伯胶	125g
西黄蓍胶	7g	糖精钠	0.1g
挥发杏仁油	1ml	尼泊金乙酯	0.5g
纯化水	加至1000ml		

【制法】将阿拉伯胶与鱼肝油研匀，一次加入纯化水 250ml，研磨制成初乳，加入糖精钠水溶液、挥发杏仁油、尼泊金乙酯醇溶液，研匀，再缓缓加入西黄蓍胶浆，加纯化水至全量，混匀即得。

【用途】用于维生素 A、D 缺乏症的治疗。

【处方分析】鱼肝油为主药、油相，阿拉伯胶与西黄蓍胶为乳化剂，糖精钠、挥发杏仁油为矫味剂，尼泊金乙酯为防腐剂，纯化水为水相。

【附注】①本品为 O/W 型乳剂；②用机械法制备本品，液滴细小均匀、稳定性好。

第八节　按给药途径和应用方法分类的液体药剂

一、合剂

合剂指以水为溶剂含一种或一种以上药物的内服液体药剂。合剂的溶剂主要是水，有时为了溶解药物可加少量乙醇；药物可以是化学药物，也可以是中药材提取物。常用的合剂有复方甘草合剂、小儿止咳合剂等。

二、洗剂、冲洗剂

洗剂指含药物的溶液、乳状液、混悬液，供清洗或涂抹无破损皮肤用的液体制剂。分散相多为水和乙醇。应用时轻轻涂于皮肤患处或用纱布蘸取敷于皮肤上应用。一般有清洁、消毒、消炎、止痒、收敛及保护等局部作用。常用的洗剂有水杨酸升汞洗剂、复方硫黄洗剂等。

冲洗剂指用于冲洗开放性伤口或腔体的无菌溶液。通常冲洗剂应调节至等渗。

三、搽剂

搽剂指药物用乙醇、油或适宜的溶剂制成的溶液、乳状液或混悬液，供无破损皮肤揉擦用的液体制剂。搽剂具有镇痛、收敛、保护、消炎、杀菌、抗刺激等作用。凡起镇痛、抗刺激作用的搽剂多用乙醇为溶剂，使用时用力揉搓，可增加药物的穿透性。凡起保护作用的搽剂多用油、液体石蜡为溶剂，搽用时有润滑作用，无刺激性。搽剂也可涂于敷料上贴于患处。

四、滴耳剂

滴耳剂指由药物与适宜辅料制成的水溶液，或由甘油或其他适宜溶剂和分散介质制成的澄明溶液、混悬液或乳状液，供滴入外耳道用的液体制剂。有消毒、止痒、收敛、消炎及润滑作用。溶剂多用水、乙醇和甘油等。以乙醇为溶剂的溶液，穿透性及杀菌作用较强，但有刺激性，用于鼓膜穿孔时，常能引起疼痛。以甘油为溶剂的制剂，作用缓和，药效持久，并有吸湿性，但穿透性较差，且易使患处堵塞。常用的滴耳剂有氯霉素滴耳液、水杨酸滴耳液、碳酸氢钠滴耳液等。

五、滴鼻剂

滴鼻剂指由药物与适宜辅料制成的澄明溶液、混悬液或乳状液，供滴入鼻腔用的鼻用液体制剂。多以水、丙二醇、液体石蜡、植物油为溶剂。主要供局部消毒、消炎、收缩血管和麻醉之用。常用的滴鼻剂有盐酸麻黄碱滴鼻剂等。

六、滴牙剂

滴牙剂指用于局部牙孔的液体制剂。其特点是药物浓度大，往往不用溶剂或仅用少量的溶剂稀释。因其刺激性和毒性较大，应用时不能接触黏膜。滴牙剂一般不发给病人，由医护人员直接用于牙病的治疗。如牙痛水。

七、含漱剂

含漱剂指用于咽喉、口腔清洗的液体制剂。具有清洗、防腐、去臭、杀菌、消毒、收敛等作用。多为水溶液，也有含少量乙醇及甘油的溶液。含漱剂常加适量着色剂，表示外用漱口不可咽下。含漱剂要求微碱性，有利于除去微酸性分泌物和溶解黏液蛋白。如复方硼酸钠溶液。

八、涂剂、涂膜剂

涂剂指含药物的水性或油性溶液、乳状液、混悬液，供临用前用消毒纱布或棉球等蘸取或涂于皮肤或口腔与咽喉黏膜的液体制剂。溶剂多用甘油，甘油可使药物滞留于局部，并且有滋润作用，对喉头炎、扁桃体炎等均能起辅助治疗作用。如复方碘涂剂。

涂膜剂指药物溶解或分散于含成膜材料的溶剂中，涂搽患处后形成薄膜的外用液体制剂。

九、灌肠剂

灌肠剂指灌注于直肠的水性、油性溶液或混悬液，以治疗、诊断或营养为目的的液体制剂。根据其用药目的分为泻下灌肠剂、含药灌肠剂、营养灌肠剂三类。泻下灌肠剂常用的有生理盐水、5%软皂溶液、1%碳酸氢钠溶液、50%甘油溶液等；含药灌肠剂常用的有0.1%醋酸、0.1%~0.5%鞣酸、2%小檗碱等；营养灌肠剂常用的有5%葡萄糖溶液、鱼肝油及蛋白质等液体药剂。

十、灌洗剂

灌洗剂主要是指灌洗阴道、尿道的液体药剂。当药物或食物中毒初期，洗胃用的液体药剂亦属灌洗剂。灌洗剂多为药物的低浓度水溶液，具有防腐、收敛、清洁等作用。其主要用于黏膜部位的清洗或洗除某些病理异物。

第九节　液体制剂的包装与储存

液体制剂具有体积大、稳定性差、易变质等缺点，应选择适宜的包装。液体制剂的包装关系到运输、贮藏和成品的质量。因此包装容器的材料、种类、形状以及封闭的严密性等都极为重要。

液体制剂的包装材料包括：容器（玻璃瓶、塑料瓶等）、瓶塞（橡胶塞、塑料塞、软木塞等）、瓶盖（塑料盖、金属盖等）、标签、说明书、塑料盒、纸盒、纸箱、木箱等。液体制剂包装上必须按规定印有或贴有标签并附说明书。习惯上，医院液体制剂内服的标签为白底蓝字或黑字，外用的标签为白底红字或黄字。

液体制剂特别是以水为分散介质者，在储存期间易发生水解和染菌，出现沉淀、霉败或变质等现象，一般应密闭避光保存，贮藏于阴凉、干燥处。贮存期不宜太长，最好新鲜配制。

同步训练

一、选择题

1. 关于液体药剂优点的叙述错误的是（　　）
   A. 药物分散度大、吸收快　　　　B. 便于分取剂量
   C. 给药途径广泛　　　　　　　　D. 化学稳定性较好

2. 属于半极性溶剂的是（　　）
   A. 水　　　B. 甘油　　　C. 丙二醇　　　D. 液状石蜡

3. 下列具有起昙现象的表面活性剂是（　　）
   A. 季铵盐类　　　　　　　　B. 氯化物
   C. 磺酸化物　　　　　　　　D. 吐温类

4. 复方碘口服液中，碘化钾的作用是（　　）
   A. 抗氧化　　　B. 增溶　　　C. 助溶　　　D. 矫味

5. 溶液型液体药剂不包括（　　）
   A. 糖浆剂　　　B. 甘油剂　　　C. 醑剂　　　D. 溶胶剂

6. 高分子溶液剂加入大量电解质可导致（　　）
   A. 高分子化合物分解　　　　B. 产生凝胶
   C. 盐析　　　　　　　　　　D. 胶体带电，稳定性增加

7. 标签上应注明"用前摇匀"的是（　　）
   A. 乳剂　　　B. 糖浆剂　　　C. 溶胶剂　　　D. 混悬剂

8. 属于两性离子型表面活性剂的是（　　）
   A. 卵磷脂　　　B. 吐温 80　　　C. 司盘 80　　　D. 十二烷基硫酸钠

9. 干胶法制备初乳时，油相若为植物油，则油、水、胶的比例是（　　）
   A. 2:2:1　　　B. 3:2:1　　　C. 4:2:1　　　D. 5:2:1

10. 表示表面活性剂分子亲水和亲油性强弱的是（　　）
    A. 昙点　　　B. HLB 值　　　C. CMC　　　D. Krafft 点

二、简答题

1. 增加药物溶解度的方法有哪些？
2. 如何减慢混悬微粒的沉降速度？
3. 乳剂制备中乳化剂的作用有哪些？

第五章　无菌制剂

知识要点

　　无菌制剂质量要求高，制备工艺复杂，以注射剂和滴眼剂最为常用。本章重点介绍注射剂和滴眼剂的概念、特点、分类及应用，阐述各类注射剂和滴眼剂常用的溶剂与附加剂、包装容器及制备方法，明确注射剂和滴眼剂的质量检查。

第一节　无菌制剂简介

一、无菌制剂的含义

　　根据人体环境对微生物的耐受程度，《中国药典》把不同给药途径的药物制剂大体分为非无菌制剂和无菌制剂。非无菌制剂指允许一定限量的微生物，但不得有规定控制菌存在的制剂，如口服制剂不得检出大肠埃希菌，局部给药制剂不得检出金黄色葡萄球菌、铜绿假单胞菌等，其他微生物则主要限制数量。无菌制剂指法定药品标准中列有无菌检查项目的制剂，要求不得检出任何活的微生物。

　　根据药物制剂除去活微生物的方法不同，无菌制剂又可分为灭菌制剂与无菌制剂。

　　1. 灭菌制剂　指采用物理、化学方法杀灭或除去所有活的微生物繁殖体和芽孢的药物制剂。如注射剂、滴眼剂等大多属于这类制剂。

　　2. 无菌制剂　指在无菌环境中，采用无菌操作方法或技术制备的不含任何活的微生物繁殖体和芽孢的药物制剂。热稳定性差的药物，如蛋白质、核酸、多肽类等药物的无菌制剂一般属于此类制剂。

二、无菌制剂常见的类型

　　无菌制剂一般注入体内或直接与创伤面、黏膜接触应用，在使用前必须保证处于无菌状态，常见的类型主要有：

　　1. 注射剂　如大、小容量注射剂与粉针剂等。

　　2. 眼用制剂　如滴眼剂、眼用膜剂、眼膏剂等。

3. **植入型制剂**　指用埋植方式给药的制剂，如植入片等。

4. **创面用制剂**　如溃疡、烧伤及外伤用的溶液、软膏、气雾剂等。

5. **手术用制剂**　如止血海绵和骨蜡、用于伤口或手术后切口的冲洗液和透析液等。

无菌制剂有液体、固体、半固体甚至气体等多种形式，临床应用最多的无菌制剂是注射剂和滴眼剂。

第二节　注射剂概述

注射剂俗称针剂，指药物与适宜的溶剂或分散介质制成的供注入体内的溶液、乳状液或混悬液及供临用前配制或稀释成溶液或混悬液的粉末或浓溶液的无菌制剂。注射剂在临床应用中占有重要地位，常用于危重病人的抢救，几乎是一种不可替代的剂型。

一、注射剂的特点

1. **药效迅速，作用可靠**　注射剂因直接注射入人体组织、血管或器官内，所以吸收快，作用迅速，特别是静脉注射，药液可直接进入血液循环，更适于抢救危重病症之用。且注射剂不经胃肠道，故不受消化系统及食物的影响，因此剂量准确，作用可靠。

2. **适用于不宜口服给药的患者**　处于昏迷、抽搐、惊厥等状态以及消化系统障碍或手术后禁食的患者等，无法口服，可采用注射给药。

3. **适用于不宜口服的药物**　不易被胃肠道吸收、对胃肠有刺激性或易被消化液破坏等的药物制成注射剂有利于药效发挥。如酶、蛋白质等生物技术药物由于在胃肠道不稳定，常制成粉针剂。

4. **发挥局部定位作用**　如牙科和麻醉科用的局麻药等。

5. **可产生长效作用**　有些药物可制成长效注射剂，在注射部位形成药物储库，缓慢释放达数天、数周或数月之久。

6. **注射剂的缺点**　主要有注射产生疼痛、给药不方便、安全性较低、制造过程复杂、成本较高等缺点。

二、注射剂的分类

按照药物的分散方式，注射剂常见的类型主要有四种，如表 5 - 1。

表 5 - 1　注射剂常见的类型

类型		特点
溶液型	水溶液	应澄明，可用于各种途径注射
	油溶液	应澄明，有延效作用，仅供肌内注射
混悬型		粒度应控制在 15μm 以下，有延效作用，仅供肌内注射
乳浊型		分散相粒度应在 1μm 以下，有靶向作用，可供肌内、静脉注射
粉末型		注射用的无菌粉末或块状物，临用前溶解或稀释

三、注射剂常用的给药途径

1. 皮内注射 注射于表皮与真皮之间，一次剂量在 0.2ml 以下，常用于过敏性试验或疾病诊断。

2. 皮下注射 注射于真皮与肌肉之间的松软组织内，一般用量为 1~2ml。皮下注射剂主要是水溶液，药物吸收速度稍慢。由于人体皮下感觉比肌肉敏感，故具有刺激性的药物及混悬液，一般不宜作皮下注射。

3. 肌内注射 注射于肌肉组织中，较皮下注射刺激小，一次剂量为 1~5ml。水溶液、油溶液、混悬液及乳浊液均可用于肌内注射，肌内注射油溶液、混悬液有一定的延效作用，乳浊液有一定的淋巴靶向性。

4. 静脉注射 药物直接注入静脉，发挥作用最快，有静脉滴注和静脉推注两种形式。油溶液和混悬液易引起毛细血管栓塞，一般不宜静脉注射。静脉注射剂质量要求高，特别是对热原的要求非常严格。

5. 脊椎腔注射 注入脊椎四周蛛网膜下腔内，一次剂量一般不得超过 10ml。由于神经组织比较敏感，且脊椎液缓冲容量小、循环慢，故脊椎腔注射剂必须等渗，pH 值在 5.0~8.0 之间，注入时应缓慢。

6. 其他途径 包括动脉注射、心内注射、关节内注射、滑膜腔内注射、穴位注射等。

第三节 热 原

热原是微生物产生的一种内毒素，存在于细菌的细胞膜和固体膜之间，是由磷脂、脂多糖和蛋白质所组成的复合物，其中脂多糖是内毒素的主要成分，具有特别强的致热活性。大多数细菌都能产生热原，霉菌与病毒也能产生热原，致热能力最强的是革兰阴性杆菌。脂多糖的组成因菌种不同而不同，热原的分子量一般为 1×10^6 左右。

知识链接

热原反应

含有热原的注射液注入体内后，大约半小时就能使人体产生发冷、寒战、体温升高、出汗、恶心呕吐等不良反应，有时体温可升至40℃，严重者出现昏迷、虚脱，甚至有生命危险，临床上称为"热原反应"。

一、热原的性质

1. 耐热性 热原在 60℃加热 1 小时不受影响，100℃也不分解，120℃加热 4 小时能破坏98%左右，但180℃ 3~4 小时、250℃ 30~45 分钟或650℃ 1 分钟可使热原彻底破坏。注射剂通常的灭菌条件往往不足以破坏热原，这一点必须引起注意。

2. 过滤性 热原体积小，约为 1~5nm，一般的滤器包括微孔滤膜都不能滤除热原。

3. 水溶性 热原能溶于水，生产注射剂所用的管道等用大量注射用水冲洗，有除热原的作用。

4. 不挥发性 热原本身不挥发，但在蒸馏时，可随水蒸气中的雾滴带入蒸馏水中。因此，各类蒸馏水器均应设除沫装置。

5. 吸附性 热原能被活性炭、白陶土等吸附，但药物也可能被吸附而损失。

6. 其他性质 热原能被强酸、强碱、强氧化剂破坏，超声波及某些表面活性剂（如去氧胆酸钠）也能使之失活。

二、热原的污染途径

1. 溶剂 如注射用水，是热原污染的主要途径。若蒸馏设备结构不合理、操作不当或注射用水贮藏时间过长等都会污染热原，注射用水应新鲜使用。

2. 原辅料 用生物方法制备的药物和辅料，如右旋糖酐、水解蛋白、抗生素以及葡萄糖、乳糖等，在贮藏过程中可因包装损坏等孳生细菌而产生热原。

3. 容器、用具、管道与设备等 注射剂生产中对容器、用具、管道与设备等，均应认真清洗处理，否则常易导致热原污染。

4. 生产过程 注射剂制备过程中室内卫生差，操作时间长，装置不密闭、产品灭菌不及时或灭菌不合格等，均能增加细菌污染的机会，从而产生热原。

5. 输液器具 有时注射剂本身不含热原，但也有可能在给药时由于输液器具污染而引起热原反应。

三、热原的去除方法

1. 高温法 主要用于能耐高温的容器与用具。如玻璃容器等，在洗涤干燥后，于 250℃加热 30 分钟以上，可破坏热原。

2. 酸碱法 玻璃容器、用具等用重铬酸钾硫酸清洗液或稀氢氧化钠液处理，可破坏热原。

3. 吸附法 活性炭对热原有较强的吸附作用，同时还有助滤、脱色等作用，在注射剂制备中广泛应用。活性炭与白陶土合用也可除热原。

4. 蒸馏法 利用热原的不挥发性，注射用水制备中可通过蒸馏除去热原，但蒸馏水器的蒸发室上部需设隔沫装置等进行水汽分离，确保水蒸气中不带入热原。

5. 离子交换法 一般除热原的效果不是很可靠，但国内用 10%#301 弱碱性阴离子交换树脂与 8%#122 弱酸性阳离子交换树脂成功除去了丙种胎盘球蛋白注射液中的热原。

6. 凝胶过滤法 热原分子量大，凝胶的分子筛有滤除作用，如用二乙氨基乙基葡聚糖凝胶可制备无热原的去离子水。

7. 反渗透法 用反渗透法通过三醋酸纤维膜可除去热原。

8. 超滤法 一般用 3~15nm 孔径的超滤膜可除去热原。

9. 其他方法 采用两次以上湿热灭菌法或适当提高灭菌温度和时间等可除去热原，微波也能破坏热原。

第四节 注射剂的溶剂与附加剂

一、注射剂常用的溶剂

（一）注射用水

注射用水为纯化水经蒸馏所得的水，是注射剂最为常用的溶剂。其制备及质量检查参见第二章第一节。

（二）注射用油

常用的注射用油为植物油，需精制。国内主要是供注射用的大豆油，为淡黄色澄明液体，无臭或几乎无臭；酸值不大于 0.1，皂化值为 188～195，碘值为 126～140。注射用油常作为类固醇激素、油溶性维生素、游离生物碱、挥发油等药物的溶剂，以油为溶剂的注射剂仅供肌内注射，有延效作用。

（三）其他注射用溶剂

注射用其他溶剂还有乙醇、丙二醇、聚乙二醇、甘油、二甲基乙酰胺等，常用来增加药物溶解度或提高药物稳定性，应严格限制其用量。

二、注射剂常用的附加剂

为确保注射剂的安全、有效和稳定，除主药和溶剂外还可加入其他物质，这些物质统称为附加剂。附加剂种类不同，在注射剂中的作用不同，常用的附加剂有以下几种类型。

（一）增加药物溶解度的附加剂

配制注射剂时，对于溶解度较小，不能满足临床要求的药物，需采用适宜的方法来增加药物溶解度。增溶剂和助溶剂是常用的增加药物溶解度的附加剂，应选用安全性好的增溶剂和助溶剂，如卵磷脂、泊洛沙姆 188 等。

（二）防止药物氧化的附加剂

1. 惰性气体 利用惰性气体除氧，可有效防止药物氧化。注射液生产中，通常在配液时将惰性气体通入注射用水中或在灌封时通入安瓿中以驱除溶剂或容器中的氧气。常用的惰性气体有 N_2 和 CO_2，使用时应注意 CO_2 可能改变某些药液的 pH 值，且遇到钙、镁等离子容易产生沉淀，惰性气体必须净化后使用。

2. 抗氧剂 抗氧剂是一些比药物更易氧化的物质，当抗氧剂与药物共存时，空气中的氧气首先与抗氧剂发生反应，消耗氧气，从而保护药物不被氧化。常用的水溶性抗氧剂有焦亚硫酸钠、亚硫酸氢钠、亚硫酸钠、硫代硫酸钠等，其中前两种适用于偏酸性药液，后两种适用于偏碱性药液。常用的油溶性抗氧剂有叔丁基对羟基茴香醚（BHA）和二丁甲苯酚（BHT）等。

3. 金属离子螯合剂 微量的金属离子对氧化反应有显著的催化作用，这些金属离子可能来源于原辅料、溶剂、容器以及操作过程中使用的工具等。因此，在配制注射液时加入金属螯合剂，可消除金属离子对氧化反应的影响，常用的金属螯合剂为依地酸二钠（EDTA-2Na），也可用枸橼酸盐或酒石酸盐等。

（三）抑制微生物的附加剂

为防止污染，多剂量包装的注射液可加适宜的抑菌剂，常用的抑菌剂有 0.5% 的苯酚、0.3% 的甲酚和 0.5% 的三氯叔丁醇等。加有抑菌剂的注射液，仍应用适宜的方法灭菌，静脉输液与脑池内、硬膜外、椎管内用的注射液均不得加抑菌剂。除另有规定外，一次注射量超过 15ml 的注射液，不得加抑菌剂。加有抑菌剂的注射剂，在标签中应标明所加抑菌剂的名称与浓度。

（四）调节 pH 值的附加剂

为增加药物的稳定性，减少对机体的局部刺激性，确保用药安全，注射剂往往需要调节 pH 值。注射剂的 pH 值一般要求控制在 4~9 的范围内，尽量与血液相等或接近（血液的 pH 值约为 7.4），常用的 pH 值调节剂有盐酸、枸橼酸及其盐、氢氧化钠、碳酸氢钠、磷酸氢二钠、磷酸二氢钠等。

（五）调节渗透压的附加剂

1. 等渗溶液 等渗溶液指与血浆渗透压相等的溶液，如 0.9% 的氯化钠、5% 的葡萄糖溶液。静脉注射时，低渗溶液容易使红细胞胀大破裂，造成溶血现象；高渗溶液容易引起红细胞萎缩，有形成血栓的可能，但只要注射速度足够慢，血液可自行调节使渗透压很快恢复正常。注入机体内的液体一般要求等渗，肌内注射可耐受 0.45%~2.7% 的氯化钠溶液（相当于 0.5~3 个等渗浓度），静脉注射应调整为等渗或偏高渗，脊椎腔内注射，必须调节至等渗。

2. 等渗调节 临床应用的药物溶液大多数浓度低，渗透压低，需加入一定量的渗透压调节剂调为等渗方可使用，注射剂中常用的渗透压调节剂为氯化钠和葡萄糖。常用的渗透压调整计算方法有以下两种。

（1）**冰点降低法** 冰点降低法调节渗透压的依据是冰点相同的稀溶液具有相等的渗透压。血浆的冰点为 -0.52℃。因此，任何溶液冰点降低为 -0.52℃ 时，即与血浆等渗。等渗调节剂的用量可按下式计算。

$$W = \frac{0.52 - a}{b}$$

式中，W 为配制等渗溶液需加等渗调节剂的量（g/100ml），a 为药物溶液的冰点下降度数，b 为所用等渗调节剂 1% 溶液的冰点下降度数。

例：配制 2% 的盐酸普鲁卡因注射液 100ml，需加多少克氯化钠，可调为等渗溶液？

查表 5－2 可知，2% 的盐酸普鲁卡因注射液的冰点下降度数 $a = 0.12 \times 2 = 0.24$，1% 的氯化钠溶液的冰点下降度数 $b = 0.58$。则

$$W = \frac{0.52 - 0.24}{0.58} = 0.48g$$

即需加入 0.48g 氯化钠可使 2% 的盐酸普鲁卡因注射液 100ml 成为等渗溶液。

（2）氯化钠等渗当量法　氯化钠等渗当量指与药物 1g 呈现等渗效应的氯化钠的量，一般用 E 表示。查出药物的氯化钠等渗当量后，可计算出等渗调节剂的用量，计算公式如下：

$$X = 0.009V - EW$$

式中，X 为配成 Vml 等渗溶液需加入氯化钠的克数；E 为药物的氯化钠等渗当量；W 为 Vml 溶液内所含药物的克数；0.009 为每 1ml 等渗氯化钠溶液中所含氯化钠的克数。

例：配制 1% 的盐酸普鲁卡因注射液 200ml，应加入多少克氯化钠，使成为等渗溶液？

查表 5－2 可知，盐酸普鲁卡因的氯化钠等渗当量 E 为 0.18，且 1% 盐酸普鲁卡因注射液 200ml 含主药量 W 为 $1\% \times 200 = 2g$。则

$$X = 0.009 \times 200 - 0.18 \times 2 = 1.44g$$

即配制 1% 的盐酸普鲁卡因注射液 200ml，应加入 1.44g 氯化钠使其成为等渗溶液。

表 5－2　一些药物水溶液的冰点降低值与氯化钠等渗当量

药物名称	1%（g/ml）水溶液冰点降低值（℃）	1g 药物的氯化钠等渗当量（E）
硼酸	0.28	0.47
盐酸乙基吗啡	0.19	0.15
硫酸阿托品	0.08	0.10
盐酸可卡因	0.09	0.14
氯霉素	0.06	
依地酸钙钠	0.12	0.21
盐酸麻黄碱	0.16	0.28
无水葡萄糖	0.10	0.18
含水葡萄糖	0.091	0.16
氢溴酸后马托品	0.097	0.17
盐酸吗啡	0.086	0.15
碳酸氢钠	0.381	0.65
氯化钠	0.58	
青霉素 G 钾		0.16
硝酸毛果芸香碱	0.133	0.22

药物名称	1%（g/ml）水溶液冰点降低值（℃）	1g 药物的氯化钠等渗当量（E）
吐温 80	0.01	0.02
盐酸普鲁卡因	0.12	0.18
盐酸丁卡因	0.109	0.18

3. 等张溶液　等张溶液指渗透压与红细胞膜张力相等的溶液。在等张溶液中，红细胞的体积不会发生变化，更不会导致溶血。等渗和等张溶液定义不同，等渗溶液不一定等张，等张溶液亦不一定等渗。对有些药物来说，它们的等渗和等张浓度相等。如 0.9% 的氯化钠溶液。但还有一些药物如盐酸普鲁卡因、甘油、丙二醇等，其等渗溶液注入体内，还会发生不同程度的溶血现象，这时一般还需加入氯化钠、葡萄糖等调节至等张浓度方可注射。

在新产品试制中，即使所配制的溶液为等渗溶液，为用药安全，亦应进行溶血试验，必要时加入氯化钠、葡萄糖等调节为等张溶液。

（六）其他附加剂

注射剂中的附加剂还能发挥局部止痛、乳化、助悬、延效等作用。如局部止痛剂常用苯甲醇、三氯叔丁醇、利多卡因、盐酸普鲁卡因等，乳化剂常用卵磷脂、泊洛沙姆 188 等，助悬剂可用羟丙甲纤维素（HPMC）等，延效剂可用聚维酮（PVP）等。

第五节　小容量注射剂

小容量注射剂也称水针剂，装量一般小于 20ml，以安瓿包装，是注射剂最常见的类型之一。小容量注射剂的生产工艺流程见图 5-1。

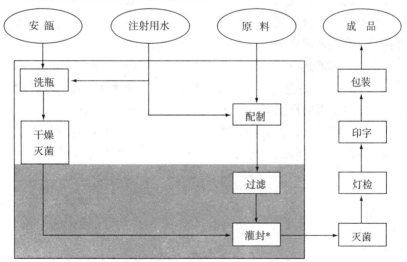

图 5-1　小容量注射剂生产工艺流程图

一、注射剂生产基本要求

供注射用的原料和辅料，必须符合《中国药典》所规定的各项检查与含量要求。所用溶剂必须安全无害，附加剂应避免对检验产生干扰，使用浓度不得引起毒性或明显的刺激，且均不得影响疗效和质量。

注射剂是无菌制剂，按照 GMP，无菌药品的生产必须严格按照精心设计并经验证的方法及规程进行，产品的无菌及其他质量特性绝不能只依赖于任何形式的最终处理或成品检验。

注射剂生产过程中应考虑各种接触品的潜在污染，生产的每个阶段（包括灭菌前的各阶段）应采取措施，从机械、物料、方法、环境等各方面对各种污染源进行控制。如做到生产人员、设备和物料等通过气锁间进入洁净区，物料准备、产品配制和灌装或分装等操作必须在洁净区内进行，生产所用的包装材料、容器、设备和任何其他物品都进行灭菌，生产进行过程中特别注意减少洁净区的各种活动，尽可能缩短制备时间等，从而最大限度降低微生物、各种微粒和热原的污染。

二、小容量注射剂的容器

（一）安瓿的类型

装小容量注射剂用的小瓶称为安瓿，通常以可熔封的硬质玻璃制成。为避免折断安瓿瓶颈时产生玻璃屑、微粒进入安瓿污染药液，我国强制推行曲颈易折安瓿。易折安瓿在外观上分为两种，色环易折安瓿和点刻痕易折安瓿。它们均可平整折断，不易产生玻璃碎屑。

1. 安瓿的颜色　目前安瓿的颜色主要有两种。①无色安瓿，有利于检查药液的可见异物，绝大多数药物注射液采用无色安瓿；②棕色安瓿，可遮光，滤除紫外线，适用于光敏药物，但棕色安瓿含氧化铁，痕量的氧化铁有可能被药液浸取而进入产品中，如果产品中含有的成分能被铁离子催化，则不能使用棕色安瓿。

2. 安瓿的规格　按照容积，安瓿通常有 1、2、5、10、20ml 等规格。

3. 安瓿的玻璃材质　制造安瓿的玻璃主要三种。①中性玻璃，是低硼酸硅盐玻璃，化学稳定性好，适合于近中性或弱酸性注射剂；②含钡玻璃，耐碱性好，可作碱性较强注射液的容器；③含锆玻璃，含少量锆的中性玻璃，具有更高的化学稳定性，耐酸、碱性能好，可用于盛装酸碱性较强的注射液。

塑料安瓿

目前，我国水针包装依然以玻璃安瓿为主，但玻璃安瓿瓶颈折断时易产生微粒，导致药液污染，给患者用药安全带来隐患，同时也易造成操作者的意外伤害。

随着塑料工业的发展，注射剂包装开始有塑料安瓿应用。塑料安瓿材质为聚乙烯，采用扭力开瓶，旋转即可开瓶，不产生碎屑，断口不锐利，操作方便，不会划伤护理人员。而且塑料安瓿能防撞击，便于运输和携带。

（二）安瓿的质量检查

安瓿的检查主要包括物理和化学检查。物理检查内容主要有安瓿外观、尺寸、应力、清洁度、热稳定性等，化学检查内容主要有容器的耐酸、碱性和中性检查等。理化性能合格后，尚需做装药试验，装药试验主要是检查安瓿与药液的相容性，证明无影响方能使用。

（三）安瓿的清洗

1. 安瓿的清洗方法与设备 清洗安瓿常用的方法有：

（1）甩水洗涤法 将安瓿经喷淋灌水机灌满滤净的纯化水，再用甩水机将水甩出，如此反复3次。此法由于洗涤质量不高，生产中已基本不用。

（2）气水喷射洗涤法 指用滤过的纯化水与滤过的压缩空气由针头喷入安瓿内交替喷射洗涤，冲洗顺序一般为气→水→气→水→气。最后一次洗涤用水应是经过微孔滤膜精滤的注射用水。

（3）超声波洗涤法 利用液体中传播的超声波对物体表面的污物进行清洗。它具有清洗洁净度高、清洗速度快等特点。

目前常用的安瓿洗瓶机如图5-2，多为超声波与气水喷射洗涤联用，可自动完成从进瓶、超声波粗洗、瓶外壁精洗、瓶内壁精洗到出瓶的全套生产过程。采用超声波清洗技术，清除瓶内外黏附较牢固的物质；采用水、气压力交替喷射清洗，充分发挥清洗液及压缩空气的冲刷作用，有效地将容器内的

图5-2 安瓿洗瓶机

异物及残留水排出。药厂生产一般将安瓿洗瓶机安装在安瓿干燥灭菌与灌封工序前，组成洗、烘、灌、封联动生产流水线。

2. 安瓿清洗过程中应注意的问题 ①随时检查水气压力，确保水气能冲到安瓿底

部，保证洗涤质量；②定期检查洗瓶质量，洗后的安瓿要求洁净度好，破损率低。

（四）安瓿的干燥灭菌

1. 安瓿干燥灭菌常用的方法与设备 洗涤后的安瓿需干燥和灭菌，一般采用干热灭菌法，干燥和灭菌一次完成。

生产中常用的干燥灭菌设备为隧道式烘箱，隧道式烘箱按照加热方式不同，主要有两种形式，一种是电热层流干热灭菌烘箱，另一类是远红外线加热灭菌烘箱。两种隧道式烘箱都是整个输送隧道在密封系统内，有层流净化空气保护不受污染。箱体内分三个区，分别完成预热、高温灭菌和冷却过程，工作过程如图3－5，冷却后的安瓿温度接近室温，以便下道工序进行灌装封口。隧道式烘箱前端可与洗瓶机相连，后端可与灌封机相连，组成联动生产线。

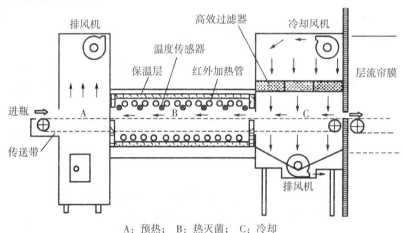

A：预热；　B：热灭菌；　C：冷却

图5－3　安瓿干燥灭菌机工作过程示意图

2. 安瓿干燥灭菌过程中应注意的问题 ①注意控制安瓿经过烘箱隧道的速度，根据设定温度安瓿在烘箱隧道内的时间应确保能达到干燥灭菌要求；②随时监控干燥灭菌质量，温度应保持在设定值，干燥灭菌后的安瓿应符合要求。

三、小容量注射剂的配制与滤过

1. 注射剂配液与滤过常用的方法与设备

（1）配液　注射剂由药物、溶剂及其他附加剂组成。配制方法分为浓配法和稀配法两种。①浓配法，将全部药物用部分溶剂配成浓溶液，加热或冷藏后过滤，稀释至所需浓度，此法可滤除溶解度小的杂质；②稀配法，将全部药物加入全部溶剂中，一次配成所需浓度，再进行过滤，此法可用于优质原料。

注射液生产中常用的配液设备为配液罐，多采用不锈钢制造，表面光滑，便于清洗，且具有加热、冷却、保温及搅拌、调配等功能。

（2）过滤　注射液过滤一般采用二级过滤，即预滤与精滤。预滤又称粗滤或初滤，常用滤器为钛滤器。精滤常用的滤器为微孔滤膜滤器（孔径为 $0.22 \sim 0.45 \mu m$）。生产中常用加压过滤装置，全部装置保持正压，外界空气不易漏入，可减少污染，过滤质量好。

2. 注射剂配液与过滤过程中应注意的问题　①应尽可能缩短配制时间，防止微生物与热原的污染及药液变质；②对化学不稳定的药物应注意调配顺序，如先加稳定剂或通惰性气体处理等，有时还要控制操作温度或避光操作；③对于不易滤清的药液可加 0.1% ~ 0.3% 的活性炭处理，活性炭有吸附热原、杂质、色素等的作用，可提高注射液的澄明度；④配制油性注射液时，先将注射用油经150℃干热灭菌1~2小时，冷却至适宜温度（一般在主药熔点以下20℃~30℃），趁热配制，过滤（一般在60℃以下），温度不宜过低，否则黏度增大，不易过滤；⑤微孔滤膜需做起泡点试验。

四、小容量注射剂的灌封

1. 注射剂灌封常用的方法与设备　注射剂的灌封指灌装和封口，灌装一般采用计量式自动灌装泵，封口都采用旋转拉丝封口。生产中常用的设备为拉丝灌封机，如图 5-4，可自动完成进瓶→理瓶→送瓶→前充氮→灌装→后充氮→预热→拉丝封口→出瓶等工序。可与超声波清洗机、隧道灭菌烘箱组成联动机，形成连续完成洗涤、烘干灭菌以及药液灌封三个步骤的生产线。

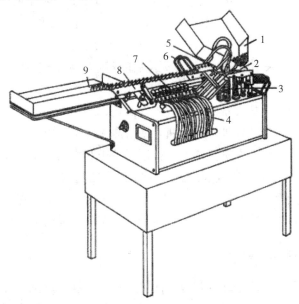

图5-4　安瓿灌封机
1. 加料斗；2. 拨瓶盘；3. 灌注器；4. 燃气管道；5. 灌注针头；
6. 止灌装置；7. 火焰熔封装置；8. 移动齿板；9. 出瓶斗

2. 注射剂灌封过程中应注意的问题　①剂量准确，灌装时注射液应根据药典要求适当增加装量，其增加量见表5-3，以保证注射用量不少于标示量；②药液不沾瓶，为防止灌注器针头"挂水"，活塞中心常设有毛细孔，可使针头挂的水滴缩回并调节灌装速度，灌装过快时药液易溅至瓶壁而沾瓶；③易氧化的药物灌装时应通惰性气体，生产中一般采用分别在灌装前后两次充惰性气体，除氧效果较好；④灌封过程中要经常检查装量及封口质量，封口不得有炭化、封口不严等现象。

表5-3　注射液装量增加量

标示装量（ml）	增加量（ml）	
	易流动液	黏稠液
0.5	0.10	0.12
1	0.10	0.15
2	0.15	0.25
5	0.30	0.50
10	0.50	0.70
20	0.60	0.90
50	1.0	1.5

五、小容量注射剂的检漏与灭菌

1. 灭菌与检漏常用的方法与设备　注射液从配制到灭菌，必须在规定时间内完成（一般为12小时），以保证产品的无菌。注射液的灭菌要求是应在杀灭所有微生物的前提下，避免药物的降解。灭菌与保持药物稳定性是矛盾的两个方面，灭菌温度高、时间长，容易把微生物杀灭，但却不利于药液的稳定，因此选择适宜的灭菌方法对保证产品质量甚为重要。药厂生产中多采用湿热灭菌法。灭菌后的安瓿应立即进行漏气检查。以防安瓿未严密熔合，有毛细孔或微小裂缝存在，使药液被微生物与污物污染或导致药物泄漏。

安瓿灭菌、检漏常用的设备即安瓿检漏灭菌柜，多通过高温高压灭菌，真空加色水检漏，最后用清水进行清洗处理，保证瓶外壁干净无污染。根据加热介质不同，安瓿检漏灭菌柜主要有两种类型，即蒸汽式安瓿检漏灭菌柜和水浴式安瓿检漏灭菌柜。

2. 灭菌与检漏过程中应注意的问题　①灌封后的注射剂要立即进行灭菌；②应随时监控灭菌质量，温度与压力应保持在设定值，灭菌时间应能确保灭菌效果；③灭菌结束后必须等灭菌器内压力降到零时，才可缓慢打开柜门，谨防蒸汽喷出伤人。

六、注射剂印字、包装

灭菌后的安瓿需及时印字，内容包括注射剂名称、规格及批号等，再进行包装，目前生产中广泛应用的印字包装机，为印字、装盒、贴签及包装等联成一体的半自动生产线，提高了效率。

制备实例解析

维生素C注射液

【处方】维生素C	104g
依地酸二钠	0.05g
碳酸氢钠	49.0g

　　　　亚硫酸氢钠　　　　2.0g

　　　　注射用水　　　　　加至1000ml

　　【制法】 在配制容器中，加处方量80%的注射用水，通二氧化碳至饱和，加维生素C溶解后，分次缓缓加入碳酸氢钠，搅拌使完全溶解，加入预先配制好的依地酸二钠和亚硫酸氢钠溶液，搅拌均匀，调节药液pH为6.0~6.2，添加二氧化碳饱和的注射用水至足量，过滤，溶液中通二氧化碳，并在二氧化碳或氮气流下灌封，最后于100℃流通蒸汽灭菌15分钟。

　　【用途】 维生素类药物，用于预防及治疗坏血病。

　　【处方分析】 维生素C为主药，依地酸二钠为金属离子螯合剂，碳酸氢钠为pH调节剂，亚硫酸氢钠为抗氧剂，注射用水为溶剂。

　　【附注】 ①维生素C易氧化降解，因此处方中加入抗氧剂、金属离子螯合剂及pH调节剂，工艺中采用充惰性气体等措施，可以提高产品的稳定性；②本品稳定性与温度有关。实验表明，100℃流通蒸汽灭菌30分钟后含量降低3%，而流通蒸汽灭菌15分钟后仅降低2%，故以100℃流通蒸汽灭菌15分钟为宜；③维生素C显强酸性，注射时刺激性大，产生疼痛，加入碳酸氢钠调节pH值，可以避免疼痛，并增强本品的稳定性。

第六节　大容量注射剂

一、概述

　　大容量注射剂又称为输液剂，指供静脉滴注输入体内的大剂量注射液，其容量一般不小于100ml。使用时通过输液器调整滴速，持续而稳定地进入静脉。

　　1. 大容量注射剂的质量要求　与小容量注射剂相比，大容量注射剂由于静脉给药且剂量较大，其质量要求也更高。大容量注射剂必须无热原、pH值应力求接近人体血液的pH值、渗透压应为等渗或偏高渗、不得添加任何抑菌剂、不含引起过敏反应的异性蛋白及降压物质，输入人体后应不引起血象的异常变化，不损害肝、肾功能等。

　　2. 大容量注射剂的分类　按照临床用途不同，大容量注射剂可分为以下几类。

　　(1) 电解质类　用以补充体内水分、电解质，纠正体内酸碱平衡等，如氯化钠注射液。

　　(2) 营养类　用以提供人体所需的能量及营养物质，主要有糖类、氨基酸、脂肪乳及维生素等，其中葡萄糖注射液最为常用。

　　(3) 胶体类　用于调节体内渗透压，增加血容量和维持血压，如右旋糖酐输液剂等。

　　(4) 含药类　指含有治疗药物的输液，如替硝唑输液。

二、大容量注射剂的容器

(一) 大容量注射剂常用容器的类型

大容量注射剂所用的容器主要有瓶型和袋型两种。瓶型容器主要包括玻璃瓶和塑料瓶，袋型输液容器有 PVC 和非 PVC 软袋两种。

1. 玻璃瓶 由硬质中性玻璃制成，具透明、耐压、热稳定性好、瓶体不变形等优点，但重量大、易破损，不利于运输。

2. 塑料瓶 一般采用聚丙烯材料制成，重量轻、不易破碎，生产自动化程度高、污染少，但瓶体透明性及气密性不如玻璃瓶，有一定的变形性。

3. PVC 软袋 所用材质为聚氯乙烯，轻便、不易破损、运输方便，但含聚氯乙烯单体和增塑剂，有害健康。

4. 非 PVC 软袋 所用材质为聚烯烃多层共挤膜，不含增塑剂，机械强度高、惰性好、能够阻止水气渗透、对热稳定，但制膜工艺和设备较复杂，生产成本高。

（二）大容量注射剂常用容器的要求与清洁处理

1. 塑料容器 塑料容器在灌药前需清洗，除去异物。清洗一般采用过滤空气吹洗的方式，空气过滤一般采用 0.22μm 孔径的微孔滤膜。

2. 玻璃容器 目前我国仍以玻璃瓶输液容器应用较多，此种包装由输液瓶、胶塞、铝盖组成，铝盖确保瓶口密封。

（1）输液瓶 瓶口内径必须符合要求，光滑圆整，大小合适，否则将影响密封程度。输液瓶清洗一般采用超声波清洗技术。

（2）胶塞 分为天然橡胶塞和合成橡胶塞，天然橡胶塞易污染药液，已停止使用。生产中主要应用丁基橡胶塞，丁基橡胶塞具有气密性好，耐热性、耐酸碱性好，内在洁净度高，有较强的回弹性等特点。丁基胶塞一般需经清洗、硅化、灭菌等处理方可使用，目前市售的丁基胶塞出厂前已经清洗与硅化，用前只需用注射用水反复漂洗、热压灭菌即可。

三、大容量注射剂的制备

大容量注射剂的生产工艺要求、制备方法等与小容量注射剂不完全相同，其生产工艺流程见图 5 – 5。

1. 大容量注射剂的配制与过滤 大容量注射剂的原料应为优质注射用原料，注射用水应新鲜制备，大多采用浓配法，加入针用活性炭配制。具体配制要求、所用器具与设备、处理方法等基本与小容量注射剂相同。

大容量注射剂过滤通常采用加压三级过滤，先以钛滤器脱碳过滤，再分别以 0.45μm 和 0.22μm 的膜滤器过滤，既可以有效的除去输液中的微粒，也可以进一步控制微生物污染水平，滤后的药液经取样检查，含量、色泽、pH 值、可见异物等合格后方可灌装。

2. 大容量注射剂的灌封 大容量注射剂灌封包括灌注、塞胶塞、轧铝盖等操作，要求装量准确、铝盖封紧，药液灌装温度维持在 50℃较好，可防止细菌粉尘污染。目前生产中多采用旋转式自动灌封机、自动放塞机、自动落盖轧口机，实现生产联动化，提高了效率和产品质量。

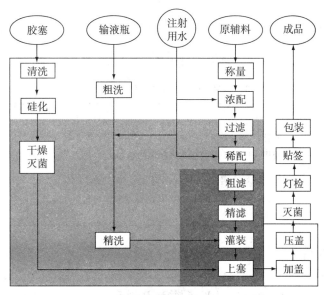

图 5 – 5　大容量注射剂生产工艺流程图

3. 大容量注射剂的灭菌　为了减少污染，大容量注射剂配液过程应尽量缩短，一般从配液到灭菌不宜超过 4 小时。大容量注射剂灭菌通常采用热压灭菌法，常用的设备为热压灭菌柜，如图 5 – 6。

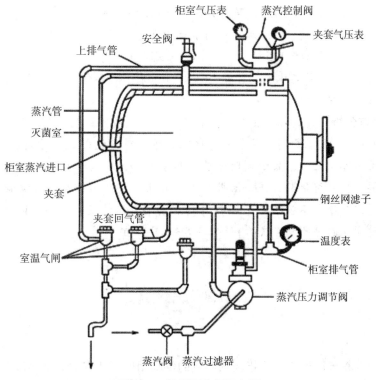

图 5 – 6　热压灭菌柜示意图

四、大容量注射剂生产中容易出现的问题

大容量注射剂生产中容易出现的问题见表 5－4。

表 5－4　大容量注射剂生产中容易出现的问题

问题	主要原因
可见异物与微粒	原辅料、容器与胶塞质量不好，空气洁净度不够、生产工艺及操作不当，医院输液操作以及静脉滴注装置存在问题等
染菌	生产过程污染严重、灭菌不彻底、瓶塞松动不严等
热原反应	原辅料、溶剂污染，生产用容器、用具、管道、装置及生产过程污染，输液器具污染等

制备实例解析

10% 葡萄糖注射液

【处方】注射用葡萄糖　　　　　　100g
　　　　1% 盐酸　　　　　　　　适量
　　　　注射用水　　　　　　　　加至 1000ml

【制法】取葡萄糖投入煮沸的注射用水中，使其成 50%～60% 的浓溶液，用盐酸调节 pH 至 3.8～4.0，同时加 0.1%（g/ml）的活性炭混匀，煮沸约 20 分钟，趁热过滤脱碳，滤液加注射用水至所需量。测 pH 值及含量，合格后滤至澄明，灌装，封口，115℃、30 分钟热压灭菌。

【用途】具有补充体液、营养、强心、利尿、解毒作用，用于大量失水、血糖过低、高热、中毒等症。

【处方分析】葡萄糖为主药，盐酸为 pH 调节剂，注射用水为溶剂。

【附注】①配制葡萄糖注射液，往往由于原料不纯或过滤时漏炭等原因，有时产生云雾状沉淀，故配制时一般采用浓配法，加适量盐酸并加热煮沸使糊精水解，蛋白质凝聚，并用活性炭吸附滤除；②葡萄糖在酸性溶液中可能发生降解，导致本品颜色变黄、pH 下降，为避免溶液变色，要严格控制灭菌温度和时间，同时调节溶液的 pH 在 3.8～4.0 为宜。

第七节　注射用无菌粉末

一、概述

注射用无菌粉末简称粉针，指药物制成的供临用前用适宜的无菌溶液配制成澄清溶液或均匀混悬液的无菌粉末或无菌块状物。可用适宜的注射用溶剂配制后注射，也可用静脉输液配制后静脉滴注。注射用无菌粉末在标签中应标明所用溶剂。

1. 粉针的适用范围 注射用无菌粉末主要适用于遇热或在水中不稳定的药物，特别是某些抗生素和生物制品，如青霉素、头孢菌素类及一些酶制剂等。

2. 粉针的分类 根据其生产工艺不同，粉针可分为两类。

（1）注射用无菌分装制品 也称为无菌分装粉针剂，指将原料用溶剂结晶法或喷雾干燥法等精制成无菌粉末，再进行无菌分装的产品。

（2）注射用冷冻干燥制品 简称冻干粉针，指将药物制成无菌水溶液，无菌分装后通过冷冻干燥法制成的无菌粉末。

二、注射用无菌分装制品

（一）注射用无菌分装制品对原辅料的质量要求

粉针剂是非最终灭菌的注射剂，产品的无菌水平很大程度上依赖于原辅料的无菌水平。因此，粉针在灌装之前应对原料进行严格的质量检查，以保证灌装后产品的质量。

对无菌分装的原料除应符合《中国药典》对注射用原辅料的各项规定外，还应符合下列质量要求：①粉末无异物，配成溶液后可见异物检查合格；②粉末的细度或结晶应适宜，便于分装；③无菌、无热原。

（二）注射用无菌分装制品生产工艺

无菌分装粉针剂的生产工艺常采用直接分装法，生产工艺流程见图5-7，分装过程的所有操作应在无菌条件下进行。其制备主要包括以下几方面。

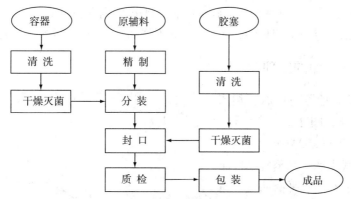

图5-7 无菌分装粉针剂的生产工艺流程图

1. 药物的准备 待分装的原料可用无菌过滤、无菌结晶或喷雾干燥法处理，必要时在无菌条件下进行干燥、粉碎、过筛等操作，以得到流动性较好的、符合注射要求的精制无菌粉末。

2. 分装容器与附件的处理 分装粉针剂常用的容器为抗生素瓶，又称为西林瓶，西林瓶需清洗、干燥灭菌等处理，处理方法同小容量注射剂。胶塞处理方法同大容量注射剂。

3. 分装 分装必须在高度洁净的无菌室中按照无菌操作法进行。目前常用的分装机械有螺杆式分装机和气流式分装机等，分装后的小瓶立即加塞并用铝盖密封。

4. 灭菌和异物检查 对于不耐热的品种，必须严格无菌操作；对于能耐热的品种可补充灭菌。异物检查一般用目检视，在传送带上进行，不合格者则从流水线上剔除。

5. 印字、贴签与包装 产品的贴签与包装目前生产上已实现机械化和自动化。

（三）无菌分装工艺中可能存在的问题

无菌分装工艺中可能存在的问题见表5-5。

表5-5 无菌分装工艺中可能存在的问题

问题	产生的原因
装量差异	粉末的流动性差、分装机械的性能不好
不溶性微粒	原辅料、容器及生产过程等污染
无菌	原辅料、容器及生产过程等污染
吸潮	胶塞透气性和铝盖松动导致封口不严

三、注射用冷冻干燥制品

（一）冷冻干燥制品的特点

一些虽在水中稳定但加热即分解失效的药物，如酶制剂及血浆、蛋白质等生物制品常制成冻干粉针。其特点主要有：①可避免药物因高热而分解变质；②所得产品质地疏松，加水后迅速溶解恢复药液原有的特性；③含水量低（一般在1%~3%），且干燥在真空中进行、不易氧化，有利于产品长期贮存；④污染机会相对减少，产品中的微粒物质较少；⑤产品剂量准确，外观优良；⑥溶剂不能随意选择，需特殊设备，成本较高。

（二）冷冻干燥的原理

冷冻干燥的原理可用水的三相图说明，如图5-8，图中，O点为冰、水、汽三相的平衡点，OA线为冰-水平衡曲线，OB线为冰-水蒸气平衡曲线，OC线为水-水蒸气平衡曲线。当压力低于O点压力，在三相平衡点以下的条件下，水的物理状态只有固态和气态，不存在液态形式，降低压力或升高温度都可以打破气固两相平衡，使固态的冰直接升华变为水蒸气。

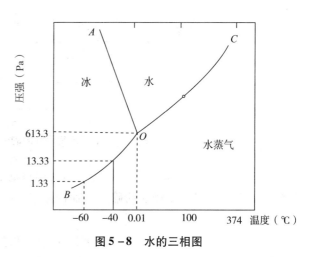

图5-8 水的三相图

（三）冷冻干燥工艺

冷冻干燥的工艺条件对保证产品质量极为重要，对于新产品应首先测定产品的低共熔点，然后控制冻结温度在低共熔点以下，以保证冷冻干燥的顺利进行。低共熔点是指在水溶液冷却过程中，冰和溶质同时析出结晶混合物时的温度。冷冻干燥的工艺过程一般分三步进行，即预冻、升华干燥、再干燥。

1. 预冻　制品必须先进行预冻后才能升华干燥，否则，在减压过程中会有少量液体产生"沸腾"现象而喷瓶，使制品表面凹凸不平。预冻温度通常应低于产品低共熔点10℃~20℃。

2. 升华干燥　升华干燥过程首先是在维持预冻状态条件下，恒温抽气减压，然后在抽气条件下，恒压升温，使固态水分升华逸去。常用的升华干燥法有两种。

（1）一次升华法　指制品一次冻结，一次升华即可完成。适用于共熔点为 -10℃~ -20℃的制品，且溶液的浓度、黏度不大，装量在 10~15mm 厚的情况。

（2）反复预冻升华法　减压和升华过程与一次升华法相同，只是预冻过程须在共熔点与共熔点以下 20℃ 之间反复进行升温与降温。适用于共熔点较低、结构较复杂、黏稠度大的制品，如蜂蜜、蜂王浆等。

3. 再干燥　制品经升华干燥后，水分通常并未完全除去，为尽可能除去残余的水分，需要进一步干燥。二次干燥的温度，根据制品性质确定，制品在保温干燥一段时间后，整个冻干过程即告结束。

（四）注射用冷冻干燥制品的制备

注射用冷冻干燥制品的生产工艺流程见图5-9。其中冷冻干燥过程在冷冻干燥机中进行，冷冻干燥机简称冻干机，主要由制冷系统、真空系统、加热系统和控制系统等组成，其结构包括冻干箱、冷凝器、冷冻机、真空泵和阀门、电器控制元件等。

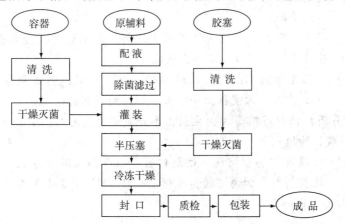

图5-9　注射用冷冻干燥制品的生产工艺流程图

注射用冷冻干燥制品的制备主要包括以下几方面。

1. 药液的配制、过滤及灌装　药液配制、过滤及灌装操作应严格按无菌操作进行。先将主药和辅料溶解在适当的溶剂中，通常为含有部分有机溶剂的水性溶液，再用不同孔径的滤器对药液分级过滤，最后通过 0.22μm 级微孔膜滤器进行除菌过滤。过滤后的药液灌注到经清洗、干燥灭菌的容器中，用无菌胶塞半压塞后，转移至冷冻干燥机的冻干箱内。分装时溶液厚度应薄些，液面深度一般为 1～2cm，以便于水分升华。

2. 冷冻干燥 分装并半压塞的药液，于冻干机的冻干箱内按照冷冻干燥工艺进行冷冻干燥。

3. 封口 冷冻干燥结束后，通过安装在冻干箱内的液压或螺杆升降装置进行全压塞，然后移出冻干箱，用铝盖轧口密封。

（五）冻干粉针制备过程中可能存在的问题

冻干粉针制备过程中可能存在的问题见表 5－6。

表 5－6　冻干粉针制备过程中可能存在的问题

问题	产生的原因
产品含水量偏高	药液装量过厚、干燥过程中供热不足、真空度不够、冷凝器温度偏高等
喷瓶	预冻不完全、升华时供热过快等，导致局部过热、部分产品液化
产品外形不饱满或萎缩	药液浓度太高、黏稠度较大，冻干过程中内部水蒸气逸出不完全

制备实例解析

注射用辅酶 A

【处方】
注射用辅酶 A	56.1U
水解明胶	5mg
甘露醇	10mg
葡萄糖酸钙	1mg
半胱氨酸	0.5mg

【制法】 将上述各成分用适量注射用水溶解，无菌过滤，分装在安瓿中，每支 0.5ml，冷冻干燥，封口，质检，包装。

【用途】 本品为体内乙酰化反应的辅酶，有利于糖、脂肪和蛋白质的代谢。用于白细胞减少症、原发性血小板减少性紫癜及功能性低热。

【处方分析】 注射用辅酶 A 为主药，半胱氨酸为稳定剂，水解明胶、甘露醇、葡萄糖酸钙为填充剂。

【附注】 ① 辅酶 A 易被空气、过氧化氢、碘或高锰酸盐等氧化成无活性的二硫化物，故在制剂中加稳定剂和赋形剂；② 辅酶 A 在冻干工艺中易丢失效价，因此投料量应酌情增加。

第八节　注射剂的质量检查

一、装量

注射液及注射用浓溶液，标示装量不大于 2ml 者取供试品 5 支，2ml 以上至 50ml 者取供试品 3 支；开启时注意避免损失，将内容物分别用相应体积的干燥注射器及注射针头抽尽，然后注入经标化的量入式量筒内（量筒的大小应使待测体积至少占其额定体积的40%），在室温下检视。测定油溶液或混悬液的装量时，应先加温摇匀，再用干燥注射器及注射针头抽尽后，同前法操作，放冷，检视，每支的装量均不得少于其标示量。

标示装量为50ml以上的注射液及注射用浓溶液按照《中国药典》最低装量检查法检查，应符合规定。

二、装量差异

除另有规定外，注射用无菌粉末取供试品5瓶（支），除去标签、铝盖，容器外壁用乙醇擦净，干燥，开启时注意避免玻璃屑等异物落入容器中，分别迅速精密称定，倾出内容物，容器用水或乙醇洗净，在适宜条件下干燥后，再分别精密称定每一容器的重量，求出每瓶（支）的装量与平均装量。每瓶（支）装量与平均装量相比较，应符合规定。其装量差异限度要求见表5-7。凡规定检查含量均匀度的注射用无菌粉末，一般不再进行装量差异检查。

表5-7　注射用无菌粉末的装量差异限度

平均装量	装量差异限度
0.5g及0.5g以下	±15%
0.05g以上至0.15g	±10%
0.15g以上至0.50g	±7%
0.50g以上	±5%

三、渗透压摩尔浓度

除另有规定外，静脉输液及椎管注射液按照《中国药典》渗透压摩尔浓度测定法检查，应符合规定。

四、可见异物

可见异物指存在于注射剂、滴眼剂中，在规定条件下目视可以观测到的不溶性物质，其粒径或长度通常大于$50\mu m$。注射剂除另有规定外，按照《中国药典》可见异物检查法检查，应符合规定。

五、不溶性微粒

除另有规定外，溶液型静脉用注射液、注射用无菌粉末及注射用浓溶液按照《中国药典》不溶性微粒检查法检查，应符合规定。

六、无菌

注射剂按照《中国药典》无菌检查法检查，应符合规定。

七、细菌内毒素或热原

除另有规定外，静脉用注射剂按照《中国药典》各品种项下的规定，照细菌内毒素检查法或热原检查法检查，应符合规定。

第九节 滴 眼 剂

滴眼剂指由药物与适宜辅料制成的供滴入眼内的无菌液体制剂。可分为水性或油性溶液、混悬液或乳状液。滴眼剂也可以固态如粉末、颗粒、块状或片状等形式包装，另备溶剂，在临用前配成溶液或混悬液。滴眼剂常用于杀菌、消炎、收敛、散瞳、麻醉或诊断，有的还有润滑或代替泪液之用。

知识链接

眼用制剂

眼用制剂指直接用于眼部发挥治疗作用的无菌制剂。

眼用制剂可分为眼用液体制剂、半固体制剂及固体制剂。眼用液体制剂有滴眼剂、洗眼剂、眼内注射溶液等；眼用半固体制剂有眼膏剂、眼用乳膏剂、眼用凝胶剂等；眼用固体制剂有眼膜剂、眼丸剂、眼内插入剂等。

其中，眼内注射液、眼内插入剂、供外科手术和急救用的眼用制剂，均不得加抑菌剂、抗氧剂或不适当的缓冲剂，且应包装于无菌容器内一次性使用。

一、滴眼剂的附加剂

1. pH 值调整剂　滴眼剂的 pH 值通常要求在 5 ~ 9 之间，pH 不当可引起刺激性，增加泪液的分泌，导致药物流失，甚至损伤角膜。为避免过强的刺激性，常用缓冲溶液来稳定药液的 pH 值。常用的缓冲溶液有：①磷酸盐缓冲溶液：由 0.8% 的磷酸二氢钠溶液和 0.947% 的磷酸氢二钠溶液组成。临用前按不同比例配合，可得 pH 值为 5.9 ~ 8.0 的缓冲溶液；②硼酸盐缓冲溶液：由 1.24% 的硼酸溶液和 1.91% 的硼砂溶液组成，临用时按不同比例配合，可得 pH 值为 6.7 ~ 9.1 的缓冲溶液。

2. 渗透压调整剂　滴眼剂的渗透压应与泪液等渗，渗透压过高或过低都会产生刺激性，眼球能适应的渗透压范围相当于浓度为 0.6% ~ 1.5% 的氯化钠溶液。滴眼剂常用的等渗调节剂有氯化钠、葡萄糖、硼酸等。

3. 抑菌剂　一般滴眼剂采用多剂量包装形式，在使用过程中无法始终保持无菌，因此抑菌剂的选择十分重要。不仅要求抑菌效果好，还要求作用迅速，即在病人两次使用的间隔时间内达到无菌。常用的抑菌剂有：①有机汞类，如硝酸苯汞、硫柳汞等；②季铵盐类，如苯扎氯铵、苯扎溴铵、氯己定（洗必泰）等阳离子表面活性剂；③醇类，如三氯叔丁醇、苯乙醇、苯氧乙醇等；④酯类，常用羟苯酯类，即尼泊金类，如对羟基苯甲酸甲酯、乙酯、丙酯等；⑤酸类，常用的为山梨酸。

使用单一抑菌剂，抑菌效果往往不理想，尤其对铜绿假单胞菌。采用两种以上抑菌剂联合应用可达到强效、速效抑菌作用，

4. 黏度调节剂　适当增加滴眼剂的黏度，可降低其刺激性，延长药物在眼内作用时间，减少流失量，从而提高药效。滴眼剂合适的黏度是 $4\sim5cPa\cdot s$。常用的增黏剂有甲基纤维素（MC）、聚乙烯醇（PVA）、聚维酮（PVP）等。

二、滴眼剂的容器

滴眼剂的容器即滴眼瓶，过去通常是玻璃制品，现在药厂生产大多用塑料制品。塑料滴眼瓶质轻、不易碎裂，由吹塑制成，当时封口，不易污染。清洗处理常用的方法为：切开封口，用真空灌装器将注射用水灌入滴眼瓶中，然后用甩水机将瓶中的水甩干，如此反复三次，洗涤液经检查澄明度符合要求后，甩干，必要时用环氧乙烷气体灭菌。

三、滴眼剂的制备

滴眼剂小量配制可在避菌柜中进行，大生产要按注射剂生产工艺要求进行。所用器具洗净后干热灭菌，或用杀菌剂浸泡灭菌，用前再用注射用水洗净，以避免污染。滴眼剂的生产工艺流程见图 5-10。

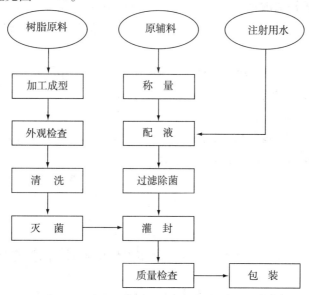

图 5-10　滴眼剂生产工艺流程图

滴眼剂的配制与注射剂工艺过程几乎相同。对热稳定的药物，配滤后应装入适宜容器中，灭菌后进行无菌灌装。对热不稳定的药物可用已灭菌的溶剂和用具在无菌柜中配制，操作中应避免细菌污染。眼用混悬剂可将药物微粉化后灭菌，另取表面活性剂、助悬剂加适量注射用水配成黏稠液与药物混匀，添加注射用水制成。用于眼部手术或眼外伤的滴眼剂，按小容量注射剂生产工艺进行，制成单剂量剂型，保证完全无菌，不加抑菌剂。

目前滴眼剂生产中灌装多采用减压灌装法，除另有规定外，每个容器的装量应不超过 10ml。

制备实例解析

醋酸氢化可的松滴眼液

【处方】 醋酸氢化可的松（微晶）　5.0g　　硼酸　　　　　　20.0g
　　　　硝酸苯汞　　　　　　　　0.02g　　羧甲基纤维素钠　2.0g
　　　　聚山梨酯80　　　　　　　0.8g　　注射用水　加至1000ml

【制法】取硼酸、硝酸苯汞、羧甲基纤维素钠溶于300ml热注射用水中，过滤后备用；另取醋酸氢化可的松微晶，置干燥灭菌容器中，加聚山梨酯80研匀，然后加入少量上述溶液，研成糊状。再少量分次加入上述溶液研匀，最后加注射用水至1000ml，过200～250目筛，在搅拌下分装，经100℃流通蒸汽30分钟灭菌，即得。

【用途】本品用于急性或亚急性虹膜炎、交感性眼炎、小泡性角膜炎等的治疗。

【处方分析】醋酸氢化可的松为主药，羧甲基纤维素钠为助悬剂，聚山梨酯80为润湿剂，硝酸苯汞为抑菌剂，硼酸为pH值调整剂与等渗调整剂，注射用水为溶剂。

【附注】①醋酸氢化可的松微晶的粒径应在5～20μm之间，过粗容易产生刺激性，降低疗效、损伤角膜；②本品为混悬型滴眼剂，为防止产品结块，灭菌过程应振摇或选用旋转式灭菌设备，本品静置后会有细微颗粒下沉，但经振摇后应为均匀的乳白色混悬液；③本品不宜用氯化钠调节渗透压，因其能使羧甲基纤维素钠溶液的黏度显著下降。

四、滴眼剂的质量检查

按照《中国药典》，眼用制剂在启用后最多可使用4周。除另有规定外，滴眼剂应进行以下相应检查。

1. 可见异物　滴眼剂按照《中国药典》可见异物检查法检查，应符合规定。

2. 粒度　按照《中国药典》，混悬型滴眼剂应做粒度检查。取供试品强烈振摇，立即量取适量（相当于主药10μg）置于载玻片上，照粒度和粒度分布测定法检查，大于50μm的粒子不得超过2个，且不得检出大于90μm的粒子。

3. 沉降体积比　按照《中国药典》方法检查，混悬型滴眼剂沉降体积比应不低于0.90。

4. 装量　滴眼剂按照《中国药典》最低装量检查法检查，应符合规定。

5. 渗透压摩尔浓度　水溶液型滴眼剂按照《中国药典》渗透压摩尔浓度测定法检查，应符合规定。

6. 无菌　滴眼剂按照《中国药典》无菌检查法检查，应符合规定。

同步训练

一、选择题

1. 注射剂的优点不包括 （　　　）
   A. 药效迅速、剂量准确、作用可靠　　　B. 适用于不宜口服的药物
   C. 适用于不能口服给药的病人　　　　　D. 可迅速终止药物作用

2. 一般注射剂的 pH 值应为 （　　　）
   A. 3 ~ 8　　　　B. 3 ~ 10　　　　C. 4 ~ 9　　　　D. 5 ~ 10

3. 热原主要是微生物的内毒素，其致热中心为 （　　　）
   A. 蛋白质　　　B. 脂多糖　　　C. 磷脂　　　D. 核糖核酸

4. 注射液中加入焦亚硫酸钠的作用是 （　　　）
   A. 抑菌剂　　　B. 抗氧剂　　　C. 止痛剂　　　D. 等渗调节剂

5. 常用作注射剂等渗调节剂的是 （　　　）
   A. 硼酸　　　B. 硼砂　　　C. 苯甲醇　　　D. 氯化钠

6. 可用于静脉注射脂肪乳的乳化剂是 （　　　）
   A. 阿拉伯胶　　　B. 西黄蓍胶　　　C. 磷脂　　　D. 脂肪酸山梨坦

7. 对于易溶于水，在水溶液中不稳定的药物，可制成哪种类型的注射剂 （　　　）
   A. 注射用无菌粉末　　　　　　　B. 溶液型注射剂
   C. 混悬型注射剂　　　　　　　　D. 乳剂型注射剂

8. 主要用于注射用无菌粉末的溶剂或注射液的稀释剂的是 （　　　）
   A. 纯化水　　　B. 灭菌蒸馏水　　　C. 注射用水　　　D. 灭菌注射用水

9. 氯霉素眼药水中加入硼酸的主要作用是 （　　　）
   A. 增溶　　　B. 调节 pH 值　　　C. 防腐　　　D. 增加疗效

10. 滴眼剂的质量要求中，哪一条与注射剂的质量要求不同 （　　　）
    A. 有一定 pH 值　　　　　　　B. 与泪液等渗
    C. 无菌　　　　　　　　　　　D. 无热原

二、简答题

1. 小容量注射剂配液与过滤过程应如何控制质量？

2. 输液可分为哪几类？各有何临床用途？

3. 粉针无菌分装工艺中可能存在的问题有哪些？分别是什么原因造成的？

第六章　外用膏剂

 知识要点

外用膏剂在皮肤科及外科治疗中具有重要作用，常用的外用膏剂主要有软膏剂、乳膏剂、眼膏剂、凝胶剂、贴膏剂等。本章重点介绍各类膏剂的概念、特点、类型及临床应用，阐述其常用的基质与制备方法，明确其质量检查。

第一节　软　膏　剂

一、概述

软膏剂指药物与油脂性或水溶性基质混合制成的均匀半固体外用制剂。软膏剂在医疗上主要用于皮肤、黏膜表面，具有润滑皮肤、保护创面和局部治疗作用，其中某些药物能透皮吸收，也可产生全身治疗作用。

软膏剂按药物在基质中的分散状态不同，可分为两种类型。

1. 溶液型软膏剂　指药物溶解（或共熔）于基质组分中制成的软膏剂。

2. 混悬型软膏剂　指药物细粉均匀分散于基质中制成的软膏剂。

知识链接

糊　剂

糊剂指大量的固体粉末（一般25%以上）均匀分散在适宜的基质中所组成的半固体外用制剂。糊剂稠度一般较大，但应易涂布于皮肤或黏膜上，不融化。糊剂中的固体成分应预先用适宜的方法磨成细粉。

糊剂可分为单相含水凝胶糊剂和脂肪糊剂。

二、软膏剂的基质

软膏剂由药物、附加剂和基质组成。在软膏剂中，基质既是药物的载体和赋形剂，能使软膏剂成型，同时又对软膏剂的质量和药效的发挥有重要影响，能影响药物的释放和在皮肤内的扩散。因此，软膏剂基质的选择很重要。

软膏剂涂于皮肤、黏膜表面应用，应均匀、细腻，理想的软膏剂基质应该符合下列要求：①性质稳定，与主药和其他基质不发生配伍变化等；②无刺激性与过敏性，无生理活性，不妨碍皮肤的正常生理作用；③稠度适宜，润滑，易于涂布；④有一定的吸水性，能吸收伤口分泌物；⑤易洗除，不污染衣服；⑥有良好的释药性。

常用的软膏基质主要有油脂性和水溶性两种。

（一）油脂性基质

油脂性基质的特点主要有：①润滑、无刺激性、不易长菌，能与较多药物配伍；②涂于皮肤上能形成封闭性油膜，促进皮肤水合作用，对皮肤有保护软化作用；③油腻性大、吸水性差，与分泌物不易混合、不易洗除；④释药性能差。

1. 烃类 此类基质是石油蒸馏后得到的多种饱和烃的混合物。

（1）凡士林 有黄、白两种，后者由前者漂白而成。凡士林性质稳定、无刺激性，能与多数药物配伍，特别适用于抗生素等不稳定的药物。本品有适宜的黏稠性和涂布性，可单独用作软膏基质，但其吸水性与释药性差。

（2）石蜡与液状石蜡 石蜡为固体，液体石蜡为液体，两者均用于调节软膏基质的稠度，液状石蜡也可用于研磨分散药物粉末，有利于药物与基质混匀。

2. 类脂类 此类基质物理性质与脂肪相似，但化学性质较脂肪稳定。

（1）羊毛脂 为淡黄色黏稠、微有特臭的膏状物，有良好的吸水性，性质与皮脂接近，有利于药物的透皮吸收。但无水羊毛脂过于黏稠，难于取用，一般不单独使用，与凡士林合用可改善其吸水性与药物渗透性。

（2）蜂蜡与鲸蜡 蜂蜡为黄色或白色块状物，鲸蜡为白色蜡状物。它们能与油脂类、石蜡类、凡士林等融合，主要用于调节软膏的稠度。

3. 油脂类 指从动、植物中得到的高级脂肪酸甘油酯及其混合物。从动物中得到的脂肪油现在很少用。植物油常与熔点较高的蜡类融合制成适宜稠度的基质，如单软膏就是蜂蜡与植物油 33∶67 融合而成。

4. 硅酮 也称二甲基硅油或硅油，为无色或淡黄色透明油状液体，黏度随分子量增加而增加。本品化学性质稳定、疏水性强，易于涂布，有极好的润滑效果，对皮肤无刺激、不易过敏，常与其他油脂性基质合用制备防护性软膏。但本品对眼睛有刺激性，不宜用作眼膏基质。

（二）水溶性基质

水溶性基质多用于湿润或糜烂创面，也常用于腔道黏膜或防油保护性软膏。其特点主要有：①无油腻性，能与渗出液混合，易洗除；②药物释放快；③润滑性差，水分容易蒸发且易于霉变。

目前常用的水溶性基质为聚乙二醇（PEG）类高分子化合物。PEG 随分子量不同，有液体、半固体和固体三种状态，平均分子量在700以下为液体，PEG1000和PEG1500为半固体，平均分子量在2000~6000为固体。不同分子量的PEG以适当比例混合，可制得稠度适宜的基质。常用的配比为PEG400与PEG4000以6:4或1:1混合。此类基质化学性质稳定，能与渗出液混合并易洗除，但有刺激感，久用可引起皮肤干燥。

三、软膏剂的制备

（一）软膏剂的制备方法

1. 研合法　指将基质各组分与药物在常温下通过研磨均匀混合的方法。该法适用于稠度适中、在常温下通过研磨即能均匀混合的基质及不耐热的药物。小量制备常用软膏刀或乳钵，大生产可用电动研钵等设备。

2. 熔合法　指将基质各组分通过加热熔融混合，再加入药物混合均匀的方法。制备时先将熔点高的基质加热熔融，然后将其余基质依熔点从高到低的顺序逐一加入，待全部基质熔化后，再加入药物，搅拌混合均匀，直至冷凝。该法适用于熔点较高、常温下不易混合的基质。

（二）软膏剂制备中应注意的问题

1. 基质的处理　油脂性基质一般应先加热熔融，并趁热滤过，除去杂质，必要时150℃加热1小时灭菌并去除水分；高分子水溶性基质应溶胀、溶解制成溶液或凝胶后备用。

2. 药物加入基质的方法　①可溶于基质的药物，将基质加热熔化后直接加入；②不溶于基质的药物，粉碎过筛后，取少量基质或基质中的液体成分（如液状石蜡等）研成糊状，再逐渐递加其余基质研匀；③水溶性药物与油脂性基质混合时，可先将药物用少量水溶解，以羊毛脂吸收后，再与其余基质混匀；④含共熔成分时，可先将其研磨共熔后，再与冷至40℃左右的基质混匀；⑤挥发性药物或热敏性药物，应待基质降温至40℃左右，再与其混合均匀。

制备实例解析

清 凉 油

【处方】	薄荷脑	140g	樟脑	160g
	薄荷油	100g	石蜡	210g
	桉叶油	100g	蜂蜡	90g
	10%氨溶液	6ml	凡士林	200g

【制法】　先将樟脑、薄荷脑混合研磨使共熔，共熔物与薄荷油、桉叶油混合均匀制成芳香油。另将石蜡、蜂蜡、凡士林加热至110℃以除去水分，必要时滤过，放冷至50℃，与上述芳香油混合，加入氨溶液，混匀。

【用途】　本品用于止痛、止痒，适用于伤风、头痛、蚊虫叮咬等。

四、软膏剂的质量检查

按照《中国药典》，软膏剂应均匀、细腻，具有适当的黏稠度，涂于皮肤或黏膜上应无刺激，在生产与贮藏期间应无酸败、异臭、变色、变硬等现象。除另有规定外，应做以下相应检查。

1. 粒度　除另有规定外，混悬型软膏剂取适量供试品，涂成薄层，薄层面积相当于盖玻片面积，共涂 3 片，按照《中国药典》粒度和粒度分布测定法检查，均不得检查出大于 180μm 的粒子。

2. 装量　按照《中国药典》最低装量检查法检查，应符合规定。

3. 微生物限度　除另有规定外，软膏剂按照《中国药典》微生物限度检查法检查，应符合规定。

4. 无菌　用于烧伤或严重创伤的软膏剂，按照《中国药典》无菌检查法检查，应符合规定。

第二节　乳膏剂

一、概述

乳膏剂指药物溶解或分散于乳状液型基质中形成的均匀的半固体外用制剂。

1. 乳膏剂的特点　与软膏剂相比，乳膏剂具有以下特点：①油腻性小，稠度适宜，容易涂布；②能与水或油混合，易于清洗；③有利于药物与皮肤的接触，能促进药物经皮渗透，对皮肤正常功能影响较小；④不适于遇水不稳定的药物及分泌物较多的皮肤病（如湿疹）。

2. 乳膏剂的类型　乳膏剂由于基质不同，可分为水包油型和油包水型两种。

二、乳膏剂的基质

（一）乳膏基质的组成

乳膏剂的基质也称为乳剂型软膏基质，与乳剂相似，由水相、油相和乳化剂组成，油相与水相借乳化剂的作用在一定温度下混合乳化，最后在室温下形成半固体基质。根据需要，乳膏基质中还可加入一些附加剂。

1. 油相　乳膏剂常用的油相基质多数为固体和半固体，如硬脂酸、蜂蜡、石蜡、高级醇、凡士林等，有时为了调节稠度也可加入一定量的液体，如液状石蜡、植物油等，以形成适宜的半固体状态。

2. 水相　乳膏剂中的水相为纯化水或药物的水溶液。

3. 乳化剂　乳膏剂常用的乳化剂主要有阴离子和非离子型表面活性剂，如皂类、十二烷基硫酸钠、脂肪酸山梨坦、聚山梨酯类、多元醇脂肪酸酯类、聚氧乙烯醚类等。

4. 附加剂 根据需要乳膏基质中还可加入适宜的附加剂，常用的有：①保湿剂，如甘油、山梨醇、丙二醇等，可防止乳膏基质，特别是水包油型的乳膏基质蒸发失水变硬；②防腐剂，如羟苯酯类等，可防止乳膏贮存过程中霉变；③增稠剂，如单硬脂酸甘油酯、高级脂肪醇等，常用于水包油型乳膏基质中，可增加其稳定性。

（二）乳膏基质的分类

同乳剂一样，乳膏基质也分为油包水（W/O）型与水包油（O/W）型两类。

1. 水包油型基质 外观色白，有"雪花膏"之称。含水量高，无油腻性，易洗除，药物的释放与对皮肤的穿透性较好。但贮存过程中水分易蒸发而使乳膏剂变硬，且易霉变。

2. 油包水型基质 使用后水分从皮肤蒸发时有和缓的冷却作用，有"冷霜"之称。其性质稳定、对皮肤的润滑与保护性较好。但吸水量少，不易与水混合。

三、乳膏剂的制备

1. 基质的制备方法 乳膏剂的制备方法称为乳化法。

乳化法制备过程为：将处方中的油脂性和油溶性组分一起加热至80℃左右，熔融混合成油溶液（油相）；另将水溶性组分溶于水中，一起加热至80℃左右成水溶液（水相）；两相等温混合，不断搅拌，直至冷凝。大生产可通过乳匀机或胶体磨等设备制备，使产品更均匀细腻。

2. 药物的加入方法 乳膏剂制备中，在不影响乳化的条件下，一般油溶性药物可溶于油相，水溶性药物可溶于水相，再加热混合乳化。如药物为不溶性固体粉末，则应先将药物粉碎成细粉，在基质形成后加入，搅拌混合使分散均匀。

制备实例解析

醋酸氟轻松乳膏

【处方】醋酸氟轻松	0.25g	硬脂酸	150g
白凡士林	250g	羊毛脂	20g
三乙醇胺	20g	甘油	50g
羟苯乙酯	1g	纯化水	加至1000g

【制法】醋酸氟轻松研细过六号筛备用。取硬脂酸、白凡士林、羊毛脂加热熔融并保持在70℃~80℃；另取三乙醇胺、甘油、羟苯乙酯溶于水中，加热至70℃~80℃；两相混合，搅拌至凝固成膏状。将研细过筛的醋酸氟轻松加入基质中，搅拌混合使分散均匀。

【用途】本品用于萎缩性皮炎和接触性、脂溢性、神经性皮炎及湿疹等。

【处方分析】醋酸氟轻松为主药；硬脂酸、白凡士林、羊毛脂为油相基质，其中一部分硬脂酸与三乙醇胺反应生成有机胺皂作乳化剂，凡士林用以调节稠度，增加润滑性，羊毛脂可增加油相的吸水性和药物的穿透性；甘油为保湿剂，羟苯乙酯为防腐剂。

　　【附注】①本品为 O/W 型乳膏；②醋酸氟轻松不溶于水，也不能溶于处方中的油相，故需待基质制好后加入其中，应注意分散均匀。

四、乳膏剂的质量检查与贮存

　　乳膏剂应均匀、细腻，具有适当的黏稠度，涂于皮肤或黏膜上应无刺激，在生产与贮藏期间应无酸败、异臭、变色、变硬、油水分离及胀气等现象，其质量检查项目同软膏剂。乳膏剂应遮光密封，宜置 25℃ 以下贮存，不得冷冻。

第三节　凝胶剂

一、概述

　　凝胶剂指药物与能形成凝胶的辅料制成溶液、混悬或乳状液型的稠厚液体或半固体制剂。乳状液型凝胶剂又称为乳胶剂。除另有规定外，凝胶剂限局部用于皮肤及体腔如鼻腔、阴道和直肠。

　　凝胶剂按分散系统分为单相凝胶和双相凝胶。

　　1. 单相凝胶　一般是高分子有机化合物形成的凝胶，单相凝胶根据基质不同又分为水性凝胶和油性凝胶。

　　2. 双相凝胶　是由小分子无机药物（如氢氧化铝）胶体小粒子以网状结构存在于液体中，也称混悬型凝胶。混悬型凝胶有触变性，静止时形成半固体而搅拌或振摇时成为液体。

二、凝胶剂常用的基质

　　凝胶剂基质可分为水性和油性两种。临床上应用较多的是水性凝胶基质。

　　1. 水性凝胶基质　一般由水、甘油或丙二醇与纤维素衍生物、卡波姆和海藻酸盐、西黄蓍胶、明胶、淀粉等构成。具有无油腻感，易涂布与洗除，能吸收组织渗出物，释药快，不妨碍皮肤的正常生理代谢等特点。但润滑性差、易失水与霉变。常用的水性凝胶基质有：

　　（1）卡波姆　是由丙烯酸与丙烯基蔗糖交联的高分子聚合物，商品名为卡波普，根据分子量不同，有多种规格。本品是一种引湿性很强的白色松散粉末，可以在水中迅速溶胀，但不溶解。其水分散液呈酸性，黏度较低。用碱中和后在水中逐渐溶解，黏度也逐渐增大，低浓度时形成澄明溶液，高浓度时形成半透明的凝胶，在 pH6~11 时，黏度和稠度最大。本品制成的基质无油腻感，使用润滑舒适，特别适用于治疗脂溢性皮肤病。

　　（2）纤维素衍生物　常用的有甲基纤维素（MC）和羧甲基纤维素钠（CMC-Na）等。MC 溶于冷水，CMC-Na 在冷、热水中均能溶解，它们 1% 水溶液的 pH 均在 6~8，高浓度时呈凝胶。此类基质涂布于皮肤有较强的黏附性，较易失水，干燥后有不适感，常需加入 10%~15% 的甘油做保湿剂。

2. 油性凝胶基质 一般由液状石蜡与聚乙烯或脂肪油与胶体硅或铝皂、锌皂构成。

三、凝胶剂的制备

水性凝胶剂制备：可先制备凝胶基质，再将药物加入基质中。水溶性药物常先溶于部分水或甘油中，必要时加热，再与基质混匀加水至足量即得；不溶于水的药物，可先用少量水或甘油研细、分散后，再与基质混匀。

凝胶剂应避光，密闭贮存，并应防冻。

制备实例解析

卡波姆凝胶基质

【处方】
卡波姆940	10g	乙醇	50g
甘油	50g	聚山梨酯80	2g
羟苯乙酯	1g	氢氧化钠	4g
纯化水	加至1000g		

【制法】将卡波姆、甘油、聚山梨酯80混匀，加适量纯化水搅匀，使卡波姆充分分散。另取氢氧化钠溶于100ml纯化水，逐渐加入上液中，再将羟苯乙酯溶于乙醇中，逐渐加入搅匀，加纯化水至全量，混匀。

【附注】氢氧化钠可提高卡波姆的黏度。

四、凝胶剂的质量检查

按照《中国药典》，凝胶剂应均匀、细腻，在常温下保持胶状，不干涸或液化，一般应检查pH值。其粒度、装量、微生物限度等项目的质量检查应符合规定，用于烧伤或严重创伤的凝胶剂还应进行无菌检查。

第四节 眼 膏 剂

一、概述

眼膏剂指药物与适宜基质均匀混合，制成无菌溶液型或混悬型的眼用半固体制剂。眼膏剂常用于眼部损伤及眼部手术后。

与其他眼用制剂相比，眼膏剂具有以下特点：①基质无水、化学惰性，适用于遇水不稳定的药物，如抗生素等；②在结膜囊内保留时间长，疗效持久；③能减轻眼睑对眼球的摩擦，有助于角膜损伤的愈合；④有油腻感，容易使视力模糊。

知识链接

眼用乳膏与眼用凝胶剂

眼用乳膏剂指由药物与适宜基质均匀混合，制成无菌乳膏状的眼用半固体制剂。

眼用凝胶剂指由药物与适宜辅料制成无菌凝胶状的眼用半固体制剂。其黏度大，易与泪液混合。

眼用乳膏剂与眼用凝胶剂的质量要求与眼膏剂基本相同。

二、眼膏剂常用的基质

眼膏剂是供眼用的软膏剂，所用基质应均匀、细腻、对眼睛无刺激性。常用的眼膏基质为黄凡士林 8 份，液状石蜡、羊毛脂各 1 份混合而成，可根据气温适当调整液状石蜡的用量。基质中的羊毛脂有较强的吸水性和黏附性，使眼膏易与泪液混合并附着于眼黏膜上，有利于药物的渗透。

三、眼膏剂的制备

眼膏剂的制备方法与软膏剂基本相同，但眼膏剂制备过程中应特别注意：①应在清洁、无菌的环境中制备，严防微生物的污染；②所用器具、容器及包装材料等须用适宜的方法清洁、灭菌；③基质在配制前应滤过并灭菌，一般在加热熔化后用绢布等适宜滤材保温过滤，150℃干热灭菌 1 ~ 2 小时；④不溶性药物应预先用合适的方法制成极细粉；⑤除另有规定外，每个容器的装量应不超过 5g。

制备实例解析

红霉素眼膏

【处方】红霉素　　　　50 万 IU　　　　液状石蜡　　　　适量
　　　　眼膏基质　　适量　　　　共制 100g。

【制法】取红霉素加适量灭菌液状石蜡研成细糊状，加少量灭菌眼膏基质研匀，再分次加入剩余的基质研匀，无菌分装。

【用途】用于沙眼、结膜炎、角膜炎、眼睑缘炎及眼外部感染等。

【附注】红霉素不耐热，温度达 60℃时容易分解，所以应待基质冷却后再加入。

四、眼膏剂的质量检查

除符合软膏剂的要求外，还应符合眼用制剂的要求。按照《中国药典》，眼膏剂应均匀、细腻、无刺激性，并易涂布于眼部，便于药物分散和吸收。其粒度、金属异物、重量差异、装量、无菌等项目的质量检查应符合规定。

第五节 贴膏剂

贴膏剂是指药材提取物、药材或化学药物与适宜的基质和基材制成的供皮肤贴敷，可产生局部或全身性作用的一类片状外用制剂。贴膏剂包括橡胶膏剂、凝胶膏剂和贴剂。

一、橡胶膏剂

橡胶膏剂是指药材提取物或化学药物与橡胶等基质混匀后，涂布于背衬材料上制成的贴膏剂。橡胶膏剂黏着力强、不污染衣服，可直接贴于皮肤起保护、封闭和治疗等作用。常用于风湿等引起的关节、肌肉疼痛以及扭伤、损伤等，不含药的橡胶膏（胶布）可在皮肤上起固定敷料、保护创面等作用。橡胶膏剂的缺点是膏层较薄、载药量少，药效维持时间较短。

（一）橡胶膏剂的组成

1. 背衬材料 可用漂白细布、聚乙烯及软聚氯乙烯片等。

2. 膏面覆盖物 多为塑料薄膜、硬质纱布或玻璃纸等，可避免膏片相互黏着及防止挥发性药物的挥散。

3. 膏料 主要包括药物与基质。药物即药材提取物或化学药物。基质的主要原料为橡胶，此外，还需加入下列物质：①增黏剂，如松香、松香衍生物；②软化剂，如凡士林、羊毛脂、液状石蜡、植物油等；③填充剂，如氧化锌、锌钡白（立德粉）等。

（二）橡胶膏剂的制备

1. 溶剂法 制备过程为：将生胶洗净，在50℃～60℃温度下加热干燥或晾干，切成条块，在炼胶机中炼成网状胶片，消除静电18～24小时后，浸入适量汽油中，待溶胀后移入打膏机中，依次加入凡士林、羊毛脂、松香、氧化锌等，再加入药物，搅匀制成膏浆。然后涂膏、回收溶剂、切割、加衬、包装。

2. 热压法 制备过程为：按溶剂法制成网状胶片后，加入油脂性药物，待溶胀后再加入其他药物、氧化锌、松香等，炼压均匀，涂膏、切割、加衬、包装。此法不用汽油，但成品不够光滑。

制备实例解析

伤湿止痛膏

【处方】			
伤湿止痛流浸膏	50g	水杨酸甲酯	15g
颠茄流浸膏	30g	樟脑	20g
芸香浸膏	12.5g	薄荷脑	10g
冰片	10g		

【制法】伤湿止痛流浸膏是取生草乌、生川乌、乳香、没药、生马钱子、丁香各1份，肉桂、荆芥、防风、老鹳草、香加皮、积雪草、骨碎补各2份，白芷、山柰、干姜各3份，粉碎成粗粉，用90%乙醇制成相对密度约为1.05的流浸膏；按处方量称取各药，另加3.7~4.0倍重的由橡胶、松香等制成的基质，制成涂料，涂膏，切段，盖衬，切成小块，即得。

【功能与主治】祛风湿，活血止痛。用于风湿性关节炎，肌肉疼痛，关节肿痛。

二、凝胶膏剂

凝胶膏剂也称为巴布剂，指提取物、饮片或（和）化学药物与适宜的亲水性基质混匀后，涂布于背衬材料上制成的贴膏剂。该剂型载药量大、使用方便、贴敷舒适，有利于药物的透皮吸收且对皮肤无刺激性。其缺点是黏性较差。

凝胶膏剂主要由背衬材料、保护层、膏料层三部分组成。背衬材料可采用漂白布或无纺布。保护层，即膏面覆盖物多为聚乙烯薄膜。膏料层由药物与基质组成，常用的基质有聚丙烯酸钠、羧甲基纤维素钠、明胶、甘油和微粉硅胶等。

凝胶膏剂的制备过程与橡胶膏剂基本相同，只是涂布后，用层压的方法将膏层与保护层复合，由自动包装机完成切割、包装。

三、贴剂

贴剂是指提取物或（和）化学药物与适宜的高分子材料制成的一种薄片状贴膏剂。主要由背衬层、药物贮库层、黏胶层、防黏层组成。常用的基质有乙烯－醋酸乙烯共聚物、硅橡胶和聚乙二醇等。贴剂可产生全身或局部作用。

四、贴膏剂的质量检查

按照《中国药典》，贴膏剂的膏料应涂布均匀，膏面应光洁，色泽一致，无脱膏、失黏现象；背衬面应平整、洁净、无漏膏现象。涂布中若使用有机溶剂的，必要时应检查残留溶剂。贴膏剂每片的长度和宽度，按中线部位测量，均不得小于标示尺寸。贴膏剂还应进行含膏量、黏附性、微生物限度等项目的检查。

同步训练

一、选择题

1. 下列不属于油脂性基质的是（　　　）

　　A. 凡士林　　　　B. 羊毛脂　　　　C. 蜂蜡　　　　D. 聚乙二醇

2. 凡士林基质中加入羊毛脂的目的是为了增加基质的 （   ）

    A. 吸水性   B. 稳定性   C. 防腐能力   D. 溶解范围

3. 可以单独用作软膏基质的是 （   ）

    A. 植物油   B. 凡士林   C. 蜂蜡   D. 液状石蜡

4. 关于油脂性基质的错误叙述是 （   ）

    A. 油脂性基质包括烃类、类脂类、油脂类和硅酮

    B. 凡士林基质适用于有大量渗出物的患处

    C. 凡士林能与多种药物配伍，特别适用于不稳定的抗生素药物

    D. 羊毛脂常与凡士林合用

5. 关于乳剂型基质的正确叙述为 （   ）

    A. O/W 型乳剂基质不易霉变，制备时不需要加防腐剂

    B. W/O 型乳剂基质含水量高，易与水混合

    C. O/W 型乳剂基质可使用于分泌物较多的病灶

    D. O/W 型乳剂基质因外相水易蒸发变硬，故需加入保湿剂

6. 有关眼膏剂的不正确表述是 （   ）

    A. 应无刺激性、过敏性   B. 应均匀、细腻、易于涂布

    C. 必须在清洁、灭菌的环境下制备   D. 常用基质中不含羊毛脂

7. 下列属于水性凝胶基质的是 （   ）

    A. 植物油   B. 卡波姆   C. 凡士林   D. 硬脂酸钠

8. 乳膏基质中加入羟苯酯类的作用是 （   ）

    A. 保湿剂   B. 增稠剂   C. 防腐剂   D. 乳化剂

9. 乳膏基质的制法是 （   ）

    A. 研合法   B. 熔合法   C. 乳化法   D. 热压法

10. 贴膏剂一般不包括 （   ）

    A. 橡胶膏剂   B. 凝胶膏剂   C. 贴剂   D. 糊剂

二、简答题

1. 乳膏基质由哪几部分组成？

2. 眼膏剂的制备与一般软膏剂有哪些不同？

第七章　中药制剂

知识要点

　　中药制剂以传统剂型居多，在我国临床治疗中占有非常重要的地位。本章分中药浸出制剂与中药成方制剂两部分，浸出制剂重点介绍汤剂、合剂、口服液、酒剂、酊剂、流浸膏剂、浸膏剂及煎膏剂。中药成方制剂重点介绍中药丸剂、中药片剂、中药注射剂及中药铅硬膏剂。

第一节　浸出制剂

一、概述

　　浸出制剂指以适宜的浸出溶剂和方法，浸出药材中的药用成分制成的供内服或外用的一类液体制剂。浸出制剂是我国应用最早的剂型之一，既可直接应用于临床，又可作为原料供进一步制备其他剂型用。

（一）浸出制剂的特点

　　浸出制剂组成成分比较复杂，除含有效成分与辅助成分外，往往还含有一定量的无效物质，一般具有以下特点：

　　1. 具有多种成分的综合作用与多效性　浸出制剂含多种成分，与同一药材中提取的单体化合物相比，具有各成分的综合作用，而且有单体化合物不具有的治疗效果，能发挥药材的多效性。如阿片酊不仅具有镇痛作用，还有止泻功能，但从阿片粉中提取的吗啡却只有镇痛作用。

　　2. 药效比较缓和持久、毒性较低　浸出制剂中的辅助成分往往能促进有效成分吸收、延缓其在体内运转、增强制剂的稳定性或在体内转化成有效物质。如莨菪浸膏中，东莨菪内酯可以促进莨菪碱的吸收，并延长在肠管的停留时间，减少其向体内转移。因而莨菪浸膏与莨菪碱相比对肠管平滑肌的解痉作用缓和持久，毒性也较低。

　　3. 有效成分浓度较高、服用剂量少　浸出制剂与原药材相比，除去了大部分无效成分与组织物质，相应提高了有效成分的浓度，减少了服用量。

4. 含有一定量的无效成分、影响制剂质量　浸出药剂中均有不同程度的无效物质，如一些高分子物质、黏液质、多糖等，在贮存过程中易产生沉淀、变质等，影响制剂质量与药效。

(二) 浸出制剂的类型

按照浸出溶剂及制备方法不同，浸出制剂可分为以下几类。

1. 水浸出制剂　指以水为主要溶剂，在一定加热条件下浸出药材中的成分制成的含水浸出制剂。如汤剂、合剂等。

2. 醇浸出制剂　指在一定条件下，用适宜浓度的乙醇或酒浸出药材中的成分制成的含醇浸出制剂。如酒剂、酊剂、流浸膏剂等。

3. 含糖浸出制剂　一般指在水或醇浸出制剂的基础上，经过一定的处理，加入一定量的蔗糖或蜂蜜制成的制剂。如煎膏剂、糖浆剂等。

4. 精制浸出制剂　指在水或醇浸出制剂的基础上，经适当精制处理制成的制剂。如口服液等。

二、汤剂、合剂与口服液

(一) 汤剂

汤剂指以中药饮片或粗颗粒为原料加水煎煮、去渣取汁制成的液体制剂，主要供内服，少数外用作洗浴、熏蒸、含漱用。

1. 汤剂的特点　汤剂是我国应用最早的一种剂型，其特点主要有：①吸收快、药效迅速、制法简单；②多为复方，可发挥多种成分的综合作用；③使用时需临时煎煮，服用量较大且味苦；④携带不方便，久贮易霉变。

2. 汤剂的制备　汤剂制备主要采用煎煮法。煎煮器以搪瓷、陶瓷及不锈钢等制品为宜。

> **知识链接**
>
> **汤剂制备中特殊药材的入药处理**
>
> 制备汤剂时，对处方中一些特殊性质的药材，入药时应分别对待。①先煎，如质地坚硬、有效成分不易煎出的矿石类、贝壳类、角甲类药材以及久煎才能去毒或减毒的药材等；②后下，如含挥发油多或不宜久煎的药材等；③包煎，如药粉类、细小种子类、含淀粉较多以及附有绒毛等的药材；④另煎，如人参、鹿茸等贵重药材；⑤烊化，指胶类或糖类药材等，加水溶化后，冲入汤液中服用；⑥冲服，指难溶于水的贵重药材等，制成细粉，用其他煎液冲服。

制备实例解析

麻 黄 汤

【**处方**】麻黄 3 ~9g，桂枝 3 ~9g，炙甘草 3g，杏仁 9g。

【**制法**】将麻黄先煎约 15 分钟，再加入甘草、杏仁合煎，桂枝最后于煎毕前 15 分钟加入，第二次煎 25 分钟，滤去煎液，将二次煎液合并即得。

【**功能与主治**】本品用于辛温发表，治风寒感冒、恶寒发热、无汗、咳嗽、气喘等症。

（二）合剂与口服液

合剂指饮片用水或其他溶剂，采用适宜方法提取制成的口服液体制剂，单剂量灌装者也可称口服液。

1. 中药合剂与口服液的特点 中药合剂与口服液是在汤剂基础上改进发展而来的中药新剂型，一般选用疗效可靠、应用广泛的成方制备。其特点主要有：①能发挥综合疗效、吸收快、奏效迅速；②能大量生产，经浓缩后体积小、服用量小，使用方便；③成品中加入适宜的防腐剂，并经灭菌处理，密封包装，携带、贮存方便；④不能随症加减，对生产设备、工艺条件要求较高，不能完全代替汤剂。

2. 中药合剂与口服液的制备 中药合剂与口服液是将汤剂进一步加工而制得的，即将药材浸提后，进一步纯化、浓缩至一定体积，添加适宜的附加剂（如矫味剂与防腐剂等），分装、灭菌而制得。口服液的生产工艺流程如图 7 - 1。

图 7 -1 口服液的生产工艺流程图

3. 中药合剂与口服液的质量要求 ①除另有规定外，合剂应澄清，在贮存期间不得有发霉、酸败、异物、变色、产生气体或其他变质现象，允许有少量摇之易散的沉淀；②合剂一般应检查相对密度、pH 值等；③合剂的装量、微生物限度等检查应符合规定。

制备实例解析

玉屏风口服液

【**处方**】黄芪 600g，防风 200g，白术（炒）200g。

【**制法**】以上三味，将防风酌予碎断，提取挥发油，蒸馏后的水溶液另器收集，药渣及其余两味，加水煎煮 2 次，第一次 1.5 小时，第二次 1 小时，合并煎液，滤过，滤液浓缩至适量，加适量乙醇使沉淀，取上清液并减压回收乙醇，加水搅匀，静置，取上清液滤过，滤液浓缩。另取蔗糖 400g 制成糖浆，与上述药液合并，再加入挥发油及蒸馏后的水溶液，调整总量至1000ml，搅匀，滤过，灌装，灭菌，即得。

【功能与主治】益气，固表，止汗。用于表虚不固，自汗恶风，面色㿠白，或体虚感风邪者。

三、酒剂与酊剂

（一）酒剂

酒剂又称药酒，指饮片用蒸馏酒提取制成的澄清液体制剂。药酒多供内服，少数作外用，也有的兼供内服和外用。

1. 酒剂的特点 酒能通血脉、御寒气、行药势、行血活络，酒剂通常用于风寒湿痹，具有祛风活血、止痛散瘀的功能。但小儿、孕妇、心脏病及高血压病人不宜用。

2. 酒剂的制备 酒剂可用浸渍法、渗漉法或其他适宜方法制备。内服酒剂应以谷类酒为原料，有时为了矫味或着色，可酌情加入适量糖或蜂蜜，生产所用的饮片，一般应适当粉碎，蒸馏酒的浓度及用量、浸渍温度和时间、渗漉速度等均应符合要求。配制后的酒剂需静置澄清，滤过后分装于洁净的容器中。

3. 酒剂的质量要求 ①酒剂应检查乙醇量；②酒剂在贮存期间允许有少量摇之易散的沉淀；③酒剂总固体、甲醇量、装量、微生物限度等检查应符合规定。

制备实例解析

三两半药酒

【处方】当归100g，黄芪（蜜炙）100g，牛膝100g，防风50g。

【制法】以上四味，粉碎成粗粉，按渗漉法，用白酒2400ml与黄酒8000ml的混合液作溶剂，浸渍48小时后，缓慢渗漉；渗漉液中加入蔗糖840g搅拌溶解后，静置，滤过，即得。

【功能与主治】益气活血，祛风通络。用于气血不和、感受风湿所致的痹证，症见四肢疼痛、筋脉拘挛。但应注意高血压患者慎用，孕妇忌用。

（二）酊剂

酊剂指饮片用规定浓度的乙醇提取或溶解而制成的澄清液体制剂，亦可用流浸膏稀释制成。供口服或外用。

1. 酊剂的制备 制备酊剂可按原料不同选用不同的方法。

（1）溶解法 指将药物直接溶解于乙醇中，适用于以化学药物或提纯品为原料。

（2）稀释法 指原料加规定浓度的乙醇稀释至需要量，适用于以流浸膏或浸膏为原料。

（3）浸渍法与渗漉法 适用于以药材为原料。

2. 酊剂的质量要求 ①酊剂的浓度一般随药材性质而异，除另有规定外，含有毒性药的酊剂，每100ml相当于原饮片10g；其他药酊剂，每100ml相当于原饮片20g；②酊剂应检查乙醇量；③酊剂久置产生沉淀时，在乙醇量和有效成分含量符合规定的情况下，可滤过除去沉淀；④酊剂甲醇量、装量、微生物限度等检查应符合规定。

制备实例解析

复方土槿皮酊

【处方】 土槿皮20g，水杨酸6g，苯甲酸12g，75%乙醇适量。

【制法】 取土槿皮粗粉，加75%乙醇90ml，浸渍3～5日。滤过，残渣压榨，滤液与压榨液合并，静置24小时。滤过，自滤器上添加75%乙醇，搅匀，将水杨酸及苯甲酸加入滤液中溶解。最后加入适量75%乙醇使成200ml，搅匀，滤过，即得。

【功能与主治】 具有软化角质、杀菌、治疗癣症的作用，可用于汗疱型、糜烂型的手足癣及体股癣等。湿疹起泡或糜烂的急性炎症期忌用。

四、流浸膏剂与浸膏剂

（一）流浸膏剂

流浸膏剂指饮片用适宜的溶剂提取，蒸去部分溶剂，调整至规定浓度而制成的制剂。流浸膏只有少数品种直接供临床应用，绝大多数作为配制其他制剂的原料，常用于配制酊剂、合剂、糖浆剂等液体制剂。

1. 流浸膏剂的制备 除另有规定外，流浸膏剂用渗漉法制备，也可用浸膏剂稀释制成。其制备工艺过程见图7-2。

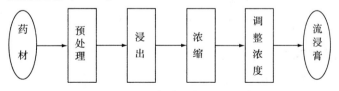

图7-2 流浸膏的生产工艺流程图

2. 流浸膏剂的质量要求 ①除另有规定外，流浸膏剂每1ml相当于原饮片1g，流浸膏剂有效成分含量较酊剂高；②流浸膏剂一般应检查乙醇量；③流浸膏剂久置若产生沉淀时，在乙醇和有效成分含量符合规定的情况下，可滤过除去沉淀；④流浸膏剂装量、微生物限度等检查应符合规定。

大黄流浸膏

【处方】大黄（最粗粉）1000g，乙醇（60%）适量，共制1000ml。

【制法】取大黄（最粗粉）1000g，按渗漉法，用60%乙醇作溶剂，浸渍24小时。以每分钟1~3ml的速率缓缓渗漉，收集初滤液850ml，另器保存。继续渗漉，至渗漉液色淡为止，收集续滤液，浓缩至稠膏状。加入初滤液，混合后，用60%乙醇稀释至1000ml，静置，滤过，即得。

【功能与主治】刺激性泻药，味苦健胃药。用于便秘及食欲不振。

（二）浸膏剂

浸膏剂指饮片用适宜溶剂提取，蒸去大部分或全部溶剂，调整至规定浓度而制成的制剂。浸膏剂很少直接用于临床，一般用于配制散剂、丸剂、颗粒剂、片剂等固体制剂。

1. 浸膏剂的类型 浸膏剂按干湿程度不同分为稠浸膏剂和干浸膏剂两种。

（1）稠浸膏剂 为半固体，具有黏性，含水量为15%~20%，可用甘油、液状葡萄糖等调整含量。

（2）干浸膏剂 为干燥固体，含水量约为5%，可用淀粉、乳糖、蔗糖、磷酸钙、药材细粉等调整含量。

2. 浸膏剂的制备 浸膏剂用煎煮法或渗漉法制备，全部煎煮液或渗漉液应低温浓缩至稠膏状，加稀释剂或继续浓缩至规定的量。其生产工艺过程见图7-3。

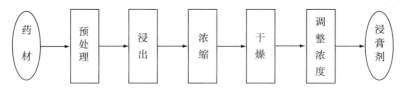

图7-3 浸膏剂生产工艺流程图

3. 浸膏剂的质量要求 除另有规定外，浸膏剂每1g相当于原药材2~5g，其装量、微生物限度等检查应符合规定。

颠 茄 浸 膏

【处方】颠茄（粗粉）1000g，稀释剂适量，乙醇（85%）适量。

【制法】取颠茄粗粉1000g，按渗漉法，用85%乙醇作溶剂，浸渍48小时。以每分钟1~3ml的速率缓缓渗漉，收集初滤液3000ml，另器保存。继续渗漉，待生物碱完全漉出，续漉液作下一次渗漉的溶剂用。初漉液在60℃减压回收乙醇，放冷至室温，分离除去叶绿素，滤过。滤液在60℃～70℃蒸发至稠膏状，加10倍量的乙醇，搅拌均匀，静置。待沉淀完全，吸取上清液，在60℃减压回收乙醇后，浓缩至稠膏状。取出约3g，测定生物碱的含量，加稀释剂适量，使生物碱的含量符合规定，低温干燥，研细，过四号筛，即得。

【功能与主治】抗胆碱药，解除平滑肌痉挛，抑制腺体分泌。用于胃及十二指肠溃疡，胃肠道、肾、胆绞痛等。

五、煎膏剂

煎膏剂习称"膏滋"，指饮片用水煎煮，取煎煮液浓缩，加炼蜜或糖（或转化糖）制成的半流体制剂。

1. 煎膏剂的特点　煎膏剂的效用以滋补为主，兼有缓和的治疗作用。其特点主要有：①有效成分含量高、体积小，含大量蜂蜜或蔗糖，便于患者服用；②制备加热时间较长，不适用于受热易变质及含挥发性有效成分的中药材。

2. 煎膏剂的制备　煎膏剂一般按煎煮法制备。将药材加水煎煮，浓缩成清膏后，加入规定量的炼蜜或糖，收膏。若需加饮片细粉，待冷却后加入，搅拌混匀。其生产工艺过程见图7-4。

图7-4　煎膏剂的生产工艺流程图

3. 煎膏剂的质量要求　①煎膏剂应无焦臭、异味，无糖的结晶析出；②除另有规定外，煎膏剂制备中加炼蜜或糖（或转化糖）的量，一般不超过清膏量的3倍；③煎膏剂相对密度、不溶物、装量、微生物限度等检查应符合规定。

制备实例解析

益母草膏

【处方】益母草1000g。

【制法】将益母草切碎，加水煎煮2次，每次2小时，合并煎液，滤过。滤液浓缩至相对密度为1.21～1.25（80℃）的清膏。每100g清膏加红糖200g，加热熔化，混匀，浓缩至规定的相对密度，即得。

【功能与主治】活血调经。用于经闭、痛经及产后瘀血腹痛。孕妇忌用。

第二节 中药丸剂

一、概述

丸剂指饮片细粉或提取物加适宜的黏合剂或其他辅料制成的球形或类球形制剂。中药丸剂是一种古老的传统剂型，在治疗慢性疾患和调节人体生理机能等方面应用广泛。

1. 中药丸剂的特点 ①释药缓慢，作用缓和、持久，不良反应较小；②可通过包衣掩盖药物的不良气味，增加稳定性；③能较多容纳固体、半固体和黏液状等药物；④制备技术及生产设备较简单；⑤服用量大，生物利用度低。

2. 中药丸剂的分类 根据所用黏合剂不同，中药丸剂可分为若干种类。

（1）蜜丸 指饮片细粉以蜂蜜为黏合剂制成的丸剂。

（2）水蜜丸 指饮片细粉以蜂蜜和水为黏合剂制成的丸剂。

（3）水丸 指饮片细粉以水（或根据制法用黄酒、醋、稀药汁、糖液等）为黏合剂制成的丸剂。

（4）糊丸 指饮片细粉以米粉、米糊或面糊等为黏合剂制成的丸剂。

（5）浓缩丸 指饮片或部分饮片提取浓缩后，与适宜的辅料或其余饮片细粉，以水、蜂蜜或蜂蜜和水为黏合剂制成的丸剂（根据所用黏合剂不同，又可分为浓缩水丸、浓缩蜜丸和浓缩水蜜丸）。

（6）蜡丸 指饮片细粉以蜂蜡为黏合剂制成的丸剂。

知识链接

微 丸

微丸指直径小于 2.5mm 的小丸。微丸是在传统中药丸剂的基础上结合现代制剂技术发展起来的现代丸剂。微丸在胃肠道分布面积大、生物利用度高、刺激性小，可制成速释制剂。同时，微丸流动性好、大小均匀、易于处理，可对微丸进行包衣等处理，根据需要制成缓控释微丸，还可增加稳定性，掩盖不良臭味。

二、中药丸剂常用的辅料

1. 润湿剂 本身具有黏性的药材粉末，加润湿剂可诱发其黏性，便于制备成丸。

（1）水 一般指纯化水，能润湿或溶解药材中的黏液质、糖、胶类等成分而产生黏性。

（2）酒 常用黄酒（含醇量约12%～15%）和白酒（含醇量约50%～70%）。酒润湿药粉产生的黏性较水弱，以水作润湿剂黏性太强时，可以酒代之。酒有活血通经、引药上行及降低药物寒性的作用，常用于具有舒筋活血等功效的丸剂。

（3）醋 常用米醋（含醋酸约3%～5%），醋既能润湿药粉，又有助于碱性成分的溶出。醋能散瘀活血、消肿止痛，常用于具有散瘀止痛功效的丸剂。

（4）水蜜 一般以炼蜜 1 份加水 3 份稀释而成。

（5）药汁 指将处方中难以粉碎的药材，用水煎煮取汁，作为润湿剂或黏合剂使用，这样既保留了该药材的有效成分，又不必外加其他的润湿剂或黏合剂。

2. 黏合剂 一些含纤维、油脂较多的药材细粉，需加适当的黏合剂才能成型。

（1）蜂蜜 蜂蜜是蜜丸的重要组成之一，既有黏合作用，又有润肺止咳、润肠通便、解毒调味等功效。蜂蜜在使用前需经炼制，根据炼制程度不同有三种规格。①嫩蜜，指蜂蜜加热至 105℃~115℃ 所得的制品，含水量 18%~20%，相对密度 1.34 左右，用于黏性较强的药物；②中蜜，指蜂蜜加热至 116℃~118℃ 的制品，含水量 14%~16%，相对密度 1.37 左右，用于黏性适中的药物；③老蜜，指蜂蜜加热至 119℃~122℃ 的制品，含水量 10% 以下，相对密度 1.40 左右，用于黏性较差的药物。

（2）米糊或面糊 以黄米、糯米、小麦及神曲等的细粉制成的糊，用量为药材细粉的 40% 左右，制得的丸剂一般较坚硬，胃内崩解较慢，常用于毒剧药和刺激性药物。

（3）药材清（浸）膏 植物性药材用浸出方法制备得到的清（浸）膏，大多具有较强的黏性，可以兼作黏合剂使用。

（4）糖浆 常用蔗糖糖浆或液状葡萄糖，既具黏性，又具有还原作用，适用于黏性弱、易氧化的药物。

三、中药丸剂的制备

1. 塑制法 指将药物细粉与适宜辅料（润湿剂或黏合剂等）混合制成具可塑性的团块，再依次制丸条、分割丸粒，最后搓圆成丸的一种方法。塑制法主要用于蜜丸的制备。

2. 泛制法 指在转动的适宜容器或机械中，将药材细粉与润湿剂或黏合剂交替加入，不断翻滚，使丸粒逐层增大并滚圆成丸的一种方法。泛制法多用于水丸的制备。

制备实例解析

牛黄解毒丸

【处方】人工牛黄 5g，雄黄 50g，石膏 200g，大黄 200g，黄芩 150g，桔梗 100g，冰片 5g，甘草 50g。

【制法】将石膏、大黄、黄芩、桔梗、甘草五味粉碎成细粉；雄黄水飞或粉碎成极细粉；冰片、人工牛黄研细，与上述粉末配研，过筛，混匀；每 100g 粉末加炼蜜 110~120g，制大蜜丸，检查，包装即得。

【功能与主治】清热解毒。用于火热内盛，咽喉肿痛，牙龈肿痛，口舌生疮，目赤肿痛。

四、中药丸剂的质量检查

按照《中国药典》丸剂外观应圆整均匀、色泽一致，蜜丸应细腻滋润、软硬适中。蜡丸表面应光滑无裂纹，丸内不得有蜡点和颗粒。除另有规定外，丸剂应进行以下相应检查。

1. 水分 按照《中国药典》水分测定法测定，除另有规定外，大蜜丸、小蜜丸、浓缩蜜丸中所含水分不得超过15%；水蜜丸、浓缩水蜜丸不得超过12%，水丸、糊丸、浓缩水丸不得超过9%。

2. 重量差异 丸剂以10丸为1份（丸重1.5g及1.5g以上的以1丸为1份），取供试品10份，分别称定重量，再与每份标示重量（每丸标示量×称取丸数）相比较（无标示重量的丸剂，与平均重量比较），超出重量差异限度的不得多于2份，并不得有1份超出限度1倍。丸剂的重量差异限度见表7-1。凡进行装量差异检查的单剂量包装丸剂，不再进行重量差异检查。

表7-1 丸剂的重量差异限度

标示重量 （或平均重量）	重量差异限度	标示重量 （或平均重量）	重量差异限度
0.05g 或 0.05g 以下	±12%	1.5g 以上至 3g	±8%
0.05g 以上至 0.1g	±11%	3g 以上至 6g	±7%
0.1g 以上至 0.3g	±10%	6g 以上至 9g	±6%
0.3g 以上至 1.5g	±9%	9g 以上	±5%

3. 装量差异 单剂量包装的丸剂，取供试品10袋（瓶），分别称定每袋（瓶）内容物的重量，每袋（瓶）装量与标示装量相比较，超出重量差异限度的不得多于2袋（瓶），并不得有1袋（瓶）超出限度1倍。单剂量包装丸剂的装量差异限度见表7-2。

表7-2 单剂量包装丸剂的装量差异限度

标示装量	装量差异限度	标示装量	装量差异限度
0.5g 或 0.5g 以下	±12%	3g 以上至 6g	±6%
0.5g 以上至 1g	±11%	6g 以上至 9g	±5%
1g 以上至 2g	±10%	9g 以上	±4%
2g 以上至 3g	±8%		

4. 溶散时限 取供试品6丸，选择适当孔径筛网的吊篮（丸剂直径在2.5mm以下的用孔径约0.42mm的筛网；在2.5~3.5mm之间的用孔径约1.0mm的筛网；在3.5mm以上的用孔径约2.0mm的筛网），按照《中国药典》崩解时限检查法检查。除另有规定外，小蜜丸、水蜜丸和水丸应在1小时内全部溶散；浓缩丸和糊丸应在2小时内全部溶散。大蜜丸不做溶散时限检查。

5. 微生物限度 按照《中国药典》微生物限度检查法检查，应符合规定。

第三节　中药片剂

一、概述

中药片剂是指提取物、提取物加饮片细粉或饮片细粉与适宜辅料混匀压制或用其他适宜方法制成的圆片状或异形片状制剂。

中药片剂根据原料的处理方法不同可分为四类。

1. 全粉末片　指将处方中的原料药材全部制成细粉后制片。

2. 半浸膏片　指将处方中的原料药材分成两部分，一部分制成细粉，另一部分提取制成稠膏后制片。

3. 浸膏片　指将处方中的原料药材全部提取制成浸膏后制片。

4. 提纯片　指将处方中原料药材经提取、精制而制得单体或有效部位后制片。

二、中药片剂的制备

中药片剂的制备方法与化学药物片剂的制备方法基本相同，但中药成分比较复杂，入药量大，制片前需对原料药材进行处理。

（一）原料药材处理的目的

原料药材处理的目的主要有两方面：①去粗取精，缩小体积，减少服用量；②有选择的保留一部分非有效成分，起辅料的作用。

（二）原料药材处理的一般原则

制备片剂时，中药材应先进行清洗、挑选，选其入药部分进行加工炮制。对各种中药材视具体品种情况不同可作如下处理：

1. 用量极少的贵重药材、毒剧药材、含淀粉较多的药材及某些矿物药材　如牛黄、雄黄、山药、石膏等，一般粉碎成细粉，过 100 目以上筛，备用。

2. 含挥发性成分的药材　如荆芥、薄荷等，一般采用双提法，先提取挥发性成分，必要时残渣再煎煮，制成稠膏。

3. 有效成分已知的药材　可根据有效成分的特性，采用特定的溶剂和方法提取有效成分。

4. 含醇溶性成分的药材　如生物碱、黄酮苷等，可用不同浓度的乙醇提取，并制成稠膏。

5. 含纤维较多、黏性较大或质地坚硬的药材　如熟地、桂圆肉等，采用水煎煮浓缩成稠膏备用。也可用水煎煮浓缩后，再用醇沉淀法除去部分醇不溶性杂质，再浓缩成稠膏或干燥成干浸膏备用。

三、中药片剂生产中容易出现的问题

1. 吸潮 中药片剂易吸潮而导致变软、黏结和霉变等现象，大多是由于浸膏中含糖类、树胶、淀粉、黏液质、鞣质、无机盐等成分所致，一般可通过采用乙醇沉淀法除去引湿性杂质，加入防潮性赋形剂、包不透湿的薄膜衣及改用防湿性包装等办法解决。

2. 粘冲 中药浸膏片往往含有较多的引湿性成分，易产生粘冲现象。常用的解决办法有控制环境湿度、将浸膏干燥后用乙醇制粒及选用抗湿性良好的辅料等。

3. 变色或表面斑点 产生的原因及解决办法主要有：①中药浸膏制成的颗粒过硬、润滑剂的颜色与浸膏不同等，可通过采用浸膏粉制粒、将润滑剂经细筛过筛后再与颗粒混合等方法解决；②挥发油吸附不充分，渗透到片剂表面，可将挥发油制成包合物或微囊后使用。

制备实例解析

健胃消食片

【处方】 太子参 228.6g，陈皮 22.9g，山药 171.4g，麦芽（炒）171.4g，山楂 114.3g。

【制法】 以上五味，取太子参半量与山药粉碎成细粉；其余陈皮等三味及剩余太子参加水煎煮两次，每次 2 小时，合并煎液，滤过，滤液低温浓缩至稠膏状，加入上述细粉、糖粉和糊精适量，混匀，制成颗粒，干燥，压片。

【功能与主治】 健胃消食。用于脾胃虚弱所致的食积，症见不思饮食、嗳腐酸臭、脘腹胀满；消化不良见上述证候者。

第四节　中药注射剂

一、概述

中药注射剂指饮片经提取、纯化后制成的供注入人体内的溶液、乳状液及供临用前配制成溶液的粉末或浓溶液的无菌制剂。中药注射剂有注射液、注射用无菌粉末和注射用浓溶液等类型，已在临床中得到了广泛应用。

中药注射剂成分多而复杂，在多年研究、生产及应用过程中人们逐渐发现了中药注射剂的一些问题，如易出现稳定性、安全性等问题，制订质量标准较困难、复杂。为安全用药，目前对中药注射剂的要求非常严格，除要求符合注射剂的一般检查项目外，对其药效实验、安全试验和毒性试验等也要求较为严格。

二、中药注射剂的制备

按照药典，中药注射剂制备除另有规定外，饮片应按各品种项下规定的方法提取、纯化、制成半成品，以半成品投料配制成品。因而中药注射剂的制备包括两部分，即原液的制备和注射剂的制备。

（一）原液的制备

原液的制备应最大限度地保留有效成分，去除无效成分。制备的关键步骤为药材的提取与纯化及鞣质的除去。

1. 药材的提取与纯化　常用的方法有：①水提醇沉法：用水煎煮，药材中的有效成分如生物碱盐、苷类、有机酸盐、氨基酸等均可被提取，但一些水溶性杂质如淀粉、多糖类、蛋白质、黏液质、鞣质、色素、无机盐等也被提取，在药材的水煎液中加入适量乙醇，可以改变其溶解度而将杂质部分或全部除去；②醇提水沉法：乙醇具有较广的溶解范围，生物碱及其盐类、苷类、挥发油及有机酸等均可用其提取；③蒸馏法：药材中含挥发油或其他挥发性成分时可用本法提取；④透析法：利用溶液中小分子物质可透过半透膜，大分子不能透过的性质来除去高分子杂质，纯化药液；⑤超滤法：是用于分子分离的滤过方法。

2. 鞣质的除去　鞣质是多元酚的衍生物，既溶于水又溶于醇。有较强的还原性，在酸、酶、强氧化剂存在或加热情况下，可发生水解、氧化、缩合反应，产生水不溶性物质，影响注射剂的澄明度。鞣质又能与蛋白质形成不溶性鞣酸蛋白，肌内注射使局部组织发生硬结、疼痛。因此，注射剂中必须除去鞣质。目前常用的除鞣质的方法有明胶沉淀法、醇溶液调 pH 法、聚酰胺吸附法等。

（二）注射剂的制备

注射剂的制备方法与化学药物基本相同，具体方法见第五章第五节。

三、中药注射剂存在的问题

1. 可见异物问题　注射剂在贮藏过程中容易产生混浊或沉淀，主要原因是在生产过程中杂质未除尽，尤其是鞣质、树脂、蛋白质等形成了胶体分散物，由于胶体陈化而呈现混浊或沉淀。解决的办法主要有：①选用合适的方法，尽可能除去杂质；②调节药液至最适 pH 值，促进有效成分溶解；③采用热处理冷藏法，加速胶体杂质凝聚，使其易于滤过除去；④加入适量增溶剂、助溶剂等，能改善其澄明度和提高稳定性。

2. 刺激性问题　有些中药注射剂刺激性较强，注射后产生疼痛，其原因主要是：①有效成分本身具有刺激性，可在不影响药效的前提下，用降低药液浓度的办法或酌加止痛剂加以解决；②含有较多鞣质，可在注射局部形成鞣酸蛋白，难以吸收，使注射局部产生硬结，引起疼痛，所以中药注射剂中应尽量除去鞣质；③渗透压或 pH 值不当及钾离子的存在等也可引起疼痛。

3. 疗效不稳定 制备中药注射剂的药材质量差异、提取精制过程中有效成分损失及注射剂量较小等均容易影响疗效。

4. 质量可控性差 有些中药注射剂有效成分不明确，缺乏明确的质量指标，且质量控制技术相对落后，难以客观、科学、全面评价其质量。

制备实例解析

止喘灵注射液

【处方】麻黄、洋金花、苦杏仁、连翘。

【制法】以上四味，加水煎煮两次，第一次 1 小时，第二次 0.5 小时，合并煎液，滤过，滤液浓缩至约 150ml，用乙醇沉淀处理两次，第一次溶液中含醇量为 70%，第二次为 85%，每次均于 4℃冷藏放置 24 小时，滤过，滤液浓缩至约 100ml，加注射用水稀释至 800ml，测定含量，调节 pH 值，滤过，加注射用水至 1000ml，灌封，灭菌，即得。

【功能与主治】宣肺平喘，祛痰止咳。用于痰浊阻肺、肺失宣降所致的哮喘、咳嗽、胸闷、痰多；支气管哮喘、喘息性支气管炎见上述证候者。

第五节　中药铅硬膏剂

一、概述

中药铅硬膏剂又称为膏药，指饮片、食用植物油与红丹（铅丹）或官粉（铅粉）炼制成膏料，摊涂于裱背材料上制成的供皮肤贴敷的外用制剂。前者称为黑膏药，后者称为白膏药。

膏药是一种古老的剂型，我国中医外科、伤科仍广泛应用。膏药具有疗效确切、作用持久、使用方便、价格低廉、携带方便等特点，但制备过程比较复杂，工时较长。其中以黑膏药最为常用，本节重点介绍黑膏药。

黑膏药为黑色油润固体，用前需烘软，一般贴于患处，也可贴于经络穴位。外治可祛腐拔毒、消肿止痛；内治用于治疗寒湿痹痛、筋骨拘挛、关节疼痛、跌打损伤、骨质增生等疾病。但急性、糜烂渗出性的皮肤病禁用。

二、黑膏药常用的基质

1. 植物油 以麻油最好，熬炼时泡沫少，利于操作，且成品色泽光亮、黏性适宜、质量好。其他如花生油、菜籽油等也可应用。

2. 红丹 又称铅丹，主要成分为四氧化三铅，含量要求在 95% 以上，用前需粉碎成细粉，干燥，以防聚结。

三、黑膏药的制备

黑膏药的制备过程一般分为以下几个步骤。

1. 药料提取 一般药材采用油炸的方法，炸至合适的程度后，过滤，去除药渣，得药油。

2. 炼油 药油继续加热熬炼，使其在高温条件下氧化、聚合，一般炼至"滴水成珠"为度，以适应下丹的需要。

3. 下丹成膏 在高温条件下将红丹加入到炼好的药油中，使之发生化学反应生成脂肪酸铅盐，并促使油脂进一步氧化、聚合、增稠而成膏。

4. 去火毒 将炼好的膏药以细流倒入冷水中，等冷却凝结后取出，反复搓压成团块，浸入冷水中至少24小时，除尽火毒。否则，膏药应用时会对局部产生刺激性。

5. 摊涂 膏药团块加热熔融，按规定量摊涂于裱褙材料上，膏面上覆盖衬纸，折叠，包装。

四、膏药的质量检查

按照《中国药典》，膏药的膏体应油润细腻、光亮、老嫩适度、摊涂均匀、无飞边缺口，加温后能粘贴于皮肤上且不移动。黑膏药应乌黑、无红斑；白膏药应无白点。除另有规定外，膏药应进行软化点与重量差异检查。

> **制备实例解析**

狗 皮 膏

【处方】 生川乌80g，生草乌40g，羌活20g，独活20g，青风藤3g，香加皮30g 防风30g，铁丝威灵仙30g，苍术20g，蛇床子20g，麻黄30g，高良姜9g，小茴香20g，官桂10g，当归20g，赤芍30g，木瓜30g，苏木30g，大黄30g，油松节30g，续断40g，川芎30g，白芷30g，乳香34g，没药34g，冰片17g，樟脑34g，丁香17g，肉桂11g。

【制法】 以上二十九味，乳香、没药、丁香、肉桂分别粉碎成粉末，与樟脑、冰片粉末配研，过筛，混匀；其余生川乌等二十三味酌予碎断，与食用植物油3495g同置锅内炸枯，去渣，滤过，炼至滴水成珠。另取红丹1040～1140g，加入油内，搅匀，收膏，将膏浸泡于水中。取膏用文火熔化，加入上述粉末，搅匀，分摊于兽皮或布上。

【功能与主治】 祛风散寒，活血止痛。用于风寒湿邪、气滞瘀血引起的四肢麻木，腰腿疼痛，筋脉拘挛，跌打损伤，闪腰岔气，脘腹冷痛，行经腹痛，湿寒带下，积聚痞块。

同步训练

一、选择题

1. 含人参等贵重药材的汤剂，该药材的处理方法是（　　）
   A. 先煎　　　　　B. 后下　　　　　C. 包煎　　　　　D. 另煎

2. 中药合剂与口服液一般不必加入（　　）
   A. 矫味剂　　　　B. 防腐剂　　　　C. 着色剂　　　　D. 乙醇

3. 生产酒剂所用溶剂为（　　）
   A. 蒸馏酒　　　　B. 乙醇　　　　　C. 葡萄酒　　　　D. 黄酒

4. 丸剂中疗效发挥最快的剂型是（　　）
   A. 水丸　　　　　B. 蜜丸　　　　　C. 糊丸　　　　　D. 滴丸

5. 中药川芎含挥发性成分和其他综合成分，制备注射剂时宜选用（　　）
   A. 蒸馏法　　　　B. 双提法　　　　C. 水醇法　　　　D. 醇水法

6. 下列属于醇性浸出药剂的是（　　）
   A. 中药合剂　　　B. 口服液　　　　C. 汤剂　　　　　D. 流浸膏剂

7. 下列不属于酊剂制备方法的是（　　）
   A. 煎煮法　　　　B. 浸渍法　　　　C. 溶解法　　　　D. 渗漉法

8. 酒剂与酊剂的不同点是（　　）
   A. 含醇制剂　　　B. 具有防腐作用　C. 澄清度　　　　D. 浸出溶剂

9. 除另有规定外，含毒性药物的酊剂，每 100ml 相当于原药材（　　）
   A. 1g　　　　　　B. 5g　　　　　　C. 10g　　　　　　D. 20g

10. 主要以水为溶剂制备的浸出制剂是（　　）
    A. 酒剂　　　　　B. 酊剂　　　　　C. 流浸膏剂　　　D. 煎膏剂

二、简答题

1. 酒剂与酊剂的异同点有哪些？

2. 片剂制备过程中，中药原料在处理时所遵循的一般原则是什么？

3. 中药注射剂存在的问题有哪些？如何解决？

第八章　其他剂型

📚 知识要点

　　药物剂型种类较多，各剂型的制备、应用各不相同。本章重点介绍栓剂、滴丸剂、气雾剂、膜剂的概念、特点分类及应用，阐述其常用的基质或辅料与制备方法，明确其质量检查。

第一节　栓　　剂

一、概述

　　栓剂指药物与适宜基质制成供腔道给药的固体制剂。栓剂在常温下为固体，塞入人体腔道后，在体温下迅速软化、熔融或溶解于分泌液，逐渐释放药物而产生局部或全身作用。

1. 栓剂的分类　栓剂因施用腔道不同，分为直肠栓、阴道栓和尿道栓等。栓剂的形状、大小因使用部位不同而各不相同，直肠栓有圆锥形、圆柱形和鱼雷形等，阴道栓有球形、卵形、鸭嘴形等，尿道栓一般为棒状。

知识链接

新型栓剂

　　1. 中空栓剂，中间空心部分可填充各种不同类型的固体或液体药物，药物的释放不依赖基质的性质。

　　2. 双层栓剂，能适应临床治疗疾病的需要或不同性质药物的吸收。

　　3. 其他栓剂，包括微囊栓剂、渗透泵栓剂、缓释栓剂、凝胶缓释栓剂等，可缓慢释放药物。

2. 栓剂的作用特点

（1）**局部作用**　指栓剂中的药物不需吸收，只在用药部位发挥作用，如润滑、收敛、抗菌、杀虫、局麻等。

（2）全身作用 指栓剂中的药物由腔道吸收至血液循环发挥全身作用，用于全身作用的栓剂一般为直肠栓。

栓剂用于全身作用，与口服剂型相比，具有以下特点：①不经胃肠途径，药物不受胃肠道 pH 值、酶的影响与破坏，同时可避免药物对胃的刺激性；②可使药物避免肝脏的首过作用，同时减少药物对肝脏的毒性和不良反应；③适用于不能或者不愿口服给药的患者。

知识链接

栓剂直肠给药的吸收途径

栓剂中的药物经直肠吸收的途径主要有三条：①药物经直肠上静脉经门静脉而入肝脏，经肝脏代谢后转运至全身；②药物经直肠中、下静脉和肛管静脉进入下腔静脉，绕过肝脏直接进入血液循环；③药物经直肠黏膜进入淋巴系统。

因此，栓剂使用时，引入直肠的位置不宜太深，深度愈小，药物绕过肝脏首过作用的量愈多，一般认为大约距肛门口 2cm 处为宜。这样，可有 50% ～ 70% 的药物不通过门肝系统，避免首过作用。

二、栓剂的基质

栓剂中，基质不仅是赋形剂，同时也是药物的载体。优良的栓剂基质应具备下列要求：①室温下具有适宜的硬度，塞入腔道时不变形、不破碎，在体温下易软化、融化或溶解，易与体液混合；②基质的熔点与凝固点间距不宜过大；③对黏膜无刺激性、毒性和过敏性；④局部作用者要求释药缓慢而持久，全身作用则要求释药迅速。

栓剂基质主要分为油脂性和水溶性两类。

（一）油脂性基质

1. 可可豆脂 是梧桐科植物可可树种仁中得到的一种固体脂肪，常温下为白色或淡黄色、脆性蜡状固体，在 10℃ ～20℃ 时易粉碎成粉末。本品熔程为 31℃ ～34℃，加热至 25℃ 时开始软化，在体温下可迅速融化。可可豆脂可塑性好，无刺激性，能与多种药物混合，是较适宜的栓剂基质。

应用可可豆脂时，通常应缓缓升温加热，待其熔化至 2/3 时停止加热，让余热使其全部熔化。否则，过热容易导致可可豆脂熔点降低，在室温下难以冷却成型。

2. 半合成或全合成脂肪酸甘油酯 这类基质化学性质稳定，成型性能良好，具有保湿性和适宜的熔点，不易酸败，目前为取代天然油脂较理想的栓剂基质。国内已生产的有半合成椰油脂、半合成山苍子油脂、半合成棕榈油脂及硬脂酸丙二醇酯等。

（二）水溶性基质

1. 甘油明胶 由明胶、甘油与水制成。本品有弹性、不易折断，在体温下不融化，但能软化并缓慢溶于分泌液中，释放药物较缓慢，多用作阴道栓基质。甘油明胶的溶解速度与明胶，甘油、水三者的用量有关，甘油与水的含量越高，越易溶解，但水分过多，产品会变软，水的含量通常控制在 10% 以下。本品不能用于与蛋白质产生配伍变化的药物，如鞣酸、重金属盐等。

2. 聚乙二醇（PEG）　PEG 有多种规格，通常由两种或两种以上不同分子量的聚乙二醇混合，可制得不同要求的栓剂基质。PEG 遇体温不熔化，但能缓慢溶于体液中而释放药物，吸湿性较强，对黏膜有一定的刺激性，加入约 20% 的水，可减轻刺激性。PEG 基质不宜与银盐、鞣酸、奎宁、水杨酸、乙酰水杨酸、氯碘喹啉、磺胺类等药物配伍。

3. 其他水溶性基质　常用的还有聚氧乙烯（40）单硬脂酸酯类（商品代号为"S－40"）、泊洛沙姆、聚山梨酯 61 等。

三、栓剂的制备

（一）置换价

置换价（DV）指药物的重量与同体积基质的重量之比。栓剂制备中，置换价主要用来计算不同栓剂中药物与基质的配比。

由于栓剂模具体积一定，用同一模具所制得栓剂的体积是相同的。因此，为保证每枚栓剂的主药含量，当加入不同密度的药物和使用不同基质时，基质的用量应加以调整。

基质用量的计算方法为：先测定置换价，再根据置换价对药物置换基质的重量进行计算，计算每枚栓剂所需基质的用量。

1. 置换价的测定　取纯基质制成空白栓，称得平均栓重 G；另取基质与定量药物混合，制成含药栓，称得栓重 M；计算含药栓的含药量 W；按照下式即可计算置换价。

$$DV = \frac{W}{G - (M - V)}$$

2. 质用量的计算　根据置换价可计算制备不同栓剂所需基质的重量，计算公式如下：

$$B = \left(G - \frac{y}{DV}\right) \times n$$

式中，B 为制备 n 枚栓剂所需基质的量，y 为每枚栓剂应含药物的量，n 为所制备栓剂的枚数。

（二）制备方法

1. 冷压法　指将药物与基质的锉末置于冷却的容器内混合均匀，然后装入制栓模型机内压成一定形状的栓剂。此法主要用于油脂性基质的栓剂，需采用专门设备。冷压法避免了加热对主药或基质稳定性的影响，不溶性药物也不会在基质中沉降，但生产效率不高，成品中易夹带空气而不容易控制栓重，此法现在较少采用。

2. 热熔法　目前栓剂生产常用热熔法。

（1）制备方法与器械　制备过程一般为：将基质锉末用水浴加热熔化，温度不能过高，加入药物（固体药物应先用适宜方法制成细粉，并全部通过六号筛）溶解或均匀分散于其中，倾入已冷却并涂有润滑剂的栓模中至稍溢出模口为度，放冷，待完全凝固后，削去溢出部分，开模取出。栓剂制备常用的模具见图8-1。

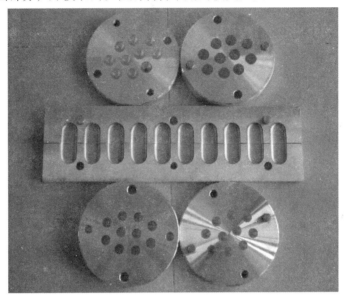

图8-1　栓剂模具

热熔法应用较广泛，生产中一般均采用机械自动化操作来完成，常用的全自动栓剂灌封机组见图8-2，能自动完成栓剂的制壳、灌注、冷却成型、封口等全部工序。一般以塑料等为材料制壳，既是包装，又是模具。此种包装不仅方便了生产，而且不需冷藏。

图8-2　全自动栓剂灌封机组

（2）常用的润滑剂　为了使栓剂易于脱模，从模具中取出，在注模前需在模孔内涂润滑剂。模孔内涂的润滑剂通常有两类：①脂肪性基质的栓剂，常用的润滑剂为软肥皂、甘油各一份与 95% 乙醇五份混合所得；②水溶性基质的栓剂，常用油性润滑剂，如液状石蜡或植物油等。

（3）栓剂制备中应注意的问题　①熔融的混合物在注模时应迅速，并一次完成，以免发生液层凝固；②为避免过热，一般在基质熔融达 2/3 时停止加热，适当搅拌使其全部熔化。

制备实例解析

吡罗昔康栓

【处方】吡罗昔康　　　　10g
　　　　S－40　　　　　　500g
　　　　共制 1000 枚。

【制法】取 S－40 在水浴上熔化，吡罗昔康研细，加入上述熔化的基质研磨均匀，保温灌模，即得。

【用途】本品有镇痛、消炎、消肿作用，用于治疗风湿性及类风湿性关节炎。

四、栓剂的质量检查

按照《中国药典》，栓剂外形应完整光滑，塞入腔道后应无刺激性，能融化、软化或溶化，并与分泌液混合。栓剂应有适宜的硬度，以免在包装或贮藏时变形。除另有规定外，栓剂应进行以下检查。

1. 重量差异　取栓剂 10 粒，精密称定总重量，求得平均粒重后，再分别精密称定各粒的重量。每粒重量与平均粒重相比较，超出重量差异限度的药粒不得多于 1 粒，并不得超出限度 1 倍。栓剂的重量差异限度如表 8－1。

表 8－1　栓剂的重量差异限度

平均粒重	重量差异限度
1.0g 以下或 1.0g	±10%
1.0g 以上至 3.0g	±7.5%
3.0g 以上	±5%

2. 融变时限　栓剂按照《中国药典》融变时限检查法检查，脂肪性基质的栓剂应在 30 分钟内全部融化、软化或触压时无硬心。水溶性基质的栓剂应在 60 分钟内全部溶解。

3. 微生物限度　栓剂按照《中国药典》微生物限度检查法检查，应符合规定。

第二节 滴丸剂

一、概述

滴丸剂指固体或液体药物与适宜的基质加热熔融后溶解、乳化或混悬于基质中，再滴入不相混溶、互不作用的冷凝介质中，由于表面张力的作用使液滴收缩成球状而制成的制剂。滴丸主要供口服，亦可供局部使用。

滴丸发展迅速，具有许多传统丸剂所没有的优点，滴丸的特点主要有：①选用不同的基质或制法，可制成高效、速效滴丸或缓控释、肠溶滴丸；②基质容纳液态药物的量大，可将液体药物制成固体滴丸；③制备工艺条件易于控制，受热时间短，质量稳定，可减少药物氧化、水解或挥发损失，增加其稳定性；④生产设备简单，操作容易，生产车间内无粉尘，有利于劳动保护；⑤生产工序少，周期短，自动化程度高，生产效率高，成本低；⑥应用范围广，除内服滴丸外，还可制成耳、鼻及眼用滴丸等；⑦载药量小，可供使用的基质品种较少，很难制成大丸。

二、滴丸剂的基质与冷凝液

（一）滴丸剂的基质

1. 基质的要求 滴丸基质应对人体无害，与药物不发生化学反应，不影响药物的疗效与检测。并要求其熔点较低，一般在60℃~100℃能熔化为液体，遇冷能立即凝成固体，在室温下保持固体状态。

2. 基质的种类 常用的基质有两类。

（1）水溶性基质 常用的有 PEG 类（如 PEG6000、PEG4000 等）、肥皂类（如硬脂酸钠）和甘油明胶等。

（2）脂溶性基质 常用的有硬脂酸、单硬脂酸甘油酯、虫蜡、氢化植物油等。

（二）滴丸剂的冷凝液

滴丸由药物与基质的熔融混合物滴制而成，冷凝液用以冷却滴出的液滴，使之易于冷却凝固成型。主药与基质均应不溶于冷凝液中，冷凝液的密度应适中，能使滴丸在冷凝液中缓慢上升或下降。

常用的冷凝液有两类，通常应根据主药与基质的性质来选择冷凝液。

1. 水溶性冷凝液 常用水或不同浓度的乙醇溶液，用于脂溶性基质。

2. 脂溶性冷凝液 常用液体石蜡、二甲基硅油和植物油等，用于水溶性基质。

三、滴丸剂的制备

1. 制备过程 滴丸剂的制备采用滴制法，其主要制备过程为：

（1）药液的制备　选择适宜的基质，加热熔融，将主药溶解、混悬或乳化在基质内制成药液。

（2）加药液　将药液移入滴丸机的加料漏斗中，并保温（80℃~90℃）。

（3）加冷凝液　选择合适的冷凝液，加入滴丸机的冷凝柱中。

（4）滴制　开启滴管，调整滴速，将药液滴入冷凝液中冷凝成型，收集。

（5）选丸与干燥　取出丸粒，清除附着的冷凝液，剔除废次品，干燥，包装即得。

2. 制备滴丸的设备　即滴丸机，如图8-3。其结构主要有：①滴管系统，主要包括滴头和定量控制器（玻璃旋塞2、3）；②保温系统，指带加热恒温装置的保温箱；③冷凝系统，控制冷凝液温度的设备（即冷凝柱）；④滴丸收集器。

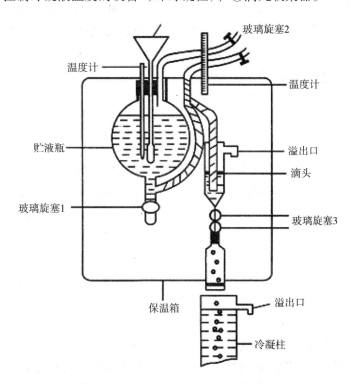

图8-3　滴丸机示意图（由上向下滴）

3. 滴丸制备中应注意的问题　滴丸剂制备中的关键操作有选择适宜的基质、确定合适的滴管内外口径、滴制过程中保持恒温、滴制液静液压恒定、及时冷凝等。

滴制过程中为保证滴丸圆整成型还应注意：①控制滴管口与冷凝液面的距离，一般不宜超过5cm，以免液滴跌散而产生细粒；②控制液滴在冷凝液中的移动速度，移动速度过快易使滴丸变形，过慢则不能有效冷却；③选择适宜的冷凝液与冷凝温度，最好是梯度冷却，有利于滴丸充分冷却成型；④注意液滴大小，通常情况下，小液滴更容易收缩成球形，小丸的圆整度要比大丸好。

制备实例解析

氯霉素耳用滴丸

【处方】 氯霉素　　　　　17g　　　聚山梨酯80　　　适量
　　　　　聚乙二醇6000　　34g　　　共制1000粒。

【制法】 取氯霉素与聚乙二醇6000按1:2比例混合，在水浴上熔融，加聚山梨酯80搅匀，过滤，置80℃保温滴注器中；在冷却柱内加入液状石蜡，将上述熔融混合物滴入用冰冷却的液状石蜡中成丸。取出滴丸，摊在纸上，吸去滴丸表面的液状石蜡（必要时可用乙醚或乙醇洗涤），自然干燥，即得。

【用途】 氯霉素耳用滴丸具有抗菌消炎作用，用于治疗化脓性中耳炎。

【附注】 滴制过程中的滴速控制为50滴/分，药液的温度为80℃～90℃，冷凝管中部温度控制在10℃左右，滴距为5cm，滴管的口径控制在1.3～1.4mm，冷凝管的高度为90～100cm。

四、滴丸剂的质量检查

滴丸剂应大小均匀、色泽一致、无粘连现象。其质量检查项目主要有重量差异与溶散时限。溶散时限的要求为普通滴丸应在30分钟内全部溶散，包衣滴丸应在1小时内全部溶散。

第三节　气雾剂

一、概述

气雾剂指含药溶液、乳状液或混悬液与适宜的抛射剂共同封装于具有特制阀门系统的耐压容器中，使用时借助抛射剂的压力将内容物呈雾状物喷出，用于肺部吸入或直接喷至腔道黏膜、皮肤及空间消毒的制剂。药物喷出时多为细雾状气溶胶，也可以呈烟雾状、泡沫状或细流。气雾剂可在呼吸道、皮肤或其他腔道起局部或全身作用。

（一）气雾剂的特点

气雾剂的优点主要有：①药物直接喷到作用部位，且喷出粒子小，具有速效和定位作用；②药物密闭于容器内，可保持药物清洁无菌，增加其稳定性；③可避免胃肠道的破坏作用和肝脏的首过效应；④外用气雾剂使用时对创面的机械刺激小；⑤可以用定量阀门控制剂量，剂量准确。

气雾剂的缺点主要有：①需要耐压容器、阀门系统以及特殊的生产设备，制造成本较高；②抛射剂高度挥发的具有制冷效应，可引起不适与刺激；③气雾剂遇热或受撞击易发生爆炸。

（二）气雾剂的分类

1. 按分散系统分类

（1）溶液型气雾剂　药物溶解于抛射剂中，形成均匀溶液。喷出物呈细雾状。

（2）混悬型气雾剂　药物以微粒状态分散于抛射剂中，形成混悬液。喷出物呈细粉状，又称为粉末气雾剂。

（3）乳剂型气雾剂　药物水溶液和抛射剂按一定比例混合形成乳剂。O/W 型乳剂喷出物呈泡沫状，又称泡沫气雾剂。W/O 型乳剂喷出物呈液流状。

2. 按相组成分类

（1）二相气雾剂　一般指溶液型气雾剂，由气、液两相组成。气相为部分抛射剂汽化产生的蒸气，液相为药物溶于抛射剂中形成的均相溶液。

（2）三相气雾剂　一般指混悬型和乳剂型气雾剂。①混悬型气雾剂，由气、液、固三相组成，气、液相为抛射剂产生的蒸气与抛射剂液体，固相为不溶性药物微粒；②乳剂型气雾剂，由气、液、液三相组成，气相为抛射剂产生的蒸气，药物水溶液和抛射剂液体形成两相液相。

3. 按用药途径分类　可分为吸入、非吸入和外用气雾剂。

4. 按医疗用途分类　可分为呼吸道用、皮肤和黏膜用、空间消毒与杀虫用气雾剂。

二、气雾剂的组成

气雾剂由药物（或加附加剂）、抛射剂、耐压容器和阀门系统组成。药物与抛射剂一同灌封在耐压容器中，打开阀门时，药物与抛射剂一起喷出后形成气雾给药。

（一）抛射剂

1. 抛射剂的作用　抛射剂是喷射药液的动力，兼有药物溶剂或稀释剂的作用。抛射剂多为液化气体，与药物一起装入耐压容器中，由阀门系统控制。在阀门开启时，借抛射剂的压力将容器内的药液以雾状喷出到达用药部位。

2. 抛射剂的要求　抛射剂的喷射能力与质量，直接影响气雾剂的使用情况、疗效及质量等。对抛射剂的要求主要有：①有适宜的沸点，在常压下沸点低于室温；②常温下蒸气压应适当大于大气压；③无色、无臭、无味，无毒、无致敏性和刺激性，不与药物等发生反应；④不易燃、不易爆；⑤价廉易得，便于大规模生产。

3. 抛射剂的类型　常用的抛射剂有以下几类。

（1）氟氯烷烃类　又称氟里昂，具有以下特点：①沸点低，常温下蒸气压略高于大气压；②性质稳定，不易燃烧，液化后密度大；③无味，基本无臭，毒性较小；④不溶于水，可作为脂溶性药物的溶剂。

氟氯烷烃类作为抛射剂性能较为理想，但可破坏大气臭氧层，国际有关组织已经要求停用。

（2）碳氢化合物　用作抛射剂的碳氢化合物主要有丙烷、正丁烷和异丁烷。此类抛射剂虽然稳定、毒性不大、密度低，但易燃、易爆，不宜单独应用，常与氟氯烷烃类抛射剂合用。

（3）压缩气体 主要有二氧化碳、氮气和一氧化氮等。其化学性质稳定，不与药物发生反应，不燃烧。但液化后的沸点较低，常温时蒸气压过高，要求包装容器的耐压性能高。如果在常温下充入它们的非液化压缩气体，则压力容易迅速降低，达不到持久喷射的效果，目前在气雾剂中基本不用，常用于喷雾剂。

（4）二甲醚 是一种新型抛射剂，其特点主要有：①常温下稳定，压力适宜，易液化；②无腐蚀性与致癌性，毒性低；③对极性和非极性物质的溶解度较高；④有易燃性。

（二）药物与附加剂

液体、固体药物均可制成气雾剂供临床使用，但常需添加适宜的附加剂，才能将药物制成质量稳定的溶液型、混悬型或乳剂型气雾剂。气雾剂中常用的附加剂有潜溶剂、润湿剂、乳化剂与稳定剂，必要时气雾剂中还可添加矫味剂、防腐剂等。吸入气雾剂中所有附加剂均应对呼吸道黏膜和纤毛无刺激性、无毒性，非吸入气雾剂及外用气雾剂中所有附加剂均应对皮肤或黏膜无刺激性。

（三）耐压容器

气雾剂的容器应能耐受气雾剂所需的压力，常用的耐压容器有玻璃容器、金属容器和塑料容器。

1. 玻璃容器 化学性质稳定，耐腐蚀及抗泄漏性强。但耐压性和耐撞击性差，故常在瓶外裹一层搪塑防护层。

2. 金属容器 常用的有不锈钢、铝质和马口铁三种。其耐压性好，易于机械化生产，但其成本较高，对药液不稳定，需内涂聚乙烯或环氧树脂等。

3. 塑料容器 质地轻，牢固耐压，具有良好的抗撞击性和抗腐蚀性。但由于塑料本身通透性较高，其添加剂可能会影响药物的稳定性，不如前两种应用广泛。

（四）阀门系统

气雾剂的阀门系统是控制药物和抛射剂从容器喷射流出的主要部件，其中定量阀门可精确控制给药剂量，如图 8 - 4。阀门系统的精密程度会直接影响制剂的质量，阀门材料必须对内容物为惰性，其加工应精密，常用材料为塑料、橡胶、铝和不锈钢等。

三、气雾剂的制备

气雾剂的制备可分为容器与阀门系统的处理与装配、药物的配制与分装、抛射剂的充填三部分。

1. 容器与阀门系统的处理与装配 玻璃需搪塑，橡胶制品可在75%乙醇中浸泡24小时，干燥备用；塑料、尼龙零件洗净再浸泡在95%乙醇中备用；不锈钢弹簧在1% ～

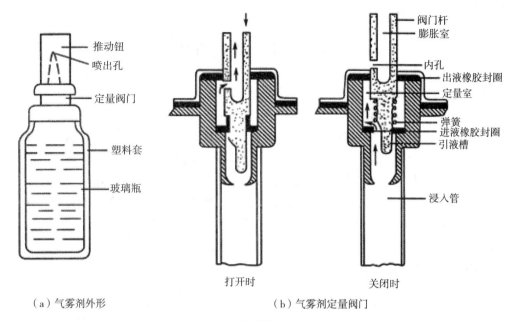

（a）气雾剂外形　　　　　　　　　（b）气雾剂定量阀门

图 8-4 气雾剂装置示意图

3% NaOH 碱液中煮沸 10 ~ 30 分钟，用纯化水洗至无油腻，浸泡在 95% 乙醇中备用。最后将上述已处理好的零件，按照阀门结构装配。

2. 药物的配制与分装 按处方组成及要求的气雾剂类型进行配制，配制好的药液定量分装在已准备好的容器内，安装阀门，轧紧封帽。不同类型的气雾剂配制要求不同。

（1）溶液型气雾剂 应为澄清、均匀的溶液，必要时可加入适量乙醇、丙二醇、聚乙二醇等作潜溶剂。

（2）混悬型气雾剂 一般要求水分含量低于 0.03%，药物应进行微粉化，常需加入润湿剂、助悬剂、分散剂等以利于分散均匀，制成稳定的混悬液。

（3）乳剂型气雾剂 应选择适宜的乳化剂制成稳定的乳状液，以保证抛射剂与药液同时喷出。

3. 抛射剂的充填 抛射剂的充填方式有压灌法和冷灌法。

（1）压灌法 先将配好的药液在室温下灌入容器内，再将阀门装上并轧紧，然后通过压装机压入定量的抛射剂。

（2）冷灌法 药液借助冷灌装置中热交换器冷却至 -20℃ 左右，抛射剂冷却至沸点以下至少 5℃。先将冷却的药液灌入容器中，随后加入已冷却的抛射剂（也可两者同时加入）。立即将阀门装上并轧紧，操作必须迅速，以减少抛射剂损失。

制备实例解析

盐酸异丙肾上腺素气雾剂

【处方】 盐酸异丙肾上腺素　　2.5g　　　　维生素C　　　1.0g

乙醇　　　　　　　296.5g　　　二氯二氟甲烷　适量

共制1000g。

【制法】 将盐酸异丙肾上腺素和维生素C溶于乙醇中，滤过，灌入已处理好的容器中，装上阀门，轧紧封帽，充装二氯二氟甲烷。

【用途】 主要用于治疗支气管哮喘。

【处方分析】 盐酸异丙肾上腺素为主药，维生素C为抗氧剂，乙醇为潜溶剂，二氯二氟甲烷为抛射剂。

四、气雾剂的质量检查

按照《中国药典》，气雾剂释出的主药含量应准确，喷出的雾滴（粒）应均匀。吸入气雾剂应保证每揿含量的均匀性，其雾滴（粒）大小应控制在10μm以下，其中大多数应为5μm以下。气雾剂应进行泄漏和压力检查确保使用安全。除另有规定外，气雾剂质量检查项目主要有每瓶总揿次、每揿主药含量、雾滴（粒）分布、喷射速率、喷出总量、微生物限度等，用于烧伤、创伤或溃疡的气雾剂还需做无菌检查。

知识链接

粉雾剂与喷雾剂

1. 粉雾剂 按用途可分为三种。①吸入粉雾剂，指微粉化药物或与载体以胶囊、泡囊或多剂量贮库形式，采用特制的干粉吸入装置，由患者主动吸入雾化药物至肺部的制剂；②非吸入粉雾剂，指药物或与载体以胶囊或泡囊形式，采用特制的干粉给药装置，将雾化药物喷至腔道黏膜的制剂；③外用粉雾剂，指药物或与适宜的附加剂灌装于特制的干粉给药器具中，使用时借助外力将药物喷至皮肤或黏膜的制剂。

2. 喷雾剂 指含药溶液、乳状液或混悬液填充于特制的装置中，使用时借助手动泵的压力、高压气体、超声振动或其他方法将内容物呈雾状物释出，用于肺部吸入或直接喷至腔道黏膜、皮肤及空间消毒的制剂。

第四节　膜　　剂

一、概述

膜剂指药物与适宜的成膜材料经加工制成的膜状制剂，供口服或黏膜用。

1. 膜剂的分类 根据结构类型，膜剂可分为单层膜、多层（复合）膜与夹心膜等。

膜剂的形状、大小和厚度等视用药部位的特点和含药量而定。

2. 膜剂的特点　膜剂是在 20 世纪 60 年代开始研究并应用的一种新型制剂，其特点主要有：①含量准确，稳定性好，吸收起效快；②成膜材料用量少，体积小，质量轻，应用、携带及运输方便；③工艺简单，生产中没有粉尘飞扬；④采用不同的成膜材料可制备速释、缓释或控释膜剂；⑤载药量小，只适合于小剂量的药物。

二、膜剂的处方组成

膜剂由药物、成膜材料和附加剂三部分组成。

（一）成膜材料

成膜材料的性能、质量不仅对膜剂成型工艺有影响，而且对膜剂的质量及药效产生重要影响。理想的成膜材料应具有下列条件：①生理惰性，无毒、无刺激、无不适臭味；②性能稳定，不降低主药药效，不干扰含量测定；③成膜、脱膜性能好，成膜后有足够的强度和柔韧性。

常用的成膜材料为天然或合成的高分子化合物。

1. 天然高分子材料　常用的有明胶、虫胶、阿拉伯胶、淀粉、糊精、琼脂等，此类材料多数可降解或溶解，但成膜、脱膜性能较差，故常与其他成膜材料合用。

2. 合成高分子材料　有聚乙烯醇类化合物、丙烯酸共聚物、纤维素衍生物类等，此类材料成膜性能优良，成膜后的抗拉强度和柔韧性均较好。

（1）聚乙烯醇（PVA）　为白色或黄白色粉末状颗粒。国内常用的有 05-88 和 17-88 两种规格。两种均能溶于水，PVA05-88 聚合度小，水溶性大，柔韧性差；PVA17-88 聚合度大，水溶性小，柔韧性好。两者以适当比例（如 1:3）混合使用能制得很好的膜剂。

（2）乙烯-醋酸乙烯共聚物（EVA）　为透明、无色粉末或颗粒。EVA 无毒、无臭、无刺激性，对人体组织有良好的相容性，不溶于水，能溶于二氯甲烷、氯仿等有机溶剂。本品成膜性能良好，膜柔软，强度大，常用于制备眼、阴道、子宫等控释膜剂。

（二）附加剂

常用的附加剂有：①增塑剂，如甘油、山梨醇；②表面活性剂，如聚山梨酯 80、十二烷基硫酸钠；③填充剂，如碳酸钙、二氧化硅、淀粉；④着色剂，如色素、二氧化钛；⑤脱膜剂，常用液状石蜡。

三、膜剂的制备

膜剂的制备方法有匀浆制膜法、热塑制膜法和复合制膜法三种。

1. 匀浆制膜法　将成膜材料（如 PVA）溶于水，滤过，加入主药，充分搅拌溶解。不溶于水的主药可以预先制成微晶或细粉，均匀分散于浆液中，脱去气泡。用涂膜机涂膜，烘干后根据主药含量计算单剂量膜的面积，剪切成单剂量的小格。

2. 热塑制膜法 将药物细粉和成膜材料（如 EVA）混合，用橡皮滚筒混炼，热压成膜；或将热熔的成膜材料（如聚乳酸、聚乙醇酸），在热熔状态下加入药物细粉，使融入或均匀混合，涂膜，在冷却过程中成膜。

3. 复合制膜法 以不溶性的热塑性成膜材料为外膜，分别制成具有凹穴的底外膜带和上外膜带，另用水溶性的成膜材料用匀浆制膜法制成含药的内膜带，剪切后置于底外膜带的凹穴中，也可用易挥发性溶剂制成含药匀浆，以间隙定量注入的方法注入底外膜带的凹穴中。经吹风干燥后，盖上外膜带，热封即成。这种方法一般用于缓释膜的制备。

制备实例解析

硝酸毛果芸香碱眼用膜剂

【处方】硝酸毛果芸香碱　　　　15g　　　　甘油　　　　2g
　　　　聚乙烯醇（05－88）　　28g　　　　纯化水　　30ml

【制法】称取聚乙烯醇，加纯化水、甘油搅拌溶胀后于90℃水浴上加热溶解，趁热将溶液用80目筛网滤过，滤液放冷后加入硝酸毛果芸香碱，搅拌使溶解，然后涂膜，经含量测定后划痕分格，每格内含硝酸毛果芸香碱2.5mg。

【用途】用于治疗青光眼。

四、膜剂的质量检查

按照《中国药典》，膜剂外观应完整光洁，厚度一致，色泽均匀，无明显气泡。多剂量的膜剂分格压痕应均匀清晰，并能按压痕撕开。除另有规定外，其质量检查项目主要有重量差异与微生物限度等。

同步训练

一、选择题

1. 下列关于栓剂的叙述，错误的是（　　　）
   A. 栓剂是由药物与适宜基质制成供腔道给药的半固体剂型
   B. 通常肛门栓剂呈鱼雷形或圆锥形，阴道栓剂呈球形或卵形
   C. 栓剂基质分为油脂性基质和水溶性基质两大类
   D. 栓剂可发挥局部和全身治疗作用

2. 栓剂基质中不属于水溶性基质的是（　　　）
   A. 甘油明胶　　　B. 聚乙二醇　　　　C. 泊洛沙姆　　　　D. 可可豆脂

3. 下列物质一般不作为滴丸冷凝液的是（　　　）
   A. 液状石蜡　　　B. 聚乙二醇　　　　C. 二甲基硅油　　　D. 水

4. 下列关于气雾剂的叙述，错误的是（　　）

    A. 气雾剂稳定、吸收迅速、奏效快

    B. 气雾剂剂量较准确、使用很方便

    C. 喷雾给药减少创面涂药的刺激疼痛

    D. 气雾剂的抛射剂有氟利昂类和氟氯烷烃类

5. 下列关于膜剂的叙述，错误的是（　　）

    A. 膜剂是由药物与适宜的成膜材料加工制成的膜状制剂

    B. 膜剂的大小与形状可根据临床需要及用药部位而定

    C. 膜剂使用方便，适合多种给药途径应用

    D. 膜剂载药量大，适用于剂量较大的药物

6. 下列膜剂的成膜材料中，其成膜性、抗拉强度、柔韧性、吸湿性及水溶性最好的是（　　）

    A. 羧甲基纤维素钠　　　　　　　　B. 玉米朊

    C. 聚乙烯醇　　　　　　　　　　　D. 阿拉伯胶

7. 栓剂制备中，液状石蜡适用于做哪种基质模具的润滑剂（　　）

    A. 甘油明胶　　　B. 可可豆脂　　　C. 椰油脂　　　　D. 硬脂酸丙二醇酯

8. 以 PEG 为基质制备滴丸时应选作冷却剂的是（　　）

    A. 水与乙醇的混合物　　　　　　　B. 乙醇与甘油的混合物

    C. 液状石蜡与乙醇的混合物　　　　D. 液状石蜡

9. 下列不是滴丸优点的是（　　）

    A. 可增加药物的稳定性　　　　　　B. 每丸的含药量较大

    C. 可掩盖药物的不良气味　　　　　D. 为高效、速效剂型

10. 吸入气雾剂药物粒径大小应控制在（　　）

    A. $1\mu m$　　　　　B. $5\mu m$　　　　　C. $10\mu m$　　　　　D. $20\mu m$

二、简答题

1. 简述栓剂常用基质的性质和特点。

2. 简述滴丸的制备过程。

3. 气雾剂中抛射剂的作用是什么？常用的抛射剂有哪些？

第九章　药物制剂的稳定性

■ 知识要点

　　稳定性是药物制剂研究的重要组成部分，也是新药开发的重要内容之一。本章重点介绍研究药物制剂稳定性的意义与任务，阐述影响药物制剂稳定性的因素及稳定化的方法，明确药物稳定性的试验方法。

第一节　概　　述

一、研究药物制剂稳定性的意义

　　药物制剂的基本要求是安全、有效、稳定，而稳定性是保证药物制剂安全、有效的前提。药物制剂在生产、运输、贮存、使用过程中，若因各种因素的影响发生分解变质，将会导致药物疗效降低，甚至产生毒副反应，也将给企业造成巨大的经济损失。我国已经规定，新药申请必须呈报有关稳定性资料。因此，为了合理地进行剂型设计，提高制剂质量，保证药品的疗效与安全，提高企业经济效益，必须重视药物制剂稳定性的研究。

二、药物制剂稳定性的研究范围

　　药物制剂稳定性一般包括以下三个方面。

　　1. 化学稳定性　指药物由于水解、氧化、光解等发生的化学变化。

　　2. 物理稳定性　指药物制剂的物理性能发生变化，如固体药物晶型的转变、混悬剂的沉降、乳剂的分层等。

　　3. 生物学稳定性　一般指药物制剂由于受微生物的污染，而使产品变质、腐败。

三、药物制剂稳定性的研究任务

　　药物制剂稳定性通常指体外稳定性，即药物制剂在生产、贮存、使用期间保持稳定的程度，是评价药物制剂质量的重要指标。研究药物制剂稳定性的任务主要包括：①考察制剂在制备和保存期间可能发生的变化，探讨影响药物制剂稳定性的因素与提高制剂稳定性的措施，为药品的生产、包装、贮存、运输等条件提供科学依据，保障临床用药安全有效；②研究药物制剂稳定性的试验方法，指导新产品的开发与研究，预测与制订药品的有效期，保证药物产品的质量。

第二节　影响药物制剂稳定性的因素及稳定化

一、制剂中药物的化学降解途径

药物由于化学结构的不同，其降解途径也不同。其中，水解和氧化是药物降解的两个主要途径。

1. 水解　易水解的药物主要有酯类（包括内酯）和酰胺类（包括内酰胺）等。

（1）酯类药物　在水溶液中水解后往往会使溶液的 pH 值下降，盐酸普鲁卡因是酯类药物的代表，水解后 pH 值下降，降解产物无明显的麻醉作用。易水解的脂类药物还有盐酸丁卡因、盐酸可卡因、普鲁本辛、硫酸阿托品、氢溴酸后马托品、毛果芸香碱、华法林钠等。

（2）酰胺类药物　易水解的酰胺类药物主要有氯霉素、青霉素类、头孢菌素类、巴比妥类等药物。

> **知识链接**
>
> **氨苄青霉素的应用**
>
> 氨苄青霉素在酸、碱性溶液中易水解，只宜制成固体剂型（注射用无菌粉末）应用。
>
> 注射用氨苄青霉素钠在临用前可用 0.9% 氯化钠注射液溶解后输液。葡萄糖注射液对本品有一定的影响，最好不要配合使用，若两者配合使用，也不宜超过 1 小时。乳酸钠注射液对本品水解有显著的催化作用，二者不能配合。

2. 氧化　药物氧化通常是自动氧化，即在大气中氧的影响下进行缓慢的氧化。药物氧化后，不仅效价降低，而且可能产生变色或沉淀，严重影响药品的质量。易氧化的药物主要有以下几类。

（1）酚类药物　如肾上腺素、左旋多巴、吗啡、阿朴吗啡、水杨酸钠等。

（2）烯醇类药物　最常用的是维生素 C。

（3）其他类药物　易氧化的药物类型较多，如芳胺类、吡唑酮类、噻嗪类等药物。

3. 光降解　光降解是指药物受光线（辐射）作用使分子活化而产生分解的反应。光降解典型的例子是硝普钠，光敏感的药物还有盐酸异丙嗪、盐酸氯丙嗪、核黄素、氢化可的松、维生素 A、辅酶 Q10 等。有些药物光解后产生光毒性，如呋塞米、乙酰唑胺、氯噻酮等。

4. 其他途径　其他降解途径还有异构化、脱酸、聚合等。

二、影响药物制剂稳定性的主要因素及稳定化

（一）处方因素

1. pH 值 许多酯类、酰胺类药物的水解受 H^+ 或 OH^- 的催化，这种催化作用称为专属酸碱催化或特殊酸碱催化，其水解速度主要由溶液的 pH 值决定。药物降解反应速度最慢时溶液的 pH 值称为药物的最稳定 pH 值，以 pH_m 表示。一些药物的最稳定 pH 值见表 9 - 1。

表 9 - 1 一些药物的最稳定 pH 值

药物	最稳定 pH 值	药物	最稳定 pH 值
盐酸丁卡因	3.8	苯氧乙基青霉素	6
盐酸可卡因	3.5 ~ 4.0	毛果芸香碱	5.12
溴本辛	3.38	氯氮䓬	2.0 ~ 3.5
溴化内胺太林	3.3	氯洁霉素	4
三磷酸腺苷	9	地西泮	5
对羟基苯甲酸甲酯	4	氢氯噻嗪	2.5
对羟基苯甲酸乙酯	4.0 ~ 5.0	维生素 B_1	2
对羟基苯甲酸丙酯	4.0 ~ 5.0	吗啡	4
乙酰水杨酸	2.5	维生素 C	6.0 ~ 6.5
头孢噻吩钠	3.0 ~ 8.0	对乙酰氨基酚	
甲氧苯青霉素	6.5 ~ 7.0	（扑热息痛）	5.0 ~ 7.0

pH 值调节要同时考虑稳定性、溶解度和药效三个方面。常用的 pH 调节剂是盐酸与氢氧化钠，为了不再引入其他离子，生产上常用与药物本身相同的酸和碱。如大部分生物碱在偏酸性溶液中比较稳定，故其注射剂常调在偏酸范围来提高稳定性。但将它们制成滴眼剂，就应调节在偏中性范围，可以减少刺激性，提高疗效。

2. 广义酸碱 按照 Bronsted - Lowry 酸碱理论，给出质子的物质叫广义的酸，接受质子的物质叫广义的碱。有些药物也可被广义的酸碱催化水解。这种催化作用叫广义酸碱催化或一般酸碱催化。许多药物处方中，往往需要加入缓冲剂。常用的缓冲剂如醋酸盐、磷酸盐、枸橼酸盐、硼酸盐等，均为广义的酸碱，但这些缓冲剂往往会催化某些药物的水解，因此在处方设计时，要选择对药物水解没有催化作用的缓冲剂或尽可能降低缓冲剂的浓度。

3. 溶剂 溶剂作为化学反应的介质，对药物的稳定性影响很大。某些药物在非水溶剂中的稳定性比在水中高，如苯巴比妥注射液、安定注射液等。但也有些药物在水溶液中比在非水溶液中稳定，如环己烷氨基磺酸钠。溶剂的极性不同对药物的降解速度有不同影响。

4. 离子强度 在制剂处方中常需加入一些电解质，如等渗调节剂、抗氧剂、缓冲

剂等。这些电解质可使溶液的离子强度增大，导致介质极性的增加，从而对药物的降解速度产生影响。

当药物离子与另一反应离子带相同电荷时，离子强度增加（电解质浓度增加），则分解反应速度增加；当药物离子与另一反应离子带相反电荷时，离子强度增加，则分解反应速度降低；若药物是中性分子，则离子强度对反应速度没有影响。

5. 表面活性剂 液体制剂中常加入表面活性剂发挥增溶、乳化、润湿等作用，溶液中的表面活性剂可能会影响药物的稳定性。对于易水解的药物，加入表面活性剂可提高药物的稳定性，这是因为表面活性剂在溶液中形成胶束，阻止 H^+、OH^- 的进攻，因而增加药物的稳定性。但要注意，表面活性剂有时使某些药物分解速度反而加快，如吐温80可使维生素D稳定性下降。故需通过实验，正确选用表面活性剂。

6. 基质或赋形剂 一些半固体剂型如软膏剂等，药物的稳定性与制剂处方的基质有关。氢化可的松乳膏的有效期为24个月，若以水溶性聚乙二醇（PEG）为基质，则可促进该药物的分解，有效期只有6个月。栓剂基质聚乙二醇也可使乙酰水杨酸分解，产生水杨酸和乙酰聚乙二醇。维生素U片采用糖粉和淀粉为赋形剂，则产品变色，若应用磷酸氢钠，再辅以其他措施，产品质量则有所提高。一些片剂的润滑剂（硬酯酸钙、镁）对乙酰水杨酸的稳定性有一定影响，生产乙酰水杨酸片时不应使用硬脂酸镁这类润滑剂，而需用影响较小的滑石粉或硬脂酸。

（二）外界因素

1. 温度 一般来说，温度升高，绝大多数化学反应速度加快。根据 Van't Hoff 规则，温度每升高10℃，反应速度约增加到原来的2~4倍。

药物制剂在制备过程中，如果溶解或灭菌等操作需要加热时，应考虑温度对药物稳定性的影响，制定合理的工艺条件。在确保完全灭菌的前提下，应尽可能降低灭菌温度，缩短灭菌时间。特别是对热敏性药物，如抗生素、生物制品等，要根据药物的性质设计适宜剂型（如固体剂型）和生产工艺（如冷冻干燥、无菌操作等），同时产品要低温贮存，以保证产品质量。

2. 光线 有些药物在光线的作用下会发生化学反应而降解，这种化学反应称为光化反应。易被光降解的药物称为光敏感药物。光化反应可伴随着氧化，氧化反应也可由光引发。光敏感药物的制剂，在生产和贮存过程中可采用避光操作、棕色玻璃包装等措施避免光线对药物的影响。还可以通过改进处方来提高药物对光的稳定性，可加入抗氧剂，在包衣材料中加入遮光剂等。另外，还要避光保存。

3. 空气（氧） 空气中的氧可引起某些药物制剂的氧化。空气中的氧主要通过两种途径进入制剂，一是氧可溶解在药物水溶液中，二是氧存在于容器空间。对于易氧化的药物制剂，生产中除氧是防止氧化的根本措施。除氧常用的方法有通入惰性气体（如二氧化碳或氮气）和加入抗氧剂（如亚硫酸盐类）等。也可使用非水溶剂和协同剂（如枸橼酸、酒石酸等）等增强抗氧效果。另外，还可采用真空包装来提高药物的稳定性。

4. 金属离子 微量金属离子对自氧化反应有显著的催化作用，如铜、铁、钴、镍、锌、铅等离子都能促进药物氧化。制剂中的微量金属离子主要来自原辅料、溶剂、容器以及操作过程中使用的工具等。为避免金属离子的影响，应注意选用纯度较高的原辅料，操作过程中尽量不要使用金属器具。同时，还可在溶液中加入螯合剂，有时螯合剂与亚硫酸盐类抗氧剂联合应用，效果更佳。

5. 湿度和水分 湿度与水分对固体药物制剂稳定性的影响特别重要。水是化学反应的媒介，无论是水解反应，还是氧化反应，微量的水均能使其加速。

6. 包装材料 包装在保证药品质量方面有重要作用。首先，包装对药物制剂起到隔离作用，包装材料应能阻隔外界的空气、光线、水分、异物和微生物等进入包装内部，药物制剂中的成分也不能从包装穿透或逸漏出去。其次，包装对药物制剂起到缓冲作用，包装在药品的运输、贮存过程中缓解因外界的震动、冲击、挤压而造成的损坏。

包装材料与药物制剂的稳定性关系密切，包装材料的选择既要考虑能使药物隔绝外界环境以保护药物的稳定性，同时也要考虑包装材料与药物制剂的相互作用，常用的包装材料有玻璃、塑料、橡胶及一些金属。在产品试制过程中要进行"装样试验"，对各种不同包装材料进行认真的选择，以确保药物制剂的稳定。

三、增加药物制剂稳定性的其他方法

对于化学稳定性极差的药物，制剂中可以选择下列方法增加其稳定性。

1. 制成难溶性盐 一些易水解的药物可制成难溶性盐或难溶性酯类衍生物，增加其稳定性。

2. 制成固体制剂 在水溶液中不稳定的药物，一般可制成固体制剂增加稳定性。如片剂、胶囊剂、注射用无菌粉末等。

3. 制成微囊、微球或包合物等 将药物制成微囊、微球、环糊精包合物等可增加其稳定性。

4. 采用粉末直接压片或包衣工艺等 一些对湿热不稳定的药物，制备片剂时一般采用粉末直接压片、干法制粒等方法或通过包衣来增加其稳定性。

四、固体制剂的稳定性

（一）固体制剂稳定性的特点

一般来说，固体制剂较稳定，其稳定性具有如下特点：①一般分解较慢，需要较长时间和精确的分析方法；②均匀性较差，分析结果很难重现；③降解反应往往始于固体表面，表里变化不一；④一般属于多相体系的反应，较为复杂。

（二）影响固体制剂稳定性的因素

1. 固体制剂的晶型变化 不同晶型的药物，其理化性质如熔点、溶解度、密度、光学和电学性质有很大差异，故化学稳定性也可能出现差异。制剂制备中粉碎、加热、熔融、冷却、湿法制粒工艺过程等，都可能发生晶型改变，因此有必要对晶型进行研究。

2. 固体制剂的吸湿　固体药物吸附了水分以后，在表面形成一层液膜，分解反应就在液膜中进行。制剂中应采取适宜的措施防止吸湿，如控制生产环境的相对湿度、避免使用吸湿性强的辅料、采用防湿性包衣及防湿性好的包装等。

3. 固体药物之间的相互作用　固体剂型中可供选择的辅料很多，药物与药物、药物与辅料配伍后，各成分之间的相互作用可能导致药物降解。因此固体剂型处方筛选时需要进行辅料与药物相互作用研究。

第三节　原料药与药物制剂的稳定性试验方法

《中国药典》2010 年版对稳定性试验的指导原则分为两部分，第一部分为原料药，第二部分为药物制剂。稳定性试验的目的是考察原料药或药物制剂在温度、湿度、光线的影响下随时间变化的规律，为药品的生产、包装、贮存、运输条件提供科学依据，同时通过试验确定药品的有效期。稳定性试验内容可分为影响因素试验、加速试验与长期试验。

一、影响因素试验

影响因素试验亦称强化试验，是在高温、高湿、强光的剧烈条件下考察影响稳定性的因素及可能的降解反应，为筛选制剂工艺、选择包装材料、确定贮存条件等提供依据。同时为加速试验与长期试验所采用的温度和湿度等条件提供依据。

影响因素试验的供试品可以用 1 批原料药进行，将供试品置适宜的开口容器中（如称量瓶或培养皿），摊成 ≤5mm 厚的薄层，疏松原料药摊成 ≤10mm 厚薄层，进行以下实验。

1. 高温试验　供试品开口置适宜的洁净容器中，60℃温度下放置 10 天，于第 5 天和第 10 天取样，按稳定性重点考察项目进行检测。若供试品含量低于规定限度则在40℃条件下同法进行试验。若 60℃无明显变化，不再进行 40℃试验。

2. 高湿度试验　供试品开口置恒湿密闭容器中，在 25℃分别于相对湿度 90%±5%条件下放置 10 天，于第 5 天和第 10 天取样，按稳定性重点考察项目要求检测，同时准确称量试验前后供试品的重量，以考察供试品的吸湿潮解性能。若吸湿增重 5% 以上，则在相对湿度 75%±5% 条件下，同法进行试验；若吸湿增重 5% 以下，其他考察项目符合要求，则不再进行此项试验。

3. 强光照射试验　供试品开口放置于装有日光灯的光照箱或其他适宜的光照装置内，于照度 4500lx±500lx 的条件下放置 10 天，于第 5 天和第 10 天取样，按稳定性重点考察项目进行检测，特别要注意供试品的外观变化。

二、加速试验

加速试验是在超常的条件下进行，其目的是通过加速药物的化学或物理变化，探讨药物的稳定性，为制剂设计、包装、运输及贮存提供必要的资料。原料药物与药物制剂均需进行此项试验，供试品要求 3 批，按市售包装，在温度 40℃±2℃，相对湿度 75%±5% 的条件下放置 6 个月。在试验期间第 1 个月、第 2 个月、第 3 个月、第 6 个月末分别取样一次，按稳定性重点考察项目检测。在上述条件下，如 6 个月内供试品经检测不符合制订的质量标准，则应在中间条件下即在温度 30℃±2℃，相对湿度 60%±5% 的情况下（可用 Na_2CrO_4 饱和溶液，30℃相对湿度 64.8%）进行加速试验，时间仍为 6 个月。

对温度特别敏感的药物，预计只能在冰箱（4℃~8℃）内保存，此类药物的加速试验，可在温度 25℃±2℃，相对湿度 60%±10% 的条件下进行，时间为 6 个月。

三、长期试验

长期试验是在接近药品的实际贮存条件下进行，其目的是为制订药物的有效期提供依据。原料药与药物制剂均需进行长期试验，供试品 3 批，市售包装，在温度 25℃±2℃，相对湿度 60%±10% 的条件下放置 12 个月取样，或在温度 30℃±2℃，相对湿度 65%±5% 的条件下放置 12 个月。每 3 个月取样一次，分别于 0、3、6、9、12 个月，按稳定性重点考察项目进行检测。12 个月以后，仍需继续考察，分别于 18、24、36 个月取样进行检测。将结果与 0 月比较以确定药品的有效期。

对温度特别敏感的药品，长期试验可在温度 6℃±2℃ 的条件下放置 12 个月，按上述时间要求进行检测，12 个月以后，仍需按规定继续考察，制订在低温贮存条件下的有效期。

四、稳定性重点考察项目

稳定性重点考察项目见表 9 - 2。

表 9 - 2　原料药及药物制剂稳定性重点考察项目参考表

剂型	稳定性重点考察项目
原料药	性状、熔点、含量、有关物质、吸湿性以及根据品种性质选定的考察项目
片剂	性状、含量、有关物质、崩解时限或溶出度或释放度
胶囊	性状、含量、有关物质、崩解时限或溶出度或释放度、水分，软胶囊需要检查内容物有无沉淀
注射液	性状、含量、pH 值、可见异物、有关物质，应考察无菌
栓剂	性状、含量、融变时限、有关物质
软膏剂	性状、含量、均匀性、粒度、有关物质
乳膏剂	性状、含量、均匀性、粒度、有关物质、分层现象
眼用制剂	如为溶液，应考察性状、可见异物、含量、pH 值、有关物质； 如为混悬液，还应考察粒度、再分散性；洗眼剂还应考察无菌
丸剂	性状、含量、有关物质、溶散时限
糖浆剂	性状、含量、澄清度、相对密度、有关物质、pH 值
口服溶液剂	性状、含量、澄清度、有关物质

剂型	稳定性重点考察项目
口服乳剂	性状、含量、分层现象、有关物质
口服混悬剂	性状、含量、沉降容积比、有关物质、再分散性
散剂	性状、含量、粒度、外观均匀度、有关物质
气雾剂	泄漏率、每瓶主药含量、有关物质、每瓶总揿数、每揿主药含量、雾滴分布
粉雾剂	排空率、每瓶总吸次、每吸主药含量、有关物质、雾滴分布
喷雾剂	每瓶总吸次、每吸喷量、每吸主药含量、有关物质、雾滴分布
颗粒剂	性状、含量、粒度、有关物质、溶化性或溶出度或释放度
贴剂（透皮贴剂）	性状、含量、有关物质、释放度、黏附力
搽剂、涂剂、涂膜剂	性状、含量、有关物质、分层现象（乳状型）、分散性（混悬型），涂膜剂还应考察成膜性

注：有关物质（含降解产物及其他变化所生成的产物）应说明其生成产物的数目及量的变化，如有可能应说明有关物质中何者为原料中间体，何者为降解产物，稳定性试验中重点考察降解产物。

同步训练

一、选择题

1. 盐酸普鲁卡因的主要降解途径是（　　）
   A. 水解　　　　　　B. 异构化　　　　　　C. 氧化　　　　　　D. 光降解

2. 维生素 C 降解的主要途径是（　　）
   A. 水解　　　　　　B. 氧化　　　　　　C. 光学异构化　　　　D. 聚合

3. 加速试验要求放置 6 个月的条件是（　　）
   A. 40℃，RH75%　　　　　　　　　B. 50℃，RH75%
   C. 25℃，RH75%　　　　　　　　　D. 40℃，RH60%

4. 下列关于长期稳定性试验的叙述中，错误的是（　　）
   A. 一般在 25℃下进行　　　　　　B. 在通常包装贮存条件下观察
   C. 相对湿度 75% ±5%　　　　　　D. 样品放置 12 个月，每 3 个月取样一次

5. 影响药物制剂稳定性的处方因素，不包括（　　）
   A. 溶剂　　　　　B. 广义酸碱　　　　C. pH 值　　　　D. 温度

6. 下列关于影响药物制剂稳定性的非处方因素，错误的是（　　）
   A. 氧气的影响　　B. 包装材料　　　C. 溶剂的极性　　D. 充入惰性气体

7. 阿司匹林水溶液的 pH 值下降说明主要发生（　　）
   A. 氧化　　　　　B. 水解　　　　　C. 聚合　　　　　D. 异构化

8. 防止药物氧化的措施错误的是（　　）
   A. 加入抗氧剂　　B. 使用金属器皿　　C. 通惰性气体　　D. 加入金属螯合剂

二、简答题

1. 研究药物稳定性的目的、意义及药物稳定性研究的范围是什么?

2. 新药研究中制剂稳定性试验一般包括哪些?

3. 影响因素试验的一般条件和内容是什么?

第十章 药物制剂新技术与新剂型

知识要点

　　药物制剂新技术与新剂型的应用大大改善了药物的吸收和传递，在提高药物制剂的生物利用度，保证用药的安全、有效、稳定等方面起着重要作用。本章内容主要包括药物制剂新技术与新剂型两部分。药物制剂新技术主要介绍固体分散技术、包合技术、微囊化技术和脂质体制备技术。药物制剂新剂型重点介绍缓释与控释制剂、靶向制剂及经皮给药制剂。

第一节 固体分散技术

一、概述

　　固体分散体指药物高度分散在适宜的载体材料中形成的一种固态物质。将药物均匀分散于固体载体的技术称为固体分散技术。

　　1. 固体分散体的特点 固体分散体是一种制剂的中间体，添加适宜的辅料并通过适宜的制剂工艺可进一步制成片剂、胶囊剂、颗粒剂、滴丸剂等。其主要特点有：①可将难溶性药物高度分散于固体载体中；②大大提高药物的溶出速率，从而提高其口服吸收与生物利用度；③可用于油性药物的固体化；④采用不同的载体材料可达到速释、缓释或肠溶等目的；⑤药物分散状态的稳定性不高，久贮易产生老化现象。

　　2. 固体分散体的类型

　　（1）**简单低共熔物** 药物与载体以低共熔组分比例混合共熔后，迅速冷却固化，得到两者超细结晶的物理混合物，药物一般以微晶形式均匀分散在固体载体中。如果是水溶性载体，低共熔物遇水时载体迅速溶解，药物以微晶释放，因具有较大的比表面积，可提高药物的溶出度。

　　（2）**固体溶液** 药物溶解在熔融的载体材料中冷却固化而成，是药物以分子状态分散在载体材料中形成的均相体系。药物的溶出速率由载体的溶出速率决定，选择合适的载体可显著提高药物的溶出速率。

　　（3）**共沉淀物** 也称共蒸发物，采用适当溶剂溶解药物和载体，除去溶剂共沉淀而得，药物以分子形式不规则地分散在无定形载体材料中。几乎在所有条件下，均能产生比药物晶体更快的溶出速率。

二、常用的载体材料

固体分散体常用的载体材料可分为水溶性、难溶性和肠溶性三大类。使用时可根据制备目的选择单一载体或使用混合载体。

（一）水溶性载体材料

1. 聚乙二醇类（PEG） 最常用的是 PEG4000 和 PEG6000，常温下为蜡状固体，熔点较低，适用于融熔法制备固体分散体。药物为油类时，如单用 PEG6000 作载体则固体分散体质地较"软"，可与高熔点的 PEG20000 等联用。

2. 聚维酮类（PVP） 聚维酮为无定形高分子聚合物，稳定性良好，但加热到 150℃会变色分解。易溶于水和多种有机溶剂，因而宜用溶剂法制备固体分散物。PVP 类载体在贮存过程中易吸潮。

3. 表面活性剂类 少数表面活性剂，如泊洛沙姆类、卖泽类、聚氧乙烯蓖麻油类等可单独用作固体分散体的载体，由于其熔点较低且溶于多种有机溶剂，可采用熔融法或溶剂法制备，是较理想的速效载体材料。大多数表面活性剂与其他载体联用，以增加药物的润湿性或溶解性，提高溶出速率，如十二烷基硫酸钠、聚山梨酯 80 等。

4. 有机酸类 属于结晶性载体材料，分子量较小，易溶于水，抑制药物结晶的能力弱，不适用于对酸敏感的药物。常用的有机酸类载体有枸橼酸、琥珀酸、酒石酸、胆酸、去氧胆酸等。

5. 糖类与醇类 属于结晶性载体材料，水溶性强，但熔点较高，且不溶于多种有机溶剂，限制了其应用范围，一般采用熔融法在较高温度下制备。常用的糖类有右旋糖酐、半乳糖和蔗糖等，醇类有甘露醇、山梨醇、木糖醇等。

6. 其他水溶性载体材料 一些亲水性聚合物，如聚乙烯醇（PVA）、聚维酮 – 聚乙烯醇共聚物（PVP – PVA）、羟丙甲纤维素（HPMC）等也经常用作固体分散体的载体。

（二）难溶性和肠溶性载体材料

1. 难溶性载体材料 常用的有乙基纤维素（EC）、聚丙烯酸树脂类（Eudragit RL 和 Eudragit RS）、脂质类（硬脂酸、硬脂醇、单硬脂酸甘油酯、棕榈酸甘油酯）等。

2. 肠溶性载体材料 常用的主要有醋酸纤维素酞酸酯（CAP）、羟丙甲纤维素酞酸酯（HPMCP），羧甲乙纤维素（CMEC）及聚丙烯酸树脂类（Eudragit L 和 Eudragit S）等。

知识链接

固体分散体的速释原理

1. 药物的高度分散性　由于药物高度分散于载体中，增加了药物的溶出表面积，从而提高难溶性药物的溶出速率和吸收速率。在固体分散体中药物的分散状态有微晶、胶体、分子、无定形等状态，其溶出速率顺序通常为：分子 > 无定形 > 微晶。

2. 载体的作用　药物被载体材料包围，可保证药物的高度分散性，抑制药物晶核的形成和生长，同时水溶性载体材料可提高药物的润湿性，从而促进药物溶出。

三、固体分散体的制备

1. 熔融法　将药物与载体材料加热至熔融，混匀，然后在剧烈搅拌下迅速冷却固化，或将熔融物倾倒在不锈钢板上成薄膜，迅速冷却固化。然后将产品置于干燥器中，室温干燥。经一到数日即可使变脆而容易粉碎。本法适用于对热稳定的药物及熔点低的载体材料，常用的载体材料有 PEG 类、枸橼酸、糖类等。

2. 溶剂法　又称为共沉淀法或共蒸发法。将药物和载体同时溶于有机溶剂中或分别溶于有机溶剂后混匀，除去溶剂使药物与载体同时析出，干燥后即得固体分散体。溶剂法适用于对热不稳定的药物，常用的载体材料有 PVP、PEG、HPMC 等。

3. 研磨法　将药物与较大比例的载体材料混合后，强力持久地研磨一定时间，借助机械力降低药物的粒度，提高分散度以形成固体分散体。本法仅适用于小剂量的药物，常用的载体材料有微晶纤维素、乳糖、PVP 等。

第二节　包合技术

一、概述

包合技术是一种分子全部或部分被包嵌于另一种分子的空穴结构内，形成包合物的技术。包合物由主分子和客分子组成，主分子是包合材料，具有较大的空穴结构，足以将客分子容纳在内形成分子囊。主分子和客分子进行包合作用时，相互不发生化学反应，不存在化学键作用，故包合是物理过程而不是化学过程。

药物分子与包合材料分子通过范德华力形成包合物后，主要用作制剂中间体。其特点主要有：①增大药物的溶解度，提高生物利用度；②使液体药物粉末化；③掩盖药物的不良气味；④防止挥发性成分损失，提高药物稳定性；⑤调节药物的释放速率；⑥降低药物的刺激性与毒副作用等。

二、常用的包合材料

目前药物制剂中常用的包合材料为环糊精及其衍生物。

1. 环糊精（CD） 是淀粉经酶解环合后得到的由 6~12 个葡萄糖分子连接而成的环状低聚糖化合物。环糊精的结构为中空圆筒形，空穴的开口处呈亲水性，空穴的内部呈疏水性。常见的环糊精是由 6、7、8 个葡萄糖分子通过 α-1,4 糖苷键连接而成，分别称为 α-CD、β-CD、γ-CD，其中以 β-CD 最为常用，图 10-1 为 β-CD 的环状构型。

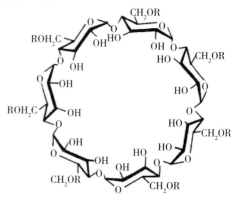

图 10-1　β-CD 的环状构型

β-CD 为白色结晶性粉末，熔点 300℃~305℃。本品对酸较不稳定，对碱、热和机械作用都相当稳定，在水中溶解度较小，易从水中析出结晶，溶解度随温度升高而增大。

2. 环糊精衍生物 β-CD 虽具有适合的空穴，但由于其在水中溶解度较低，使得它在药物制剂中的应用受到一定限制。通过对 β-CD 结构进行化学修饰，可以得到具有不同溶解性能的环糊精衍生物。

（1）羟丙基-β-环糊精（HP-β-CD） 极易溶于水，是目前研究最多、对药物增溶和提高稳定性效果最好的 CD 衍生物。

（2）甲基-β-环糊精（M-β-CD） 溶解度大于 β-CD，既溶于水又溶于有机溶剂，形成的包合物水溶性较强，提高了药物的溶出速度。

（3）其他环糊精衍生物 包合用环糊精衍生物还有羟乙基-β-环糊精、葡萄糖基-β-环糊精、二葡萄糖基-β-环糊精和麦芽糖基-β-环糊精等，水中的溶解度较 β-环糊精都有大幅度增加。

三、包合物的制备

1. 饱和水溶液法 也称为重结晶法或沉淀法。先将 β-CD 制成饱和水溶液，加入药物（水不溶性药物可先用少量有机溶剂溶解），搅拌混合，使包合物形成，用适当方式（冷藏、浓缩、加沉淀剂等）使包合物析出，过滤、洗涤、干燥即得。此法多适用于水中溶解度小的 CD（如 β-CD）。

2. 研磨法 环糊精中加入 2~5 倍量的水研匀，加入药物（难溶性药物可先溶解于适宜的有机溶剂中），充分混匀、研磨成糊状，低温干燥，用适宜的溶剂洗涤，再干燥即得。此法操作简单，但研磨程度难以控制，包合率重复性较差。

3. 超声波法 向 β-CD 饱和水溶液中加入药物，混合后立即进行超声处理，将析出的沉淀过滤，溶剂洗涤、干燥即得。

4. 冷冻干燥法 先将药物和包合材料在适当溶剂中包合，再采用冷冻干燥法除去溶剂。适用于不易析出沉淀或加热干燥容易分解变色的药物，所得产品疏松、溶解度好，可制成粉针。

5. 喷雾干燥法　先将药物与包合材料在适当溶剂中包合，再采用喷雾干燥法除去溶剂。适用于难溶性、疏水性的药物。本法干燥温度高，受热时间短，适合大批量生产。

第三节　微囊化技术

一、概述

微型胶囊，简称微囊，指利用天然的或合成的高分子材料作为囊材，将固体或液体药物包裹而成的药库型微小胶囊。微囊的粒径范围通常在 $1 \sim 250\mu m$，其制备过程称为微型包囊术，又称微囊化。

药物微囊化的特点主要有：①掩盖药物的不良气味；②提高药物稳定性；③防止药物在胃内失活或减少对胃的刺激性；④使液态药物固态化，便于应用于贮存；⑤可制备缓控释制剂；⑥使药物浓集于靶区，提高疗效，降低不良反应；⑦减少药物的配伍变化；⑧将活细胞生物活性物质包囊。

二、常用的囊材

制备微囊，用于包裹药物的材料，称为囊材。常用的囊材有：

1. 天然高分子材料　具有稳定、无毒、成膜性好等特点，常用的有明胶、阿拉伯胶、海藻酸盐、壳聚糖、蛋白质类等。

2. 半合成高分子材料　大多是纤维素衍生物类，其毒性小、黏度大，成盐后溶解度增大。常用的有羧甲基纤维素盐、醋酸纤维素酞酸酯（CAP）、乙基纤维素（EC）、甲基纤维素（MC）、羟丙甲纤维素（HPMC）等。

3. 合成高分子材料　有生物不降解和生物可降解两类。生物不降解，且不受 pH 值影响的有聚酰胺、硅橡胶等；生物不降解，但在一定 pH 条件下可溶解的有聚丙烯酸树脂、聚乙烯醇等。生物可降解材料在体内释药后无残留物，常用的有聚碳酯、聚氨基酸、聚乳酸、聚乳酸－聚乙二醇嵌段共聚物等。

三、微囊的制备

制备微囊的方法主要有物理化学法、物理机械法和化学法三大类，应根据囊心物和囊材的性质、微囊的粒径、释放要求和靶向性要求等，选择不同的制备方法。

（一）物理化学法

物理化学法又称相分离法，微囊的形成在液相中进行，在囊心物与囊材的混合溶液中，加入另一种物质或不良溶剂，或采取适宜方法，使囊材溶解度降低而凝聚在囊心物周围，形成一个新相包裹囊心物。相分离法所用设备简单，高分子材料来源广泛，可将多种药物微囊化，已成为药物微囊化的主要工艺之一。常用的相分离法有以下几种。

1. 单凝聚法　指在高分子囊材溶液中加入凝聚剂以降低高分子材料的溶解度而凝聚成囊的方法。

（1）制备原理　以明胶为囊材其制备原理为：将药物分散在明胶溶液中，加入凝聚剂，由于明胶分子水化膜的水分子与凝聚剂结合，使明胶的溶解度降低，从溶液中析出而凝聚成囊。这种凝聚是可逆的，一旦解除凝聚条件（如加水稀释），就会发生解凝聚，凝聚囊很快消失。制备过程中一般要经过几次凝聚与解凝聚，直到析出凝聚囊满意为止。最后再采用适宜措施加以交联固化，使之成为不凝结、不粘连、不可逆的球形微囊。

（2）凝聚剂　常用的有：①强亲水性电解质，如硫酸钠溶液、硫酸铵溶液等；②强亲水性非电解质，如乙醇、丙酮等。

（3）交联固化　常使用甲醛作固化剂，通过胺缩醛反应使明胶分子相互交联而固化，形成不可逆的囊膜。

2. 复凝聚法　使用两种在溶液中带相反电荷的高分子材料作为复合囊材，在一定条件下，两种囊材相互交联与药物凝聚成囊，是经典的微囊化方法。

（1）囊材　使用复合囊材，常用的有明胶与阿拉伯胶（或 CMC－Na、CAP、海藻酸盐）、海藻酸盐与聚赖氨酸（或壳聚糖）、白蛋白与阿拉伯胶等。

（2）制备原理　以明胶与阿拉伯胶为例，其原理为：当 pH 值在明胶的等电点以上时将明胶和阿拉伯胶溶液混合，此时两者均带负电荷，体系不发生凝聚。然后用醋酸把溶液的 pH 值调至明胶的等电点以下，使明胶带正电荷，阿拉伯胶带负电荷，两者相互吸引发生交联，溶解度降低而凝聚成囊。最后加水稀释，甲醛交联固化，以保证囊形良好。

3. 溶剂－非溶剂法　指将囊材溶于一种溶剂（作为溶剂）中，药物混悬或乳化于其中，然后加入一种对囊材不溶的溶剂（作为非溶剂），使囊材溶解度降低，而将药物包裹成囊的方法。

4. 改变温度法　指通过控制温度，使囊材溶解度降低而凝聚成囊的方法。

5. 液中干燥法　也称乳化－溶剂挥发法，指从乳浊液中除去分散相挥发性溶剂以制备微囊的方法。

（二）物理机械法

1. 喷雾干燥法　指先将囊心物分散在囊材溶液中，再用喷雾法将此混合物喷入惰性热气流使液滴干燥固化的方法。可用于固态或液态药物的微囊化，粒径范围通常为 $5\mu m$ 以上。

2. 喷雾凝结法　将囊心物分散在熔融的囊材中，喷于冷气流中凝聚成囊的方法。常用的材料有蜡类、脂肪酸和脂肪醇等，室温下为固体，高温能熔融。

3. 流化床包衣法　是一种利用垂直强气流使囊心物悬浮在包衣室中，将囊材溶液喷于囊心物表面，干燥形成薄膜而成囊的方法。

4. 多孔离心法 指利用离心力使囊心物高速穿过囊材溶液形成液态膜，再经不同方法加以固化，制得微囊的方法。

（三）化学法

1. 界面缩聚法 也称界面聚合法，指将两种以上不相溶的单体分别溶解在分散相和连续相中，通过在分散相和连续相的界面上发生单体的缩聚反应，生成囊膜包裹药物成囊的方法。

2. 辐射交联法 指将明胶或聚乙烯醇等囊材在乳化状态下，经 γ 射线照射发生交联，再处理制得粉末状微囊的方法。

知识链接

微球与纳米粒

微球、纳米粒均系药物的球形或类球形载体，按其粒径的差异，微米级的称微球，纳米级的称纳米粒。

1. 微球 是一种用适宜高分子材料为载体包裹或吸附药物而制成的球形或类球形微粒，粒径范围一般为 1～250m。微球具有靶向性与缓释性。靶向微球可分为普通注射微球、栓塞性微球和磁性微球等。

2. 纳米粒 指药物溶解或包裹于高分子材料中形成的固态胶体微粒。粒径通常在 10～100nm，如果粒径在 100～1000nm 范围，称为亚微粒。纳米粒对肝、脾或骨髓等部位具有被动靶向性，或包衣结合成直径为 10～20nm 的顺磁性四氧化三铁粒子，也会产生物理主动靶向作用。

纳米粒可分为骨架实体型的纳米球和膜壳药库型的纳米囊。

第四节 脂质体制备技术

一、概述

脂质体指将药物包封于类脂双分子层薄膜中形成的微小囊泡，其结构见图 10 - 2。脂质体为药物的载体，将药物制成脂质体，可用于注射、口服、眼部、肺部、经皮以及鼻腔等多种途径给药。

1. 脂质体的分类 按脂质体的结构类型可分为单室脂质体和多室脂质体。

（1）单室脂质体 是由一层双分子脂质膜形成的囊泡，小单室脂质体的粒径一般在 20～80nm 之间，

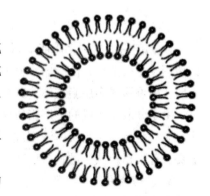

图 10 - 2 脂质体囊泡结构示意图

大单室脂质体的粒径在 0.1~1μm 之间。

（2）多室脂质体　是双分子脂质膜与水交替形成的多层结构的囊泡，粒径在 1~5μm。

2. 脂质体的组成　脂质体的膜材料主要由磷脂和胆固醇组成。磷脂包括天然卵磷脂、脑磷脂及大豆磷脂以及合成磷脂等，胆固醇具有调节膜流动性的作用。

二、脂质体的作用特点

由于脂质体的特殊结构，作为药物载体应用于药剂时主要有以下特点。

1. 靶向性　靶向性是脂质体作为药物载体最突出的特征。脂质体的靶向性有如下几种类型：

（1）被动靶向性　这是脂质体静脉给药时的基本特征。脂质体进入体内易被巨噬细胞作为异物吞噬，在肝、脾和骨髓等网状内皮细胞比较丰富的组织集中分布，是治疗肝寄生虫病、利什曼病等网状内皮系统疾病理想的药物载体。

（2）主动靶向性　脂质体本身无特异靶向性。在脂质双分子层上连接配体、抗体或糖残基等，能特异性识别靶细胞表面的互补分子，从而使脂质体在靶区释放药物。

（3）物理化学靶向性　在脂质体中掺入某些特殊脂质或包裹磁性物质，可使脂质体对 pH、温度或磁场的变化具有响应性，从而使载药脂质体作用于靶向位点，如温度敏感脂质体、pH 敏感脂质体和磁性敏感脂质体等。

2. 缓释性　将药物包封成脂质体后，可减少代谢和排泄，延长其在血中的滞留时间，使药物在体内缓慢释放，从而延长药物的作用时间。

3. 细胞亲和性与组织相容性　脂质体是类似生物膜结构的囊泡，对正常组织细胞无损害和抑制作用，并可长时间吸附于靶细胞周围，使药物能充分向靶细胞渗透，脂质体可通过融合进入细胞内，经溶酶体消化、释放药物。

4. 降低药物毒性　脂质体注射给药后，改变了药物的体内分布，可明显降低药物的毒性。

5. 提高药物稳定性　药物被脂质体包封后，受到脂质体双分子层的保护，可提高稳定性。

三、脂质体的制备方法

1. 薄膜分散法　将磷脂等膜材溶于适量的氯仿或其他有机溶剂中，然后在减压下旋转蒸发除去溶剂，使脂质在器壁形成薄膜后，加入含有水溶性药物的缓冲溶液，进行振摇，则可形成多层脂质体，其粒径范围约 1~5μm。

由于分散所形成的多层脂质体太大且粒径不均匀，为了修饰脂质体的大小和它的特性，尤其是将多层脂质体转变成单层脂质体，设计了许多可以使粒径能够匀化的技术，主要有薄膜超声法、过膜挤压法及 French 挤压法。

2. 逆相蒸发法　将磷脂等膜材溶于氯仿、乙醚等有机溶剂，加入待包封药物的水溶液（水溶液：有机溶剂 =1:3~1:6）进行短时超声，直至形成稳定的 W/O 乳剂。然后减压蒸发除去有机溶剂，制得水性混悬液，即得到大单层脂质体。

3. 注入法 将类脂质和脂溶性药物溶于有机溶剂（油相）中，然后把油相匀速注射到高于有机溶剂沸点的恒温水相（含水溶性药物）中，搅拌挥尽有机溶剂，再乳匀或超声得到脂质体。

4. 化学梯度法 该法是一种主动包封法，使得制备高包封率脂质体成为可能。但是主动包封技术的应用与药物的结构密切相关，因而受到了限制。对于弱碱性药物可采用 pH 梯度法、硫酸铵梯度法，对于弱酸性药物可采用醋酸钙梯度法等。

第五节 缓释制剂与控释制剂

一、概述

缓释制剂指在规定释放介质中，按要求缓慢地非恒速释放药物，其与相应的普通制剂比较，给药频率比普通制剂减少一半或给药频率比普通制剂有所减少，且能显著增加患者依从性的制剂。

控释制剂指在规定释放介质中，按要求缓慢地恒速释放药物，其与相应的普通制剂比较，给药频率比普通制剂减少一半或给药频率比普通制剂有所减少，血药浓度比缓释制剂更加平稳，且能显著增加患者的依从性的制剂。

缓、控释制剂的特点主要有：①减少服药次数，提高病人的顺应性，使用方便；②血药浓度平稳，避免峰谷现象，有利于降低药物的毒副作用；③减少用药的总剂量，可用最小剂量达到最大药效；④某些缓、控释制剂可以按要求定时、定位释放，更加适合疾病的治疗；⑤用药剂量与给药方案等不能灵活调节，如出现副作用，往往不能立即停止治疗；⑥工艺较复杂，制备费用较高。

知识链接

迟释制剂

迟释制剂指在给药后不立即释放药物的制剂。包括肠溶制剂、结肠定位制剂和脉冲制剂等。

1. 肠溶制剂 指在规定的酸性介质中不释放或几乎不释放药物，而在要求的时间内，于 pH6.8 磷酸盐缓冲液中大部分或全部释放药物的制剂。

2. 结肠定位制剂 指在胃肠道上部基本不释放、在结肠内大部分或全部释放的制剂，即在规定的酸性介质与 pH6.8 磷酸盐缓冲液中不释放或几乎不释放，而在要求的时间内，于 pH7.5~8.0 磷酸盐缓冲液中大部分或全部释放的制剂。

3. 脉冲制剂 指不立即释放药物，而在某种条件下（如在体液中经过一定时间或一定 pH 值或某些酶作用下）一次或多次释放药物的制剂。

二、缓、控释制剂常见的类型

（一）骨架型缓释制剂

骨架型缓释制剂指药物与骨架材料混合，采用适当方法或技术制成的片状、丸状、粒状等形式的制剂，按骨架材料不同可分为三种。

1. 亲水性凝胶骨架制剂 亲水性凝胶骨架遇水膨胀后，能形成凝胶屏障而控制药物的释放。

亲水性凝胶骨架材料大致分为四类：①天然高分子材料类，如海藻酸钠、琼脂和西黄蓍胶等；②纤维素类，如甲基纤维素（MC）、羟丙甲纤维素（HPMC）、羟乙基纤维素（HEC）等；③非纤维素多糖，如壳多糖、半乳糖、甘露聚糖等；④乙烯聚合物，如卡波普、聚乙烯醇等。

制备实例解析

卡托普利亲水凝胶骨架片

【处方】卡托普利　　25g　　乳糖　　　　15g

　　　　HPMC　　　　60g　　硬脂酸镁　　适量

【制备】将卡托普利、HPMC、乳糖和适量硬脂酸镁（均过80目筛）按等量递加法初混，再过80目筛3次充分混匀后，用9mm浅凹冲头粉末直接压片而成，共制成1000片。

2. 溶蚀型骨架制剂 也称蜡质类骨架制剂，溶蚀性骨架本身不溶解，在胃肠液环境下逐渐溶蚀，药物从骨架中释放，释放速率取决于骨架材料的用量及溶蚀性。

常用的溶蚀性骨架材料有：①蜡类，如蜂蜡、巴西棕榈蜡、蓖麻蜡、硬脂醇等；②脂肪酸及其酯类，如硬脂酸、氢化植物油、聚乙二醇单硬脂酸酯、单硬脂酸甘油酯、甘油三酯等。

3. 不溶性骨架制剂 不溶性骨架不溶于水或水溶性极小，胃肠液渗入骨架间隙后，药物溶解并通过骨架中错综复杂的极细孔径通道，缓缓向外扩散而释放，在药物的整个释放过程中，骨架形状几乎没有改变，最后随大便排出。

常用的不溶性骨架材料有：①纤维素类，如乙基纤维素（EC）；②聚烯烃类，如聚乙烯、聚丙烯、乙烯-醋酸乙烯共聚物；③聚丙烯酸酯类，如聚甲基丙烯酸甲酯等。

（二）膜控型缓、控释制剂

膜控型缓、控释制剂是指将一种或多种包衣材料对颗粒、片剂、小丸等进行包衣处理，以控制药物的释放速率、释放时间或释放部位的制剂。控释膜通常为一种半透膜或微孔膜，主要通过孔道扩散来释放药物。

1. 缓控释包衣材料 常用的有以下两类。

（1）不溶性材料　溶解能力不受胃肠液 pH 的影响。常用的有乙基纤维素（EC）、醋酸纤维素（AC）及丙烯酸树脂类（Eudragit RS30D、Eudragit RL30D 和 Eudragit NE30D）等。

（2）肠溶性包衣材料　在胃中不溶，在小肠偏碱性的环境下溶解。常用的有：①纤维素酯类，如醋酸纤维素酞酸酯（CAP）、羟丙甲纤维素酞酸酯（HPMCP）、羟丙甲纤维素琥珀酸酯（HPMCAS）等；②丙烯酸树脂类，如 Eudragit L100 及 Eudragit S100 等。

2. 膜控型缓、控释制剂的类型　膜控型缓、控释制剂大致有以下几类。

（1）微孔膜包衣制剂　微孔膜控释制剂通常用不溶性包衣材料进行包衣，包衣液中加入少量水溶性致孔剂，该制剂与胃肠液接触时，膜上存在的致孔剂遇水溶解或脱落，在包衣膜上产生无数肉眼不可见的微孔或弯曲小道，使衣膜具有通透性，从而有效的控制药物的释放。

（2）膜控释制剂　如膜控释小片，制法为：药物和辅料按常规方法制粒，压制成小片，其直径约 3mm，用缓释膜材料包衣后装入硬胶囊。每粒胶囊中装具有不同释放速度的小片数粒或十几粒，不同释放速度的小片可用不同缓释作用的包衣材料或不同包衣厚度控制。

（三）渗透泵型控释制剂

渗透泵型控释制剂是利用渗透压原理制成的，主要由药物、半透膜材料、渗透压活性物质和助推剂组成。如渗透泵片，由药物、渗透压活性物质和助推剂等制成片芯，在片芯外包一层半透性的聚合物衣膜，再用激光在片剂衣膜层上开一个或多个适宜大小的释药小孔制成。

1. 渗透泵片的释药机理　渗透泵片口服后胃肠道的水分通过半透膜进入片芯，使药物溶解成饱和溶液，因渗透压活性物质使膜内溶液成为高渗溶液，从而使水分继续进入膜内，药物溶液从小孔泵出。

2. 渗透泵片的组成　主要有以下几部分：①药物；②半透膜材料，是包衣膜材料，常用的有醋酸纤维素、乙基纤维素等；③渗透压活性物质，调节药室内的渗透压，常用氯化钠、乳糖、果糖、葡萄糖、甘露糖的不同混合物；④助推剂，亦称助渗剂，能吸水膨胀，产生助动力，将药物推出释药小孔，常用的有聚羟甲基丙烯酸烷基脂、PVP 等。

制备实例解析

硝苯地平渗透泵片

【处方】

药物层：硝苯地平（40 目）100g，聚环氧乙烷（Mr200000，40 目）355g，HPMC（40 目）25g，氯化钾（40 目）10g，硬脂酸镁 10g。

助推层：聚环氧乙烷（Mr5000000，40 目）170g，氯化钠（40 目）
72.5g，硬脂酸镁适量。

包衣液：醋酸纤维素（乙酰基值39.8%）95g，PEG400 5g，三氯甲烷
1960ml，甲醇 820ml。

【制备】①片芯含药层的制备：将处方中 4 种固体物料置混合器中混合
15～20 分钟，用处方中混合溶剂 50ml 喷入搅拌中的物料中，然后缓慢加入其
余溶剂继续搅拌 15～20 分钟，过 16 目筛，湿粒于室温下干燥 24 小时，加入
硬脂酸镁混匀，压片。②片芯助推层的制备：制备方法同含药层，将含药层
压好后，在上面压助推层。③压好双层片，用高效包衣锅包衣，包衣完成后，
置 50℃ 处理 65 小时，然后用 0.26mm 孔径激光打孔机打孔。

【注解】 本品为硝苯地平双层推－拉渗透泵片，每片含药 30mg，含药层
片为 150mg，助推层片 75mg，半透膜包衣厚 0.17mm，渗透泵片直径为 8mm。
体外以恒定速率释药，体内产生平稳血药浓度。

第六节 靶向制剂

一、概述

靶向制剂又称靶向给药系统（TDS），是指载体将药物通过局部给药或全身血液循
环而选择性地浓集定位于靶组织、靶器官、靶细胞或细胞内结构的给药系统。

靶向制剂不仅能够选择性地把药物输送到病变部位或体内的某一特定部位，并可使
具有一定浓度的药物在这些靶部位滞留一定时间，以便发挥药效，同时防止把药物输送
到产生不良反应的部位或失去生理活性的部位。因此，靶向制剂可提高药效、降低毒
性，提高药品的安全性、有效性、可靠性和病人用药的顺应性。

药物在体内的分布主要依赖于载体的性质，靶向制剂可通过选择载体或改变载体的
理化性质来调控药物在体内的分布。理想的靶向制剂应具备定位浓集、控制释药及载体
无毒可生物降解三个要素。

二、靶向制剂的分类

（一）按靶标不同分类

根据靶向制剂在体内作用的靶标不同，将其分为一、二、三级靶向制剂。

1. 一级靶向制剂 指以特定器官或组织为靶标输送药物的制剂。

2. 二级靶向制剂 指以特定细胞为靶标输送药物的制剂。

3. 三级靶向制剂 指以特定细胞内特定部位或细胞器为靶标输送药物的制剂。

（二）按作用机制不同分类

根据靶向制剂在体内的作用机制不同，将其分为被动、主动及物理化学靶向制剂。

1. 被动靶向制剂　也称自然靶向制剂，是利用载体的粒径、表面性质等特殊性使药物在体内特定靶点或部位富集的制剂。

被动靶向制剂静脉给药时，粒径的大小直接影响制剂的分布取向。此外，粒子表面性质，对其分布也有影响。这类靶向制剂是利用脂质、类脂质、蛋白质、生物降解型高分子物质等作为载体，将药物包裹或嵌入其中制成各种类型的微粒给药系统，常用的载体有脂质体、微球、纳米粒及微乳等。

2. 主动靶向制剂　指药物载体能对靶组织产生特异性相互作用的制剂。主动靶向制剂不同于被动靶向制剂，是一类经过特殊和周密的生物识别（如抗体识别、配体识别等）设计，将药物导向至特异性的识别靶区，实现预定目的的靶向制剂，能像设定目标的"导弹"一样将药物定向地运送到靶组织并发挥药效。

主动靶向制剂包括修饰的药物载体和前体药物两大类。修饰的药物载体，如修饰的脂质体、修饰的微乳、修饰的微球、修饰的纳米粒等，主要包括免疫载体和配体介导的载体等。前体药物是一类由活性药物（亦称为母体药物）通过一定方法衍生而成的药理惰性化合物，在体内经酶反应或化学反应途径释放出活性药物。

3. 物理化学靶向制剂　指用某些物理或化学方法使在特定部位发挥药效的制剂。常用的有以下几类。

（1）磁性靶向制剂　是一类利用体外磁效应引导药物至靶部位的制剂。包括磁性微球、磁性纳米球、磁性乳剂、磁性红细胞和磁性脂质体等。磁性物质通常是超细磁流体如 $FeO \cdot Fe_2O_3$ 或 Fe_2O_3。

（2）栓塞靶向制剂　动脉栓塞是通过动脉插管将栓塞物输送到靶组织或靶器官的医疗技术。栓塞的目的是阻断对靶区的供血和营养，使靶区的肿瘤细胞缺血坏死，栓塞制剂内含有的抗肿瘤药物还可产生治疗作用，因此此类制剂同时具有栓塞和靶向性化疗双重作用。

（3）热敏靶向制剂　是指利用外部热源对靶区进行加热，使靶组织局部温度稍高于周围未加热区，实现载体中药物在靶区内释放的一类制剂。

（4）pH 敏感靶向制剂　如 pH 敏感脂质体，是利用肿瘤间质液的 pH 值比周围正常组织显著低的特点所设计，此类脂质体只有在低 pH 值下才释放药物，有利于肿瘤的治疗。

知识链接

靶向性评价

药物制剂的靶向性可由以下三个参数来衡量。

1. 相对摄取率（r_e）　r_e 大于 1 时，表示药物制剂在该器官或组织有靶向性，r_e 愈大，靶向效果愈好；r_e 等于或小于 1 时，表示无靶向性。

2. **靶向效率**（t_e）　t_e 值表示药物制剂对靶器官的选择性，t_e 值大于 1 时，表示药物制剂对靶器官比某非靶器官有选择性；t_e 值越大，选择性越强。

3. **峰浓度比**（Ce）　每个组织或器官中 Ce 值的大小，表明药物制剂改变药物在该组织器官中的分布效果，Ce 值愈大，表明改变药物分布的效果愈明显。

第七节　经皮给药制剂

一、概述

经皮给药制剂又称经皮给药系统（TDDS）或经皮治疗系统（TTS），指药物从特殊设计的装置释药，以一定的速率透过皮肤经毛细血管吸收进入体循环的一类制剂。广义的经皮给药制剂包括软膏剂、硬膏剂、贴剂、涂剂、气雾剂等，狭义的经皮给药制剂一般指贴剂，是经皮给药新剂型，通常起全身治疗作用。

经皮给药制剂的特点主要有：①可延长药物作用时间，减少给药次数；②可维持恒定的血药浓度，避免口服给药的峰谷现象，降低毒副作用；③避免肝脏的首过效应和胃肠因素的干扰；④可随时中断给药，使用方便；⑤不适用于大剂量或对皮肤产生刺激的药物。⑥药物吸收的个体差异和给药部位的差异较大。

二、经皮给药制剂常见的类型

1. **黏胶分散型**　将药物均匀分散或溶解在压敏胶中，铺于背衬材料上，加防黏层而成。

2. **骨架型**　将药物均匀分散或溶解于聚合物骨架中，再分剂量成固定面积及一定厚度的药膜，贴于背衬层上，加压敏胶及防黏层而成。

3. **储库型**　将药物和透皮吸收促进剂等包裹在高分子材料中制成药物储库，贴于背衬层上，加控释膜、压敏胶及防黏层而成。

三、经皮给药制剂常用的材料

1. **压敏胶**　是一类对压力敏感的胶黏剂，施加轻度指压就可与被黏附物牢固黏合。常用的压敏胶有硅酮压敏胶、聚丙烯酸酯压敏胶、聚异丁烯压敏胶、热熔压敏胶等。

2. **背衬材料**　一般采用铝－聚酯膜、聚乙烯（或聚酯）－聚乙烯复合膜、聚酯－乙烯醋酸乙烯（EVA）复合膜、多层聚酯膜、无纺布、弹力布等。

3. **骨架和储库材料**　常用的有压敏胶、EVA、胶态二氧化硅、肉豆蔻酸异丙酯、月桂酸甘油酯、月桂酸甲酯、油酸乙酯、羟丙甲纤维素、轻质液状石蜡、乙醇、乳糖、硅油、聚乙二醇、卡波普、甘油等。

4. **控释膜材料**　常用的有多孔聚丙烯膜、EVA 复合膜、聚乙烯膜、多孔聚乙烯膜等。

5. 防黏层材料 一般用硅化聚酯薄膜、含氟的聚合物涂成的聚酯薄膜、铝箔－硅纸复合膜、硅化铝箔、硅纸等。

制备实例解析

硝酸甘油贴剂

【处方】硝酸甘油　　　　6%（重量百分比）

薄荷醇　　　　　10%

丙烯酸树脂类压敏胶（Duro Tak 87－2194）　84%

【制备】将硝酸甘油和薄荷醇加入 Duro Tak 87－2194 压敏胶和乙酸乙酯溶液中，形成药物溶液；用机械涂布机将药物的压敏胶混合液涂布于防黏层上；将涂好的防黏层置于烘箱中挥去溶剂；将聚乙烯薄膜背衬层压到含硝酸甘油的黏性基体的干燥黏性表面上，用模具切割成规定尺寸。

【用途】本品用于心绞痛的预防及长期治疗。

同步训练

一、选择题

1. 固体分散体的类型不包括（　　）

A. 简单低共熔物　　　　　　　B. 固态溶液

C. 固化囊　　　　　　　　　　D. 共沉淀物

2. 固体分散技术中常用的水溶性载体材料是（　　）

A. CAP　　　B. 乙基纤维素　　　C. 硬脂酸　　　D. 聚乙二醇

3. 目前最常用的包合材料是（　　）

A. α－CD　　　B. β－CD　　　C. γ－CD　　　D. 淀粉

4. 包合物能提高药物稳定性，是由于（　　）

A. 药物进入主体分子空穴中　　B. 主客体分子间发生化学反应

C. 主体分子很不稳定　　　　　D. 主体分子溶解度大

5. 用于制备微囊的生物可降解材料是（　　）

A. 壳聚糖　　　　　　　　　　B. 乙基纤维素

C. 聚丙烯酸树酯　　　　　　　D. 聚乳酸

6. 制备微囊常用的物理化学法不包括（　　）

A. 喷雾干燥法　　　　　　　　B. 改变温度法

C. 单凝聚法　　　　　　　　　D. 复凝聚法

7. 形成脂质体的双分子层膜材为（　　）

A. 磷脂与胆固醇   B. 蛋白质

C. 多糖   D. HPMC

8. 常用于肠溶和缓释制剂包衣材料的是（　　　）

A. 聚维酮   B. 醋酸纤维素

C. 丙烯酸树脂   D. 卡波姆

9. 物理化学靶向制剂不包括的是（　　）

A. 磁性靶向制剂   B. 栓塞靶向制剂

C. 单克隆修饰靶向制剂   D. 热敏靶向制剂

10. 关于经皮吸收制剂的特点叙述错误的是（　　）

A. 可减少给药次数   B. 可维持恒定的血药浓度

C. 可随时中断给药   D. 主要起局部作用

二、简答题

1. 简述固体分散体、包合物各有什么特点？

2. 与普通制剂相比，缓、控释制剂有何特点？

3. 靶向制剂可分为哪几类？

第十一章 生物技术药物制剂

 知识要点

　　已有越来越多的生物技术药物进入临床应用，成为临床用药的一个重要组成部分。由于生物技术药物大多为蛋白或多肽类分子，其结构和理化性质以及给药途径和体内作用过程与小分子药物有很大不同。本章重点介绍生物技术药物的概念、特点及其制剂的开发与研究。

一、概述

　　生物技术药物，也称为生物工程药物，主要是指应用基因变异或 DNA 重组等技术，借助某些生物体（包括微生物、植物细胞，动物细胞）表达生产的药物。生物技术药物主要为蛋白或多肽类分子。

　　1. 生物技术药物制剂的特点　生物技术药物大多与体内的内源性生物分子的结构与性质相似，具有较好的生物相容性和生物可降解性。其制剂具有以下特点：①药理活性强，给药剂量小，药物本身毒副作用小；②稳定性差，在酸碱环境及体内酶存在下，极易失活；③口服不易吸收，几乎都采用注射给药，使用不方便；④生物半衰期短，从血中消除快，体内作用时间较短；⑤原料及产品极易染菌，生产过程要求低温、无菌操作，制备工艺复杂。

　　2. 生物技术药物制剂研究中的问题　随着现代生物技术的飞速发展，特别是随着分子克隆、基因重组以及生物工程和细胞大规模培养等关键技术的突破，大量获得生物技术药物已不成问题，但将生物技术药物制成稳定、安全、有效的制剂确是一项艰巨的任务。生物技术药物制剂研究中的问题主要有：①生物技术药物结构复杂，对温度、pH、离子强度及酶等条件极为敏感，难以在制备、包装、贮存、运输、给药及进入体内后在各种环境中保持稳定；②生物技术药物分子量大，不能自由透过体内的各种生物屏障，通过口服、透皮或黏膜吸收的生物利用度很低，难以作用于各类细胞内药物的靶点以及脑组织和中枢神经系统等。

二、蛋白和多肽类药物的结构与稳定性

（一）蛋白和多肽类药物的结构

蛋白和多肽类具有相同的化学组成，是由多种氨基酸按一定顺序通过酰胺键相连形成的肽链。蛋白和多肽的区别是：①分子量小于 5kD 的肽链一般称多肽，分子量大于 5kD 的称蛋白；②蛋白药物的三维结构比较固定和明确，而且结构变化对其活性的影响非常大，而多肽药物在水溶液中有较灵活的构象。

氨基酸是组成蛋白质的基本单元，蛋白质多肽链中许多氨基酸按一定的顺序排列，每种蛋白质都有特定的氨基酸排列顺序。蛋白质的结构可分为四级结构，其中，一级结构为初级结构，指蛋白质多肽链中的氨基酸排列顺序；二级结构是指蛋白质分子中多肽链的折叠方式，其中最常见的有 α 螺旋结构与 β 折叠结构；三级结构是多个二级结构单元在整个三维空间的组合和排布，称为蛋白质的亚基；四级结构是指多个蛋白亚基在空间上通过非共价作用形成的组合结构。蛋白质的二、三、四级结构统称为高级结构。

（二）蛋白和多肽类药物的稳定性

与小分子药物一样，蛋白多肽类药物的活性与其结构密切相关。但不同的是，小分子药物药效的稳定性几乎完全取决于其化学稳定性，而蛋白类药物的生物活性不仅取决于化学稳定性，还取决于其物理稳定性。

1. 蛋白质的化学稳定性　指通过共价键连接的氨基酸序列的稳定性。其化学降解主要包括水解和氧化反应，此外还有消旋化、二硫键的断裂与交换、去酰胺反应等。

蛋白质的化学稳定性与温度、pH 值、离子强度和氧化剂的存在等密切相关，也与蛋白质的结构与性质有关。

2. 蛋白质的物理稳定性　是指在蛋白质氨基酸序列结构保持稳定的前体下，蛋白三维结构的稳定性。其物理变化可导致变性，变性指蛋白质失去原始结构和生物活性的现象。

影响蛋白质变性的因素包括温度、pH 值、化学试剂（盐类、有机溶剂和表面活性剂等）、机械应力和超声波，甚至还有空气氧化、表面吸附和光照等。蛋白多肽药物对界面非常敏感，如果在制备过程中使其暴露于气 – 液或液 – 液界面或有较多气泡产生，都可能引起变性。

三、蛋白和多肽类药物的制剂研究

（一）注射制剂

1. 注射液　注射剂是蛋白和多肽类药物最常见的剂型。注射剂一般为多肽或蛋白分子的溶液，但在某些特殊情况下也可以是分子聚集体或微晶的混悬液。由于大部分注射液对温度高度敏感，所以一般要求在冷藏条件下（2℃~8℃）贮存。

也有很多蛋白和多肽分子，在液体中的贮存稳定性不能达到要求，可制备成冻干粉剂，

使用前再溶解成为注射液。但其制备、纯化以及分装等过程都需要在溶液状态中完成，所以必须重视药物在溶液中的稳定性。蛋白和多肽类药物的稳定剂主要有以下几类：

（1）缓冲剂 蛋白多肽类药物在溶液中的稳定性与溶液的 pH 值密切相关，一般需选择合适的缓冲体系调节溶液的 pH 值范围，增加其稳定性。

pH 值对蛋白多肽类药物的溶解度也有影响，当溶液的 pH 值接近蛋白多肽分子的等电点时，其溶解度最低，容易造成蛋白聚集甚至沉淀等。

（2）表面活性剂 表面活性剂倾向于排列在气－液界面上，从而使蛋白分子离开界面而降低其变性的几率。由于离子型表面活性剂会引起蛋白质的变性，所以蛋白多肽类药物一般采用非离子型表面活性剂。

（3）小分子稳定剂和抗氧化剂 在组成蛋白质的氨基酸中，蛋氨酸、半胱氨酸、组氨酸等容易被氧化。在蛋白制剂中，原辅料以及包装容器中往往含有一些使氨基酸氧化的物质，导致蛋白失活。此时可以加入蔗糖等稳定剂，也可以加入 EDTA 等螯合剂抑制氧化反应发生，提高蛋白稳定性。

（4）大分子化合物稳定剂 很多大分子化合物具有稳定蛋白质的作用，其作用机制可能是大分子的表面活性、蛋白间相互作用的空间位阻以及提高黏度、限制蛋白质运动或通过优先吸附于大分子而起到稳定作用，如人血清白蛋白（HSA）已在人红细胞生成素、β－干扰素等制剂中起稳定活性的作用。

2. 冻干制剂 注射液是蛋白和多肽药物的首选制剂，但由于有的蛋白分子在水溶液中十分脆弱，很难保证在长期的贮存中不降解或不变性，所以需要制成固态制剂，提高其物理稳定性。由于蛋白类药物的稳定性对温度极为敏感，通常多采用冷冻干燥法制备蛋白或多肽药物的粉针剂。为完整保持蛋白和多肽分子的物理和化学稳定性，在冻干制剂工艺研究中应注意：①冷冻过程中的保护：在冷冻液的处方中应尽量避免使用磷酸钠缓冲盐，以免冷冻过程中，局部的微环境改变而影响蛋白的稳定性；②干燥过程中的保护：加入冻干保护剂，如蔗糖、海藻糖等，避免在冷冻干燥的过程中蛋白失活以及进一步的降解；③加入赋形剂：如甘露醇和氨基乙酸等，可防止冻干时发生塌陷，使冻干粉具有足够的机械强度和良好的外形。

（二）非注射给药制剂

研究蛋白和多肽药物的非注射给药制剂，将有益于提高病人用药顺应性。非注射给药方式主要有鼻腔、口服、肺部吸入及透皮给药等。

1. 鼻腔给药制剂 蛋白和多肽类药物鼻腔给药具有一些有利条件，这是由于鼻腔中有丰富的毛细血管和毛细淋巴管，以及大量的绒毛，具有相对较高的黏膜通透性及蛋白酶较少等特点，有利于多肽或蛋白类药物的吸收并直接进入血液循环。目前已有一些蛋白和多肽类药物的鼻腔给药制剂上市，有滴鼻剂、喷鼻剂等，这些药物是降钙素、催产素、去氧加压素、胰岛素、布舍瑞林、那法瑞林等。

鼻腔给药制剂当前存在的主要问题是有些分子量大的药物透过性差，生物利用度低，有些药物制剂存在吸收不规则，且产生局部刺激性、对纤毛运动的妨碍及长期给药所引起的毒性等，因而使用受到限制。随着制剂处方与工艺的改进，鼻腔给药制剂将会有较好的发展前景。

2. 口服给药制剂 口服是病人顺应性最好的给药方式，然而对于蛋白和多肽类药物来说，其口服制剂的研究难度很大，现在市场上用于全身作用的口服蛋白和多肽类药物很少。主要原因在于：①受胃肠道内酸、碱、酶的作用极易降解；②分子量较大，很难透过胃肠道黏膜，造成生物利用度极低；③有肝脏的首过作用。一般的多肽和蛋白类药物在胃肠道的吸收都小于2%。

为了突破这一瓶颈，国内外研究者们开展了大量的研究，其中一系列基于微纳米载体系统的口服制剂，显示了较好的发展潜力，微纳米载体可以在一定程度上增加蛋白和多肽类药物的胃肠道吸收。目前存在的问题是给药剂量大、生物利用度比较低，结果的重现性比较差，以及吸收促进剂有一定毒性等，有待于进一步的研究。

3. 肺部给药制剂 肺部给药具有以下几方面的优势：①肺部具有巨大的可供吸收的表面积和十分丰富的毛细血管，从肺泡表面到毛细血管的转运距离极短，有利于药物的吸收；②肺部的酶活性较胃肠道低，没有胃肠道的酸性环境，避开了肝脏的首过效应。

目前蛋白和多肽类药物肺部给药还存在长期给药后安全性评价、肺部吸收分子大小的限制、促进吸收的措施、稳定的多肽与蛋白类药物处方设计方法等问题，一旦这些问题获得解决，肺部给药将是多肽与蛋白类药物的适宜途径。

4. 经皮给药制剂 皮肤的水解酶活性很低，有利于蛋白多肽类药物给药。但皮肤的表皮细胞层，构成了药物透过皮肤的最大屏障，对于生物大分子药物，更是几乎不可逾越。因此，蛋白和多肽分子的经皮输送，往往需要一些外力的帮助，如超声导入技术、离子导入技术、电穿孔技术、传递体输送和微针技术等。

知识链接

常用的经皮给药技术

超声导入技术是利用超声波的能量来完成药物皮肤转运的一种物理方式。其原理在于超声波引起的致孔作用、热效应、机械效应和对流效应等，导致角膜脂质层的紊乱，从而增加了药物的透过。

离子导入技术是利用直流电流将离子型药物导入皮肤的技术。由于蛋白和多肽类药物的大分子都是两性电解质，在一定的电场作用下可以随之发生迁移并透过皮肤的角质层。

电穿孔技术是利用高压脉冲电场使皮肤产生暂时性的水性通道来增加药物对脂质双分子膜的透过。

传递体又称柔性脂质体，它可通过柔性膜的高度自身形变并以渗透压差为驱动力，高效地穿过比其自身小数倍的皮肤孔道。它可以作为大分子药物如多肽及蛋白质的载体，使药物进入皮肤深部，甚至进入体循环。

微针技术是应用机械力穿透表皮细胞层而导入药物，近年来随着微针制造技术的进步，得到了飞速的发展。

同步训练

一、选择题

1. 不属于生物技术药物特点的是（　　）
   A. 药理活性强
   B. 给药剂量通常较化学药物小
   C. 药物稳定性差
   D. 透皮吸收好

2. 不可以作为多肽和蛋白类药物稳定剂的是（　　）
   A. 重金属　　　B. 缓冲液　　　C. 表面活性剂　　　D. 糖和多元醇

3. 以下不作为冻干粉针辅料的是（　　）
   A. 甘露醇　　　B. 磷酸钠缓冲液　　　C. 海藻糖　　　D. 蔗糖

4. 蛋白和多肽类药物鼻腔给药制剂的有利条件不包括（　　）
   A. 毛细血管和毛细淋巴管丰富
   B. 大量的绒毛有利于吸收
   C. 鼻腔黏膜通透性高
   D. 鼻腔蛋白酶多

5. 蛋白和多肽类药物口服给药制剂的不利条件不包括（　　）
   A. 分子量较大
   B. 肝脏的首过作用
   C. 胃肠道内酸、碱、酶的破坏
   D. 胃肠道黏膜透过性高

二、简答题

1. 生物技术药物与传统化学药物相比具有哪些特点？
2. 蛋白和多肽类药物的稳定化方法有哪些？

下 篇

实训一 颗粒剂的制备

【实训目的】

1. 掌握颗粒剂的制备方法及生产工艺过程。
2. 掌握颗粒剂的质量检查项目及检查方法。
3. 熟悉颗粒剂制备生产操作要点及质量控制点。
4. 了解颗粒剂生产常用设备的清洁、使用及保养方法。

【实训仪器与设备】

槽形混合机、摇摆式制粒机、沸腾干燥器、整粒机、电子秤、14 目尼龙筛的及料筒等。

【实训材料】

板蓝根清膏、糖粉、50% 乙醇等。

【实训指导】

1. 按照 GMP 要求，颗粒剂的配料、制粒、干燥、整粒、总混、分装工序的操作场所洁净度级别应达 D 级。操作人员应按要求更衣，进入操作室。

2. 生产前应确认设备内、生产线、生产区无上次生产遗留物，无与生产无关的杂物，设备处于已清洁及待用状态，经 QA 检查合格后，发给清场合格证，方可进行生产。生产结束后，回收剩余物料，标明状态，交中间站。对设备、场地、用具、容器进行清洁消毒，经 QA 检查合格后，发清场合格证。生产过程应有生产记录。

3. 生产前应根据生产指令，核对物料或中间产品的名称、代码、批号和标识，确保生产所用物料或中间产品正确且符合要求。原辅料的称量及投料应实行双人复核，做到准确无误。

4. 板蓝根清膏相对密度约为 1.24～1.28（80℃时测定），糖粉过 80 目筛备用，制软材时应注意控制乙醇的用量，使软材的软硬程度适宜。

【实训内容】

板蓝根颗粒

1. 处方　板蓝根清膏　　　1.0kg

　　　　　糖粉　　　　　　15kg

　　　　　50%乙醇　　　　适量

2. 制备

（1）制软材　检查、调试并确认槽型混合机运行状况正常。称取板蓝根清膏与糖粉置槽型混合机内，启动设备混合，混合均匀后，加入适量50%乙醇制软材，软材掌握在"握之成团，压之即散"。软材制好后，装于洁净的容器中，密封。

（2）制粒　检查、安装、调试并确认摇摆式颗粒机运行状况正常。取上述软材于摇摆式颗粒机中制粒，湿颗粒应完整均匀、松紧适宜，无长条、细粉少。湿颗粒制好后，装于洁净的容器中，密封。

（3）干燥　检查、安装、调试并确认沸腾干燥器运行状况正常。将制好的湿颗粒置于沸腾干燥器中干燥，干燥结束后，将干颗粒装于洁净的容器中，密封。

（4）整粒　检查、安装、调试并确认整粒机运行状况正常。将制好的干颗粒用整粒机进行整粒。整粒结束后，将整好的颗粒装于洁净的容器中，密封，交中间站。并及时准确填写生产记录。

3. 质量检查　取适量干颗粒，按照《中国药典》相应的方法检查其粒度、干燥失重、溶化性等项目。

【实训结果】

品名		规格		批号		产量	
生产前准备	检查项目				结果	操作人	复核人
	根据生产工艺规程核实当批生产指令						
	检查生产记录是否为本岗位当天品种生产记录						
	核实岗位操作规程和设备操作规程						
	检查是否有上批清场合格证副本，并核实清场情况						
	对设备状况进行检查，确保设备处于合格状态						
	对电子天平等进行检查校验						
	按生产指令领取生产原辅料						
备料	名称	规格	批号	数量	检验编号		

续表

品名			规格		批号		产量	
生产操作	设备调试		调试项目			检查结果	操作人	检查人
			槽型混合机					
			摇摆式颗粒机					
			沸腾干燥器					
			整粒机					
	生产过程检查		生产过程					
			检查项目		检查结果		操作人	复核人
			软材					
			湿颗粒					
			干颗粒					
	质量检查		检查项目			检查结果	操作人	复核人
			粒度					
			干燥失重					
			溶化性					
清场			清场内容			清场结果	操作人	复核人
			物料的清理					
			文件的清理					
			清洁卫生					
备注								

实训二　硬胶囊的制备

【实训目的】

1. 掌握胶囊剂的制备方法及生产工艺过程。
2. 掌握胶囊剂的质量检查项目及检查方法。
3. 熟悉胶囊填充生产操作要点及质量控制点。
4. 了解胶囊剂生产常用设备的清洁、使用及保养方法。

【实训仪器与设备】

混合机、胶囊填充机、电子秤、崩解度测定仪等。

【实训材料】

2 号胶囊、诺氟沙星、淀粉等。

【实训指导】

1. 按照 GMP 要求，胶囊剂填充操作室洁净度级别应达 D 级。

2. 要做好生产前的检查与准备、物料的回收与交接及清场等工作，具体内容参见实训一，生产过程应有生产记录。

3. 生产前因根据生产指令，核对物料或中间产品的名称、代码、批号和标识，确保生产所用物料或中间产品正确且符合要求。

4. 由于药物填充多用容积控制，而各种药物的密度、晶型、细度以及剂量不同，所占的体积也不同，应注意选择大小适宜的空胶囊，一般可通过调整辅料用量来调整充填量。

【实训内容】

诺氟沙星胶囊

1. 处方 诺氟沙星　　　100g

　　　　　　淀粉　　　　　80g

　　　　　　共制 1000 粒。

2. 制备

（1）填充物料的准备　检查、调试混合机并确认运行状况正常。称取诺氟沙星与淀粉置于混合机内，启动设备混合。混合均匀后，将物料装于洁净的容器中，密封。

（2）胶囊填充　检查、安装、调试并确认胶囊填充机运行状况正常。取上述填充物料进行试填充，试填充合格后进入正常填充。填充过程中经常检查胶囊的外观、锁口以及装量差异是否符合要求，随时进行调整。填充完毕，关机，胶囊装于洁净的容器中，密封，交中间站。并及时准确填写生产记录。

3. 质量检查　取适量胶囊，按照《中国药典》相应的方法检查其外观、装量差异、崩解时限等项目。

【实训结果】

品名		规格		批号		产量	
	根据生产工艺规程核实当批生产指令				结果	操作人	复核人
生产前准备	检查生产记录是否为本岗位当天品种生产记录						
	核实岗位操作规程和设备操作规程						
	检查是否有上批清场合格证副本，并核实清场情况						
	对设备状况进行检查，确保设备处于合格状态						
	对电子天平、崩解仪进行检查校验						
	按生产指令领取生产原辅料						

品名				规格		批号		产量	
备料		名称	规格	批号	数量	检验编号			
生产操作	设备调试		调试项目				检查结果	操作人	检查人
			混合机						
			胶囊填充机						
	装量检查	时间							操作人
		装量							
		平均装量				检查人			
	抛光	合格品数量				操作人			
	质量检查		检查项目				检查结果	操作人	复核人
			外观						
			装量差异						
			崩解时限						
清场			清场内容				清场结果	操作人	复核人
			物料的清理						
			文件的清理						
			清洁卫生						
备注									

实训三 片剂的制备

【实训目的】

1. 掌握片剂的制备方法及生产工艺过程。
2. 掌握片剂的质量检查项目及检查方法。
3. 熟悉压片生产操作要点及质量控制点。
4. 了解片剂生产常用设备的清洁、使用及保养方法。

【实训仪器与设备】

旋转式压片机、电子秤、V型混合机、硬度测定仪、崩解度测定仪、脆碎度仪、天平、不锈钢盆等。

【实训材料】

维生素 C、淀粉、糊精、酒石酸、硬脂酸镁等。

【实训指导】

1. 按照 GMP 要求，压片操作室洁净度级别应达 D 级。

2. 做好生产前的检查与准备、物料的回收与交接及清场等工作具体内容参见实训一，生产过程应有生产记录。

3. 生产前因根据生产指令，核对物料或中间产品的名称、代码、批号和标识，确保生产所用物料或中间产品正确且符合要求。

4. 维生素 C 易氧化，操作时应尽量避免与金属接触，采用尼龙筛网。

5. 应注意压片机冲头和冲模的安装和拆除顺序，安装顺序为：中模→上冲→下冲；拆除顺序为：下冲→上冲→中模。

6. 压片过程中应注意保证加料斗内的物料在一半以上，每 15 分钟测一次片重。

【实训内容】

1. 处方　维生素 C　　　　　　1000g
　　　　　淀粉　　　　　　　　400g
　　　　　糊精　　　　　　　　600g
　　　　　酒石酸　　　　　　　20g
　　　　　淀粉浆　　　　　　　适量
　　　　　硬脂酸镁　　　　　　20g
　　　　　共制 20000 片。

2. 制备

（1）制粒　取维生素 C、淀粉、糊精、酒石酸与淀粉浆按照实训项目一所述的方法与设备制得干颗粒。

（2）总混　检查、调试混合机并确认运行状况正常。取制好的干颗粒与硬脂酸镁置于混合机内，启动设备混合。混合均匀后，将物料装于洁净的容器中，密封。

（3）压片　检查、安装、调试并确认旋转式压片机运行状况正常。取总混好的物料进行试压片，试压合格后，开机正常压片。压片过程中要随时监控压片质量，定时检查片剂的外观、重量、硬度等，并随时进行调查。料斗内所剩颗粒较少时，应降低车速，及时调整充填装置。压片结束后，将压好的片子装入洁净中转桶，加盖封好后，交中间站。并及时准确填写生产记录。

3. 质量检查　取适量胶囊，按照《中国药典》相应的方法检查其外观、重量差异、崩解时限等项目。

【实训结果】

品名		规格		批号			产量	
生产前准备	检查项目					结果	操作人	复核人
	根据生产工艺规程核实当批生产指令							
	检查生产记录是否为本岗位当天品种生产记录							
	核实岗位操作规程和设备操作规程							
	检查是否有上批清场合格证副本，并核实清场情况							
	对设备状况进行检查，确保设备处于合格状态							
	对电子天平、崩解仪进行检查校验							
	按生产指令领取生产原辅料							
备料	名称	规格	批号	数量	检验编号			
生产操作	设备	调试项目				检查结果	操作人	检查人
		V 型混合机						
		旋转式压片机						
	调试	时间						操作人
		片重						
		平均片重			检查人			
	质量检查	检查项目				检查结果	操作人	复核人
		外观						
		重量差异						
		崩解时限						
清场	清场内容					清场结果	操作人	复核人
	物料的清理							
	文件的清理							
	清洁卫生							
备注								

实训四　低分子溶液剂的制备

【实训目的】

1. 掌握低分子溶液剂的制备方法。

2. 掌握制备液体制剂的基本操作要点。

【实训仪器与设备】

架盘天平、药匙、量杯、量筒、烧杯、玻璃棒等。

【实训材料】

碘、碘化钾、纯化水等。

【实训指导】

1. 碘难溶于水，故加入碘化钾作助溶剂，与碘反应生成的络合物易溶于水，并能使溶液稳定。配制时，先将碘化钾配制成近饱和溶液，再加入碘，可加快碘的溶解速度。

2. 碘具有腐蚀性，制备过程应注意：①宜用玻璃器皿或蒸发皿称取碘，不能用纸衬垫，更不能直接置于天平托盘上称重；②称取碘时切勿触及皮肤；③复方碘溶液不宜过滤，若需过滤时，不能用滤纸，宜用垂熔玻璃滤器；④复方碘溶液宜用玻璃塞磨口瓶盛装，不得与软木塞、橡胶塞接触，为避免腐蚀，可加一层玻璃纸衬垫。

3. 碘具有挥发性，称取后不宜长时间暴露在空气中，故应先将碘化钾溶解后再称取碘，称取后及时加入溶液中溶解。

【实训内容】

复方碘口服溶液

1. **处方**

碘	5g
碘化钾	10g
纯化水	加至 100ml

2. **制备**

（1）称取碘化钾 10g 置量杯中，加纯化水 10ml 搅拌使溶解。

（2）称取碘 5g，加入碘化钾溶液中，搅拌使溶解。

（3）再加适量纯化水使成 100ml，搅匀，即得。

3. **检查** 检查所制溶液的体积、颜色、气味及澄明度等。

【实训结果】

项目	体积（ml）	颜色	气味	澄明度
结果				

实训五　高分子溶液剂的制备

【实训目的】

1. 掌握高分子溶液剂的制备方法。
2. 熟悉高分子化合物的溶解特性，比较高分子溶液剂与低分子溶液剂的区别。

【实训仪器与设备】

架盘天平、药匙、量杯、量筒、烧杯、玻璃棒、滴管、水浴锅等。

【实训材料】

羧甲基纤维素钠、甘油、5%羟苯乙酯溶液、食用香精、纯化水等。

【实训指导】

1. 高分子溶解需经溶胀过程，一般将药物粉末分次撒于液面上，静置使其充分吸水，自然膨胀溶解。也可将药物置于干燥容器中，先用少量乙醇或甘油均匀润湿，再加水使其溶解。不宜直接加水到粉末中，否则，易粘结成团，溶解较慢。

2. 羧甲基纤维素钠在冷、热水中均能溶解，在冷水中溶解较慢，宜用热水溶解。但温度超过80℃长时间加热，导致黏度降低。

3. 羧甲基纤维素钠遇阳离子型药物及碱土金属、重金属盐产生沉淀，故不能使用季铵盐类和汞类防腐剂。

【实训内容】

羧甲基纤维素钠胶浆

1. **处方**　羧甲基纤维素钠　　2.5g
　　　　甘油　　　　　　　　30ml
　　　　5%羟苯乙酯溶液　　　2ml
　　　　食用香精　　　　　　适量
　　　　纯化水　　　　　　　加至100ml

2. **制备**

（1）量取50ml纯化水于烧杯中，加热至70℃～80℃，转移至量杯中。

（2）称取羧甲基纤维素钠，分次加入热水中，轻加搅拌使其溶解。

（3）量取甘油加入上述溶液中，搅匀；量取5%羟苯乙酯溶液加入，随加随搅拌；加1～2滴香精。

（4）加水至100ml，搅匀。

3. 检查 检查所制溶液的体积、颜色、气味及澄明度等。

【实训结果】

项目	体积（ml）	颜色	气味	澄明度
结果				

实训六 混悬剂的制备

【实训目的】

1. 掌握混悬剂的制备方法。
2. 熟悉混悬剂制备中助悬剂的作用及使用方法。
3. 熟悉混悬剂的质量评价方法。

【实训仪器与设备】

架盘天平、药匙、量杯、量筒、烧杯、乳钵、10ml 具塞刻度试管等。

【实训材料】

炉甘石、甘油、羧甲基纤维素钠、纯化水等。

【实训指导】

1. 制备混悬剂时，助悬剂、润湿剂等稳定剂一般应先加入研匀，再分散药物。
2. 配制氧化锌混悬剂时，各处方所采用的制备操作条件如所用器械、加液量、研磨时间及研磨用力程度等，以及沉降条件如振摇次数、时间等，应尽可能一致。测定沉降容积比的试管，直径应一致。
3. 氧化锌应先研细，过 120 目筛备用。

【实训内容】

氧化锌混悬剂

1. 处方

处方号	1	2	3
氧化锌（g）	0.5	0.5	0.5
甘油（ml）		3.0	
羧甲基纤维素钠（g）			0.1
纯化水加至（ml）	10	10	10

2. 制备

（1）处方 1 的配制　称取氧化锌细粉置乳钵中，加入 3ml 纯化水研成糊状，再加适量纯化水研磨均匀，稀释并转移至 10ml 刻度试管中，加纯化水至刻度。

（2）处方 2 的配制　称取氧化锌细粉置乳钵中，加入 3ml 甘油研成糊状，再加适量纯化水研磨均匀，稀释并转移至 10ml 刻度试管中，加纯化水至刻度。

（3）处方 3 的配制　称取羧甲基纤维素钠 0.1g，加入 3ml 纯化水研磨使溶解，加入氧化锌细粉，研成糊状，再加适量纯化水研磨均匀，稀释并转移至 10ml 刻度试管中，加纯化水至刻度。

3. 沉降体积比测定　将上述 3 个装有混悬液的试管，塞住管口，同时摇匀后放置，分别记录 0、5、10、30、60 分钟沉降物的高度，计算沉降体积比，绘制各处方的沉降曲线。

【实训结果】

时间（min）	沉降体积比（H_u/H_0）		
	处方 1	处方 2	处方 3
0			
5			
10			
30			
60			

实训七　乳剂的制备

【实训目的】

1. 掌握乳剂的制备方法。
2. 学会乳剂类型的鉴别方法。

【实训仪器与设备】

乳钵、架盘天平、药匙、量杯、显微镜等。

【实训材料】

液状石蜡、阿拉伯胶、氢氧化钙、花生油、亚甲蓝、苏丹红、纯化水等。

【实训指导】

1. 液状石蜡乳采用干胶法制备，所用乳钵、量杯等器械应保持干燥。制备初乳时油、水、胶的比例要适宜，研磨要用力、快速、同一方向、不间断，直至初乳形成，初乳形成后方可加水稀释。

2. 制备石灰搽剂时，须事先配制氢氧化钙饱和溶液备用。

氢氧化钙溶液的配制：取氢氧化钙0.3g，加入纯化水100ml，振摇15分钟并放置1小时，取上清液即可。

【实训内容】

一、液状石蜡乳

1. 处方　　液状石蜡　　　　　　12ml

　　　　　阿拉伯胶　　　　　　4g

　　　　　纯化水　　　　　　　加至30ml

2. 制备

（1）量取液状石蜡置于乳钵中，分次加入阿拉伯胶粉研匀。

（2）量取纯化水8ml加入乳钵中，迅速用力沿同一方向研磨至初乳形成。

（3）用适量水稀释后转移至量杯中，加纯化水至30ml，搅匀。

3. 类型鉴别

（1）稀释法：取上述乳剂少许于试管中，加入5ml纯化水振摇数次，观察是否混匀，判断乳剂类型。

（2）染色法：取上述乳剂涂于载玻片上，用亚甲蓝染色，在显微镜下观察染色情况，判断乳剂类型。

二、石灰搽剂

1. 处方　　氢氧化钙溶液　　　　10ml

　　　　　花生油　　　　　　　10ml

2. 制备　取氢氧化钙溶液和花生油各10ml置于50ml具塞试管中，加盖用力振摇至乳剂形成。

3. 类型鉴别

（1）稀释法：取上述乳剂少许于试管中，加入5ml纯化水振摇数次，观察是否混匀，判断乳剂类型。

（2）染色法：取上述乳剂涂于载玻片上，用苏丹红染色，在显微镜下观察染色情况，判断乳剂类型。

【实训结果】

项目	液状石蜡乳	石灰搽剂
稀释情况		
染色情况		
类型		

实训八 小容量注射剂的制备

【实训目的】

1. 掌握小容量注射剂的制备方法及生产工艺过程。
2. 熟悉小容量注射剂生产洁净度及其他质量管理要求。
3. 熟悉小容量注射剂制备生产操作要点及质量控制点。
4. 了解小容量注射剂生产常用设备的清洁、使用及保养方法。

【实训仪器与设备】

超声波洗瓶机、安瓿干燥灭菌机、电子天平、配液罐、钛滤器、微孔滤膜滤器、安瓿拉丝灌封机、安瓿检漏灭菌柜等。

【实训材料】

安瓿、纯化水、注射用水、氯化钠等。

【实训指导】

1. 按照 GMP 要求，注射剂安瓿洗瓶、干燥灭菌操作室洁净度级别应达 D 级，干燥灭菌后的安瓿应在 C 级环境存放，浓配操作室洁净度级别应达 D 级，稀配、过滤、灌封操作室洁净度级别需达 C 级，精滤后的药液在 C 级环境存放，灌封部位局部为 C 级背景下 A 级。

2. 生产前应确认设备内、生产线、生产区无上次生产遗留物，无与生产无关的杂物，设备处于已清洁及待用状态，还应核对物料或中间产品的名称、代码、批号和标识，确保生产所用物料或中间产品正确且符合要求。

生产结束后，回收剩余物料，标明状态、交中间站，对生产场所及设备、工具、容器彻底清洁，确保洁净、无异物，无前次产品的遗留物，设备、管道、容器、工具还应按规定灭菌或干燥。生产过程应有生产记录。

3. 生产前应根据生产指令，认真核对原辅料的品名、数量、规格、质量等内容。配液时应根据原料的实际含量准确计算原料的用量，计算公式如下：

原料实际用量 =［原料理论用量×成品标示量(%)］/原料实际含量

原料理论用量 = 实际配液量×成品含量（%）

实际配液量 = 实际灌注量 + 实际灌注时损耗量

原辅料称量投料应实行双人复核，做到准确无误，配液时间应尽可能缩短。

4. 注射剂生产中，安瓿的洗、烘、灌、封操作一般联动进行，应随时监控设备的运行情况，应尽可能缩短清洗、干燥和灭菌的间隔时间以及灭菌至使用的间隔时间。把握好生产操作要点及质量监控点。收集灌封后安瓿的容器应有标签，标签上应标明品名、规格、批号、生产日期、灌封人、灌封序号等，防止发生混药、混批。灌封后的注射剂要立即进行灭菌。

【实训内容】

0.9%的氯化钠注射液

1. 处方　氯化钠　　　　45g
　　　　　　注射用水　　　5000ml

2. 制备

（1）配液与过滤　根据生产指令检查生产场所和配液罐、钛滤器、微孔滤膜滤器等设备及计量器具等的清洁、准备情况符合要求，检查核对原辅料及注射用水符合要求，按照标准操作规程，开启配液罐配液，配好的液体按照标准操作规程依次通入钛滤器及微孔滤膜滤器进行过滤，滤液经检测含量、色泽、pH及可见异物等合格后备用。

（2）安瓿的洗涤、干燥灭菌与灌封　检查各生产场所及超声波洗瓶机、安瓿干燥灭菌机及安瓿拉丝灌封机等设备的清洁、准备情况符合要求，检查安瓿准备情况符合要求，开启超声波洗瓶机、安瓿干燥灭菌机按照标准操作规程开始洗瓶、干燥灭菌操作，干燥灭菌后的安瓿经外观、洁净度、无菌等检查合格后，开启安瓿拉丝灌封机按照标准操作规程进行灌封。灌封后的安瓿应检查封口质量、装量及可见异物等。

（3）灭菌与检漏　检查生产场所及安瓿检漏灭菌柜的清洁、准备情况符合要求，将灌封后的安瓿推入检漏灭菌柜，按照标准操作规程依次进行灭菌、检漏、冲洗色迹，生产结束后，打开柜门取出安瓿。

3. 质量检查　取上述制备的注射剂适量，按照《中国药典》相应的方法检查其装量、可见异物、无菌等项目。

【实训结果】

品名		规格		批号		产量	
			检查项目		结果	操作人	复核人
生产前准备		根据生产工艺规程核实当批生产指令					
		检查生产记录是否为本岗位当天品种生产记录					
		核实岗位操作规程和设备操作规程					
		检查是否有上批清场合格证副本，并核实清场情况					
		对设备状况进行检查，确保设备处于合格状态					
		对电子天平等进行检查校验					
		按生产指令领取生产原辅料					
备料	名称	规格	批号	数量	检验编号		

续表

品名			规格		批号		产量	
生产操作	设备调试安装		配液罐		检查结果		操作人	检查人
			钛滤器及微孔滤膜滤器					
			超声波洗瓶机					
			安瓿干燥灭菌机					
			安瓿拉丝灌封机					
			安瓿检漏灭菌柜					
	生产过程		检查项目		检查结果		操作人	复核人
			配液与过滤					
			安瓿的洗涤					
			安瓿的干燥灭菌					
			安瓿的灌封					
			灭菌					
	质量检查		检查项目		检查结果		操作人	复核人
			装量					
			可见异物					
			无菌					
清场			清场内容		清场结果		操作人	复核人
			物料的清理					
			文件的清理					
			清洁卫生					
备注								

实训九　软膏剂与乳膏剂的制备

【实训目的】

1. 掌握不同基质软膏的制备方法、操作要点及注意事项。
2. 掌握软膏剂中药物加入的方法。

【实训仪器与设备】

研钵、架盘天平、烧杯、水浴锅等。

【实训材料】

水杨酸、凡士林、液状石蜡、十八醇、单甘酯、十二烷基硫酸钠、甘油、羟苯乙酯等。

【实训指导】

1. 水杨酸不溶于水及基质中，需先研细备用。制备时应避免与金属器具接触，以防水杨酸变色。

2. 根据药量及季节的不同，可以向基质中酌加蜂蜡、石蜡、液状石蜡、植物油等以调节基质的软硬程度。

3. 乳膏剂制备时油水两相的温度多控制在80℃左右，并应注意两项的混合方法。

【实训内容】

一、水杨酸软膏剂

1. **处方**　水杨酸　　　　1g
　　　　液状石蜡　　　适量
　　　　凡士林　　　　加至20g

2. **制备**　取研细的水杨酸置于研钵中，加入适量液状石蜡研成糊状，分次加入凡士林研磨混合均匀即得。

3. **质量检查**　检查上述水杨酸软膏的物理外观、刺激性及稠度等。

二、水杨酸乳膏剂

1. **处方**　水杨酸　1.0g　　　凡士林　　　　2.4g　　　十八醇　1.6g
　　　　单甘酯　0.4g　　　十二烷基硫酸钠　0.2g　　　甘油　　1.4g
　　　　羟苯乙酯　0.04g　　纯化水　　　　加至20g

2. **制备**　取凡士林、十八醇和单甘酯置于烧杯中，加热至70℃~80℃，使其熔化；将十二烷基硫酸钠、甘油、羟苯乙酯和计算量的纯化水置另一烧杯中加热至70℃~80℃使其溶解。在同温下将水相以细流加到油相中，边加边搅拌至冷凝。取研细的水杨酸分次加入基质中，混合均匀。

3. **质量检查**　检查上述水杨酸乳膏的物理外观、刺激性及稠度等。

【实训结果】

项目	外观	刺激性	稠度	结论
水杨酸软膏				
水杨酸乳膏				

实训十 栓剂的制备

【实训目的】

1. 掌握热熔法制备栓剂的方法与操作要点。
2. 熟悉栓剂常用的基质。

【实训仪器与设备】

烧杯、量筒、玻璃棒、研钵、药筛、搪瓷盘、软膏刀、木夹、天平、水浴锅、栓模等。

【实训材料】

甘油、硬脂酸钠、液状石蜡、纯化水等。

【实训指导】

1. 本实训采用热熔法制备栓剂，常用水浴或蒸汽浴加热熔化基质，以免局部过热。
2. 模具在使用前应洗净、擦干，用棉签蘸取液状石蜡少许，涂布于栓模内。
3. 为防止栓剂断层，注模应连续不能间断，一次完成。
4. 栓剂灌注后在室温下自然冷却，如有需要也可放置在冰箱冷藏室中冷却。冷却后削去溢出模口的部分，使栓剂底部平整。

【实训内容】

甘 油 栓

1. **处方** 甘油　　　　　18.2g
   硬脂酸钠　　　1.8g
   共制10粒。

2. **制法** 将甘油置小烧杯中，在沸水浴中加热，加入研细干燥的硬脂酸钠，不断搅拌，使之溶解，继续保温在85℃～95℃，直至溶液澄清后，注入涂有液状石蜡的模具中，至稍微溢出模口为度。待冷却成型后，用软膏刀削去溢出的基质，脱模，即得。

3. **质量检查** 检查上述栓剂的外观、重量差异及融变时限。

【实训结果】

项目	外观	重量差异	融变时限	结论
甘油栓				

同步训练参考答案

第一章　绪　　论

一、选择题

1. A　2. D　3. A　4. B　5. C

二、简答题（略）

第二章　药物制剂单元操作技术

一、选择题

1. B　2. D　3. C　4. B　5. C　6. A　7. C　8. D　9. B　10. D

二、简答题（略）

第三章　固体制剂

一、选择题

1. A　2. B　3. D　4. D　5. B　6. C　7. D　8. B　9. C　10. B　11. B　12. D　13. A

14. C　15. A

二、简答题（略）

第四章　液体制剂

一、选择题

1. D　2. C　3. D　4. C　5. D　6. C　7. D　8. A　9. C　10. B

二、简答题（略）

第五章　无菌制剂

一、选择题

1. D　2. C　3. B　4. B　5. D　6. C　7. A　8. D　9. B　10. D

二、简答题（略）

第六章　外用膏剂

一、选择题

1. D　2. A　3. B　4. B　5. A　6. D　7. B　8. C　9. C　10. D

二、简答题（略）

第七章　中药制剂

一、选择题

1. D　2. D　3. A　4. D　5. B　6. D　7. A　8. D　9. C　10. D

二、简答题（略）

第八章　其他剂型

一、选择题

1. A　2. D　3. B　4. D　5. D　6. C　7. A　8. D　9. B　10. C

二、简答题（略）

第九章　药物制剂稳定性

一、选择题

1. A　2. B　3. A　4. C　5. D　6. C　7. B　8. B

二、简答题（略）

第十章　药物制剂新技术与新剂型

一、选择题

1. C　2. D　3. B　4. A　5. D　6. A　7. A　8. C　9. C　10. D

二、简答题（略）

第十一章　生物技术药物制剂

一、选择题

1. D　2. A　3. B　4. D　5. D

二、简答题（略）

主要参考书目

1. 崔福德. 药剂学. 北京：人民卫生出版社，2011.

2. 潘卫三. 工业药剂学. 北京：高等教育出版社，2006.

3. 邓铁宏. 中药药剂学. 北京：中国中医药出版社，2006.

4. 刘精婵. 中药制药设备. 北京：人民卫生出版社，2009.

5. 张健泓. 药物制剂技术. 北京：人民卫生出版社，2009.

6. 梁毅. 新版 GMP 教程. 北京：中国中医药出版社，2009.

7. 缪立德. 药物制剂技术. 北京：中国医药科技出版社，2011.

8. 国家药典委员会. 中华人民共和国药典. 北京：中国医药科技出版社，2010.

9. 卫生部. 药品生产质量管理规范（2010 年修订）. 卫生部令第 79 号，2011.

10. 国家食品药品监督管理局执业药师资格认证中心. 药学专业知识（二）. 北京：中国医药科技出版社，2013.